国家出版基金项目
NATIONAL PUBLICATION FOUNDATION

黄河流域水利碑刻集成

山西卷 一

總　主　編　趙超　行龍

執行總主編　駱玉安

本卷主編　郝平

本卷執行主編　吳小倫

上海交通大学出版社
SHANGHAI JIAO TONG UNIVERSITY PRESS

圖書在版編目（CIP）數據

黄河流域水利碑刻集成．山西卷 / 趙超，行龍總主編；郝平本卷主編．－上海：上海交通大學出版社，2021.12

ISBN 978-7-313-26188-5

Ⅰ．①黄… Ⅱ．①趙… ②行… ③郝… Ⅲ．①黄河－水利史－史料－山西②碑刻－彙編－山西Ⅳ．① TV882.1 ② K877.42

中國版本圖書館 CIP 資料核字（2021）第 270455 號

黄河流域水利碑刻集成·山西卷

總 主 編：趙 超 行 龍		執行總主編：駱玉安	
本卷主編：郝 平		本卷執行主編：吳小倫	
出版發行 上海交通大學出版社		地 址：上海市番禺路 951 號	
郵政編碼：200030		電 話：021-64071208	
印 製：上海盛通時代印刷有限公司		經 銷：全國新華書店	
開 本：787mm×1092mm 1/8		印 張：323.5	
字 數：2065 千字			
版 次：2021 年 12 月第 1 版		印 次：2021 年 12 月第 1 次印刷	
書 號：ISBN 978-7-313-26188-5			
定 價：1880.00 元（全八冊）			

總 序

一

　　黃河，古稱"河""大河"，宛如一條巨龍，橫亘在中華大地的北方，自青藏高原巴顏喀拉山脉北麓的卡日曲發源，呈"几"字形，曲折流經青海、四川、甘肅、寧夏、内蒙古、陝西、山西、河南及山東九省（自治區），最後注入渤海。按幹流長度計算，黃河全長 5464 公里，是我國第二長河流，也是世界第五大長河。除幹流外，黃河還有白河、黑河、洮河、湟水、祖厲河、清水河、大黑河、無定河、涇河、渭河、汾河、洛河、沁河、大汶河等主要支流。

　　黃河擁有衆多的支流，流域總面積約 75.2 萬平方公里。習慣上，人們把黃河流經省區所影響的地理生態區域稱爲黃河流域。黃河流域位于東經 96°～119°、北緯 32°～42° 之間，東西長約 1900 公里，南北寬約 1100 公里。1986 年以後，修訂黃河治理開發規劃期間，決定將黃河流域範圍內的內流區面積 4.2 萬平方公里計入，黃河流域面積修訂爲 79.5 萬平方公里。《中國河湖大典》將黃河流域面積統計爲 81.34 萬平方公里，包括鄂爾多斯內流區 4.65 萬平方公里和沙珠玉河流域 0.83 萬平方公里。本叢書所取的黃河流域區域範圍，采用較爲廣義的視角，即別除明確屬于其他大河流域的區域，將黃河流經九省區內影響範圍所及的地區儘量包括在內。本叢書將九省區內有關黃河水利文化的碑刻儘量全面搜集整理，以反映這片古老土地上有關水利文化的歷史狀況。

　　黃河流域是中華文化的重要起源地，滔滔黃河水滋養了流域的廣大人民，孕育了燦爛輝煌的中華文明。早在石器時代，我們的先民就已經開始在黃河流域從事生產和生活。根據田野發現的古人類資料，藍田人最晚在五六十萬年前就生活于今天陝西藍田縣的公王嶺一帶；大荔人二十萬年以前生活在陝西省大荔縣甜水溝附近；丁村人十多萬年前生活在山西省襄汾縣城南的汾河河谷地帶；許家窑人約十萬年以前生活在山西陽高縣許家窑村東南地區；河套人四五萬年前生活在內蒙古鄂爾多斯高原南端的薩拉烏蘇河河岸。考古調查發現，從青海的湟水流域到山東的大汶河兩岸，分布有數以百計的古人類遺址，如馬家窑遺址、齊家坪遺址、丁村遺址、半坡遺址、藍田遺址、仰韶遺址、龍山遺址等，充分展示了遠古時代先民們的歷史足迹。

　　距今約 7000 年至 5000 年，黃河中游地區出現了一種重要的新石器時代彩陶文化——仰韶文化。仰韶文化 1921 年首次在河南省三門峽市澠池縣仰韶村發現，故名。仰韶文化分布在整個黃河中游地區，今天的甘肅省至河南省之間均有遺址發現。黃河中游地區的西安半坡村曾發掘出黃河流域規模最大、保存最完整的原始社會母系氏族村落遺址，距今 6000 年左右，被定名爲仰韶類型的半坡文化。河南鞏義雙槐樹遺址是黃河流域迄今爲止發現的在仰韶文化中晚期規格最高且具有都邑性質的中心聚落，距今 4500 年至 4000 年。在黄河中下游的陝西、山西、河南、山東等省，還分布着以黑陶爲主要特徵的文化遺存——新石器時期龍山文化。黄河中游的河洛地區還發現了距今 4300 年左右的龍山文化時期陶寺遺址，以及距今 3800 年左右的被稱爲"夏墟"的二里頭文化遺址。

黄河流域的中部地區很早就成爲華夏先民活動的核心地區。綿延至今的"中國"一詞最早見于西周初年的青銅器"何尊"銘文，上稱："唯武王既克大邑商，則廷告于天，曰：'余其宅兹中國，自之乂民。'"這裏銘文中的"中國"即指成周，位于今洛陽地區。有學者認爲，古代的"中國"是當時最高統治者居住的地方。華夏民族形成之初，由于受天文地理知識的限制，總是把自己活動的核心區域視爲"天下之中""中央之城"，即"中國"。在商朝時，"大邑商"，即商王所居的都城就是"中國"。從周初開始，以黄河流域爲中心的華夏地區才開始被稱爲"中國"。黄河中游黄河與洛水相交匯的河洛地區成爲"最早的中國"，五帝時代，夏、商、周主幹王朝的中心區域均在此處。司馬遷在《史記·封禪書》中説："昔三代之君，皆在河洛之間。"這裏是先秦乃至唐宋時期中國經濟文化的領先地區。

黄河流域是較早出現農事活動的地區。新石器時期，這裏就逐漸産生了大量農業聚落，并形成了眾多血緣氏族部落。根據古代文獻中的記載，這些大型部落中，以炎帝、黄帝兩大部族最爲强大，發展成强大的氏族部落聯盟。後來，黄帝取得盟主地位，"監于萬國"，"時播百穀草木"，并融合其他部族，以後歷傳帝嚳、堯、舜、禹等代，綿延發展，形成"華夏族"，繁育出遍及中華大地的華夏子孫。因此，説黄河是中華文明的搖籃，是中華民族的母親河，恰如其分。

長期以來，黄河流域經濟發達、人口眾多、城市鱗次櫛比。這裏成爲中華文明最先繁榮起來的地方，黄河功不可没。黄河爲人們提供了豐富的水資源，其携帶的泥沙，在中下游淤積成萬里沃野，提供了發展農業最好的養分。黄河水道爲人們的水上交通提供了方便，使手工業與商貿得以發展，兩岸城鎮星羅棋布。在我國 5000 多年的文明史中，黄河流域有 3000 多年是全國政治、經濟、文化的中心，建設起西安、洛陽、安陽、鄭州、開封等古都，孕育了河湟文化、關中文化、河洛文化、齊魯文化等豐富多彩的地域文化。黄河流域的早期文化既經歷了自身長期的發展演變，又充分吸收了周圍地帶的文化精華，最終成爲中華文明源頭的主流。總之，黄河文明是中華文明最具影響力的主體部分之一，是中華民族堅定文化自信、凝聚民族共識、强化國家認同的重要根基。

華夏文明是典型的大河文明，也是黄土文明、農業文明。水是農業社會的核心資源，水利資源在人們的日常生活和農業生産中均有着舉足輕重的地位。水利是農業的命脉，尤其是在傳統農業社會，其不僅關係到農業生産，更關乎社會穩定和國家興衰。早在大約公元前 2600 年至公元前 2100 年間的龍山文化時期，黄河中下游平原出現的早期城邑中，人們已經掌握了較爲成熟的水利技術，在城内挖掘水井以供居民生活，在城外開鑿濠溝以便排水與防護。相傳在 4000 多年前，黄河流域洪水肆虐爲患，舜帝派大禹治理洪水。大禹一去 13 年，三過家門而不入，采用改"堵"爲"疏"的辦法，最終戰勝了洪水。大禹也因治水有功，眾望所歸而繼承帝位，從而建立了夏朝。有關洪水和大禹治水較爲完整的記述見于《尚書》《國語》《孟子》《淮南子》《史記》《漢書》等文獻。近年來大量的考古發現和地質學調查也多證實，洪水是真實發生過的重大歷史事件，大禹治水并非虛構的故事。當時大禹治理的主要對象就是黄河。據説他開鑿龍門，使黄河水南到華陰，東下砥柱、孟津。鑒于黄河流經中下游地區時水流湍急，泛濫成灾，禹又開鑿了兩條河流，分其水勢，還在下游疏浚了多條河道，疏導黄河水東流入海。水患平息後，人們紛紛從高地搬回平原，大禹又帶領人們開鑿河渠，引水灌溉，發展農業，使黄河兩岸成爲華夏先民生息繁衍的沃土。大禹治水的精神代表了幾千年來中華民族艱苦奮鬥、發憤圖强的民族精神。

　　由於黄河流域有着歷史悠久的農業生產基礎，我國最早的水利灌溉工程也出現在此。《詩經·白華》記載"滮池北流，浸彼稻田"，描述了西周時期公侯稻田利用灌溉設施的情景。戰國時期，西門豹爲鄴令，曾在黄河支流漳河開掘12渠，引漳水灌溉農田。西門渠使鄴地漳河兩岸人民安居樂業，西門豹受到了當地民衆的世代紀念，今天河南安陽市安陽縣安豐鄉北豐村仍存有西門豹祠。秦國在關中地區興修鄭國渠，該灌溉工程由韓國水工鄭國主持，西引涇水，東注洛水，長300餘里。工成以後，由於地勢西北高、東南低，形成自流灌溉系統，澆灌農田四萬餘頃。秦以後，歷代繼續在這裏完善水利設施，先後開挖了漢代的白公渠、唐代的三白渠、宋代的豐利渠、元代的王御史渠、明代的廣惠渠和通濟渠、清代的龍洞渠、民國時期的涇惠渠等，爲關中地區農業發展發揮了難以估量的作用。

　　在中原地區，魏惠王下令開鑿鴻溝，西起滎陽，引黄河水爲源，向東流經中牟、開封，折而南下，入潁河通淮河，把黄河與淮河之間的濟、濮、汴、濉、潁、渦、汝、泗、菏等主要河道連接了起來。鴻溝是引黄灌溉的重要水利工程，對當時各諸侯國及後世興建水利設施產生了深遠影響。之後，黄河兩岸人民在湟水流域、河套平原、渭河流域、汾河流域、伊洛盆地、沁河流域、汴河流域等地陸續修建大量水利工程，爲農業發展與社會穩定奠定了長期有效且穩固的堅實基礎。

　　漢武帝元鼎六年（公元前111年），左内史倪寬主持修建關中六輔渠，澆灌鄭國渠上游北面地勢較高的農田。爲了使有限的水源得到充分利用，發揮最大的灌溉效用，倪寬主持制訂了用水法規，"定水令以廣灌田"，規定上下游、領地之間一律按照水令用水，從而上下相安。該"水令"是我國最早見於文獻記載的水利法令，在中國農田水利管理史上具有重要意義。秦漢以來，歷代統治者都把對黄河及其流域内河流的治理與水利灌溉作爲重大政事加以管理，正因爲水利是農業的命脉，也就是國家的命脉。

　　黄河在中國古代的禮儀制度與神靈崇拜中也占有重要的位置。古人把有獨立源頭，并能入海的河流稱爲"瀆"。《爾雅·釋水》說"江、河、淮、濟爲四瀆。四瀆者，發源注海者也"，就是說，長江、黄河、淮河、濟水被奉爲"四瀆"的原因是它們均注入大海。《漢書·溝洫志》則指出"中國川原以百數，莫著於四瀆，而河爲宗"，把黄河視爲"四瀆之宗"。從西周時期開始，四瀆神就已作爲河川神的代表，由最高統治者定期進行祭祀。《禮記·祭法》云："天子祭天下名山大川，五嶽視三公，四瀆視諸侯。諸侯祭名山大川之在其地者。"官府在全國各地修廟祭祀，據《風俗通義·山澤》記載，祭祀河神的廟在河南滎陽縣，河堤謁者掌四瀆，禮祠與五嶽同。儘管"四瀆"之說及其祭祀制度出現較早，不過直到漢宣帝時期才逐漸成爲常禮。據《漢書·郊祀志》記載，"河于臨晉，江于江都，淮于平氏，濟于臨邑界中，皆使者持節侍祠"，"祈爲天下豐年焉"。之後，唐、宋、元三代朝廷屢次加封四瀆名號。唐天寶六年（747年），詔封河瀆爲"靈源公"，濟瀆爲"清源公"；北宋康定元年（1040年），詔封河瀆爲"顯聖靈源王"，濟瀆爲"清源王"；元至元二十八年（1291年），加封河瀆爲"靈源弘濟王"，濟瀆爲"清源善濟王"。民間各地更是把河神、龍王，乃至治河有功的先民作爲崇拜對象，建廟塑像，祭祀祈禱，使之成爲古人意識形態中一個重要的組成部分。

　　黄河寧，天下平。黄河自古多洪泛。早在上古時期，黄土高原就已經千溝萬壑，黄河水携帶大量泥沙滔滔不絕東流入海。一方面，黄河在中下游造就了廣闊而肥沃的沖積平原，爲我們中華先民提供了優越的生存和發展環境；另一方面，黄河周期性的泛濫，"善淤、善決、善徙"，頻繁決溢改道，給中華民族，尤其是黃河中下游地區人民帶來了深重災難。歷史上，黃河流域內的經濟社會興衰與水利事業、黃河治亂始終關係密切。據有關資料統計，自公元前 602 年至 1938 年花園口決堤的 2500 多年間，黃河洪水肆虐、決口泛濫年數有 543 年之多。1949 年以前有歷史記載的黃河中下游決口泛濫有 1500 餘次，重大改道 9 次，較大改道 20 多次，水災波及範圍北達天津，南及江淮，縱橫區域 25 萬平方公里。"三年兩決口，百年一次大改道"，母親河長期以來成了"中華之憂患"。黃河的決口改道不僅僅是自然因素造成的，歷史上也多次出現人爲因素造成的決堤，甚至多次出現以水代兵的荒唐現象。每次黃河決口改道，都給人民生命財産帶來了巨大的損失。由于地理、氣象關係，黃河流域的旱災也非常嚴重，僅清代 276 年中，就發生旱災 201 次。與洪澇災害做鬥爭，成了黃河流域大地上人民的頭等大事。

在這片充滿機遇與危難的土地上，先民們始終在與自然拼搏，興修水利，建設家園。從大禹治水開始，歷朝歷代與黃河做鬥爭，積累了豐富的治理經驗。東漢明帝永平十三年（公元 70 年），王景主持治河，築堤 1000 多里，并修復汴渠，使河、汴分流，以後黃河 900 多年未有大的改道。北宋熙寧年間（1068—1077 年），在興修灌渠的同時，引黃、汴、滹沱等河泥沙放淤肥田，并引山溪洪水淤灌，僅開封附近放淤面積就有 5800 多頃，成爲中國古代歷史上最大的一次引濁放淤。明代潘季馴主持河務，創造性地提出了"以堤束水，以水攻沙"的治河思想，大修堤防，固定管道，取得了黃河治理與開發的巨大成功，對近代的黃河治理産生了深遠的影響。億萬黃河子孫，世代勞作開墾，不僅在此開闢了廣闊的田園，建立了繁華的都市，而且創造出以甲骨金文開啟，以詩書禮樂爲榮的中華文化，也就是燦爛奪目的黃河文化。

二

黃河文化的核心和重點之一是黃河水利史和水利文化。中國水利史研究由來已久，資料豐富，著述浩繁。據水利史研究專家姚漢源先生估計，傳統水利史專著有二三百種，粗略估計不下 3000 萬字，史籍及地方志中的資料粗估也有一兩千萬字，加上文集和其他文獻資料，總共在 5000 萬字以上，若再加上近現代的檔案等資料，字數恐怕要以億計。不過，長期以來，中國水利史研究并沒有跳出以水利工程和技術爲主的"治水"框架，技術因素牢牢地占據主導地位。古代國家控制以水利灌溉工程爲中心的基本經濟區，有利于增加經濟供應來源，強化政權統治。美國學者魏特夫（Karl A.Wittfogel）早在 1957 年就提出了"治水社會"理論，認爲對水資源進行季節性調控的大型水利工程建設以及組織管理等是制度化統領權力産生的基礎，從而也就爲專制主義的滋生提供了溫床。[1]

研究水利對于理解與認識中國社會，有着至關重要的意義。21 世紀以來，隨着社會史研究的繁榮與深入，水利社會史作爲社會史的一個分支學科和熱門領域，出現了從"治水社會"到"水利社會"範式的轉變。1998 年，法國遠東學院藍克利教授和北京師範大學董曉萍教授牽頭中法國際合作專案"華北水資源與社會組織"，聯合民俗學、地理學、考古學、水利學和金石文字等學科的學者，歷時四年，先後完成了《陝山地區水資源與民間社會調查資料集》四部專集，將陝西關

[1] Karl A.Wittfogel, *Oriental Despotism: A Comparative Study of Total Power*, New Haven: Yale University Press, 1957。中譯本見魏特夫著，徐式谷等譯：《東方專制主義：對于極權力量的比較研究》，中國社會科學出版社 1989 年版。

中東部和山西西南部的旱作灌溉農業區六個縣域水資源，放在一定的歷史地理和社會環境中加以考察，旨在探討廣大村民的用水觀念、分配和共用水資源的群體行爲、村社水利組織和民間公益事業，在此基礎上研究華北基層社會史。之後，水利社會史的研究受到學界的日益關注，逐漸繁榮，持續至今。有關"水利社會"的概念，北京大學王銘銘率先指出，"水利社會"是以水利爲中心延伸出來的區域性社會關係體系，并認爲開展水利社會類型多樣性的比較研究，"將有助于吾人透視中國社會結構的特質，并由此對這一特質的現實影響加以把握"[1]。山西大學行龍進一步指出，21 世紀以來，隨着東西方兩大陣營由敵對轉化爲交流，由對抗轉化爲對話，傳統的政治史、軍事史、外交史轉換爲經濟史、社會史、文化史，"治水社會"轉換爲"水利社會"也就水到渠成，從治水社會轉換到水利社會，進入我們視野的是一片廣闊無垠的學術領域。[2]他還認爲，通過水利這一農業社會最主要的紐帶，可以加深對中國社會組織、結構、制度、文化變遷等方面的理解。[3]

從水的議題入手研究中國社會變遷的水利社會史，近年來已經成爲學界的一個熱點角度。黨的十八大以來，以習近平同志爲核心的黨中央高度重視黃河流域生態保護和發展。習近平總書記親自調研考察、謀劃部署，發表了一系列重要論述，爲黃河流域生態保護和高品質發展指明了方向，形成了黃河國家戰略。習近平總書記指出：黃河文化是中華文明的重要組成部分，是中華民族的根和魂。要推進黃河文化遺產的系統保護，深入挖掘黃河文化蘊含的時代價值，講好"黃河故事"，延續歷史文脉，堅定文化自信，爲實現中華民族偉大復興的中國夢凝聚精神力量，要努力讓黃河成爲造福人民的幸福河。

黃河流域既以其豐富的自然資源爲中華民族，尤其是爲沿黃地區經濟社會永續發展提供了物質基礎，又以其豐富的歷史資源和文化資源孕育、潤澤了中華文明。山西、陝西、河南等黃河流域地區，由于水利文獻，尤其是水利碑刻文獻較爲集中，已經成爲華北水利社會史研究的重點地區。在有關研究中，可以看到：傳統文本的敘事模式并不足以生動地反映出黃河流域內的"微觀"史實，相比之下，廣泛分布在民間的關乎水利的碑刻資料數量豐富，存世亦頗豐，在還原流域內的歷史現場方面具有很高的學術價值。古代碑刻是與契約文書同等重要的文化史料，諸多碑文記錄的內容源自民間具體水利事務，涉及民間組織、水利設施修建、歷史灾害、有關水利的民間宗教崇拜等實錄，多數是傳世文獻中沒有記載的原始資料，可以彌補文獻上的缺憾。對碑刻資料進行全面的調查、收集和系統的整理研究，可以糾正和彌補我們在某些具體問題的研究和論述上出現的偏差甚至失誤，以前未被學者關注的問題也將隨着這些新問世的碑刻資料浮出水面，并在一定程度上得到關注。黃河流域遺存的碑刻數量之多，是其他地區無法相比的。林林總總、數不勝數的碑刻反映了中華民族的生存和發展，豐富了古老璀璨的黃河文化，融注了歷代勞動者杰出的科學才能和聰穎的文化禀賦。有鑒于此，我們編集《黃河流域水利碑刻集成》一書，以黃河流域九省區遺存水利碑刻爲研究對象，在已有碑刻文獻基礎上，廣泛搜集民間現存的歷代碑刻資料，并分別從碑刻搜集、拓片、錄文、校訂、注釋等方面進行輯釋甄別，爲講好"黃河故事"，延續歷史文脉，堅定文化自信等當前重大課題提供更翔實的歷史資料。

[1]　王銘銘：《"水利社會"的類型》，《讀書》2004 年第 11 期。

[2]　行龍：《從"治水社會"到"水利社會"》，《讀書》2005 年第 8 期。

[3]　行龍：《"水利社會史"探源——兼論以水爲中心的山西社會》，《山西大學學報（哲學社會科學版）》2008 年第 1 期。

"碑"在先秦時期就已經出現，原指下葬時用來牽引棺椁的木椿，也就是後來所説的轆轤，繩子纏繞在上面，用來把棺椁放到墓坑裏面。早期"碑"多爲木質，後來才出現石質的。漢代以降，人們把死者的姓名、生平或功績刻寫在碑上，才出現了後世所謂的碑刻。廣義的碑刻是指所有能够承載資訊、傳遞情感、表達思想的石質載體材料，實際上應該稱爲"石刻"，包括文字石刻、藝術石刻與建築石刻等多個組成部分。傳統的碑刻主要是指文字石刻，包括各類碑、摩崖、墓志、經版、買地券、鎮墓券、鎮墓石等。出于研究資料難得，我們也將一些能够反映黄河文化，并有特殊含義的畫像磚、畫像石、河圖石刻、地圖石刻等材料收録于本書。

將文字或圖案銘刻于金石材質之上以傳世，這種現象存在于世界各大文明。相較而言，中國有着獨立而又發達的金石紀事的文化傳統。古人相信"金石永年"，《墨子·兼愛下》裏就有："以其所書於竹帛，鏤於金石，琢於盤盂，傳遺後世子孫者知之。"人們把文字或圖案刻在石頭上，期待其能傳至後世。這種刻有文字或圖案的石頭就是碑刻。

碑刻在我國有悠久的歷史，殷周時期便有人在石質器物上銘刻文字。20 世紀 30 年代，河南安陽殷墟遺址侯家莊 1003 號殷人墓道曾出土一件殘損的石簋，在其耳部發現刻有 12 個細小的文字，距今已有 3200 年以上，這是目前發現的最早的文字石刻之一。[1] 1976 年殷墟婦好墓的發掘中，也出土一件小型石磬，上面刻有"妊冉入石"四個字，大意是説名爲妊冉的人或妊冉族進獻了該石磬。[2] 現存商周至秦代之前的文字石刻，還有秦國的"石鼓文""詛楚文"，以及中山國的"守丘刻石"等，寥寥可數。初唐時期，人們曾發現被認爲是戰國時秦國的十枚石鼓，其上各刻有四言詩一首，其文字書體與西周銅器上的銘文相似，造型獨特，粗獷雄渾。中唐時期的著名詩人韋應物、韓愈曾分别作《石鼓歌》加以頌揚，使其名聲大噪。北宋時期，石鼓被收入宫室。宋亡，石鼓歷經流轉，竟奇迹般地留存下來，目前存放在北京故宫博物院的展廳之内。自從唐代開始，學者們一般認爲石鼓是西周宣王出游的紀念物，乃是宣王獵碣，其文爲籀書。通過歷代學者的不斷研究考證，一致認爲石鼓應是秦國的石刻。秦國處于東西交通的要地，秦人相比其他諸侯國民更早利用石刻，當是受到了西北草原文化乃至中亞、西亞等古國文化的影響。石鼓文的出現，標志着中國專門的紀念性石刻的産生，可以説開創了中國碑刻發展的歷史。

秦始皇統一中國後，在巡行各地時，曾多次刻石稱頌自己的功績，據《史記》所載共有七處，分别是"嶧山""泰山""琅琊""之罘""東觀""碣石""會稽"刻石。這些刻石均由秦相李斯書丹，爲統一六國後所宣導的小篆，有書同文的意義。西漢石刻發現較少，東漢則是石刻的繁榮時期，石刻在形式和内容上都有發展，出現畫像石、碑、闕、摩崖、黄腸題記等。許慎《説文解字》中稱"碑，豎石也"，這就表明在東漢的時候，碑的材質已經是石頭，形制爲豎式了。魏晉時期，針對厚葬習俗和私家立碑的盛行，實行了"禁碑"政策，下令不得厚葬，又禁立碑。由于嚴禁在墓前立碑，人們被迫將碑的形制縮小放入墓中，從而催生了墓志銘的盛行。隋唐以後，刻石之風再次盛行，直至當代，凡歌功頌德，欲永久紀念之事，仍多有刻石之舉，石刻文獻遍布全國。除墓碑石刻外，歷朝歷代還刻立了大量紀事、頌功、獎約、規約、告示、題記、詩文等内容的碑石，使之成爲社會廣泛應用的實用銘刻，記録了大量傳世文獻缺載的歷史資料。

---

[1] 高去尋:《小臣（系）石簋的殘片與銘文》,《"中研院"歷史語言研究所集刊》第 28 本下册,1957 年,第 605 頁。
[2] 中國社會科學院考古所:《殷墟婦好墓》,文物出版社 1980 年版，第 198—199 頁。

在中華文明發展的 5000 多年中，人們的足迹遍布整個黄河流域，與黄河發生了無數的關聯，也留下了無數的見證。其中，黄河水利碑刻既是先民與黄河交往的實物材料，又是重要的金石文獻，被稱爲"黄河石頭書"。數千年來，黄河流域的人們把黄河水患、水信仰、灾害治理、修渠浚河、挖井架橋、分水規則、争水訴訟等重要的事情刊刻在石碑上，形成了數量繁多、分布廣泛、内容豐富的水利碑刻。這些碑刻是我們研究黄河流域歷史與文化的"第一手資料"，從不同側面反映了歷史上黄河及其支流的河道、水情、灾害、治理以及交通、航運、水政等方面的内容，勾勒出一幅幅生動的黄河文化圖景。

黄河水利銘刻的起源歷史悠久。殷墟甲骨卜辭中就有"求年于河""燎于河"等記載，這裏的"河"即指黄河。[1] 商人活動于黄河中下游兩岸，所以要向黄河河神祈求一年農業的豐收。這應該是發現最早有關黄河水利的刻劃文字。不過，這些文字是刻劃在龜甲獸骨之上的甲骨文。2002 年春天，北京保利藝術博物館在海外文物市場上偶然發現一件青銅盨，經專家考證，是西周中期遂國的某一代國君"遂公"所鑄的青銅禮器。[2] 該盨内底有 10 行 98 字銘文，其中"天命禹敷土，隨山浚川，乃差地設征"等内容，可以與《尚書》《詩經》等傳世文獻相對照。遂公盨的發現，將大禹治水的文獻記載提早了六七百年，是目前所知年代最早也最詳實的關于大禹治水的可靠文字記録，表明早在 2900 多年前的西周時期，人們就廣泛傳頌大禹的功績，夏爲"三代"之首的觀念已經深入人心。儘管遂公盨銘文并非碑刻，但其無疑是所知最早完整記録黄河水利文化的珍貴文獻。

"金石"一詞，起源甚早。《吕氏春秋·求人篇》記載夏禹"功績銘于金石"，高誘注曰："金，鐘鼎也；石，豐碑也。"相傳大禹曾鑄九鼎并作鐘鼎書，還在南嶽衡山岣嶁峰竪碑記載治水之事。吴玉搢《金石存》指出："（禹王碑或稱岣嶁碑）歷載數千，實未出世。逮宋嘉定中而後，賢良何致得見之，始有摹本。逮明嘉靖中而後，長沙太守潘鎰得宋刻于榛莽中，摹拓始廣。"岣嶁碑長期湮没不見，直到南宋嘉定五年（1212 年）學者何致游南嶽衡山，在當地樵夫的指引下，找到此碑真迹，并臨拓全文，復刻于長沙嶽麓山雲麓峰。明代長沙太守潘鎰于嶽麓山找到此碑，傳拓各地，自此岣嶁碑名聞于世。之後，四川北川、江蘇南京栖霞山、陝西西安碑林、浙江紹興、山東菏澤、河南湯陰羑里城、開封禹王臺等地均有摹刻。該碑碑文共 77 字，文字奇特，形如蝌蚪，非甲骨非鐘鼎，非篆非隸，難以辨識，一般認爲記録的是大禹治水的内容。這裏姑從其説，以見水利碑刻的悠久歷史。

黄河水利碑刻的地理空間分布十分廣泛。從青藏高原到甘川谷地，從河套灌區到"八百里秦川"，從天險禹門到東嶽泰山，從千里黄河大堤到黄河泛區，都有黄河水利碑刻的蹤迹。後世文獻記録的黄河流域水利碑刻頗多，如漢代桑欽撰著、北魏酈道元注《水經注》中涉及黄河的碑刻就有數十通。據《水經注》卷一五《伊水注》載："（伊）闕左壁有石銘云：黄初四年六月二十四日辛巳，大出水，舉高四丈五尺，齊此已下，蓋記水之漲减也。"從這則記載可知，伊闕石銘原刻有"水志"，指明當時大水高峰到達的標綫。這可以説是世界上最早的水志文字記録。可惜的是，這些刻石立于河口水邊，後隨河流淤塞或改道，多被掩埋或被人爲破壞，很少能够留存下來。黄河三門峽崖壁上也有許多漢、魏、晉三代以來的摩崖題刻，大多記録了當地水文和治水工程。20 世紀 50 年代，在修建三門峽水庫時，因進行攔河壩基礎工程建設，漕運遺迹全部被破壞，這些題記除部

[1] 彭邦炯：《甲骨文農業資料考辨與研究》，吉林文史出版社 1997 年版，第 476—480 頁。
[2] 李學勤：《遂公盨與大禹治水傳説》，《中國社會科學院院報》2003 年 1 月 23 日。

分重要者被翻制模型和鑿下保存外，僅匆匆做了拓片，留下一份記錄報告。[1]

　　宋代以後各代金石學家搜集整理的碑刻著錄，如宋代趙明誠的《金石錄》、元代潘昂霄的《金石例》、明代楊慎之的《金石古文》、清代王昶的《金石萃編》等，均收錄與黄河水利有關的碑刻。遺憾的是，明清以前的碑刻實物已很少見，能留下來的多爲拓片和著錄的文字。現存的黄河流域水利碑刻大多是明清、民國時期刻立的，破損也很嚴重，很多碑版文字已漫漶不清，亟待搶救性發掘、整理與研究。水利碑刻作爲一種獨特的文化載體，是我國歷代水事活動的一種原始記錄。保留了大量有關"水"資訊的水利碑刻，是研究以"水"爲中心的區域社會極其珍貴的一手資料。宋代之前的黄河流域雖是經濟、政治、文化的核心區，但傳世文獻數量相對較少，碑刻損毀嚴重；宋代之後的黄河流域逐漸落伍，文集、方志等數量不及江南地區。欲深入推進黄河流域的研究，除努力挖掘現存文獻資料外，具有較高學術價值的碑刻遺存資料尤其值得重視。

四

　　本集成收錄的黄河水利碑刻記載了黄河流域歷史上與水利活動有關的人民生産生活。碑額部分多刻有"永垂不朽""流芳百代"等，借金石不朽，希望記載的內容永遠流傳下去。碑文的後半部分或碑陰常常題有人名，有普通百姓，有士紳地主，也有官員，其目的就是宣揚這些人在某些事上的功德。碑文是碑刻的主體，記載了豐富的歷史資料，其內容多與治河、祈雨、修渠、挖井、修橋等有關。爲此，我們根據碑文內容，將黄河水利碑刻大致分爲十類：一爲河臣碑、二爲河圖碑、三爲治水碑、四爲修渠碑、五爲修井池碑、六爲修橋船碑、七爲水訴訟碑、八爲水規碑、九爲荒年碑、十爲水信仰碑。

　　（一）河臣碑

　　河臣碑中的"河臣"是指歷代治河有功之人。自古以來，黄河雖然哺育了兩岸的人民，但是因爲河道變遷、河岸侵蝕、泥沙淤積、河堤決口等，給兩岸人民帶來了無窮無盡的痛苦。黄河兩岸人民與黄河做鬥爭的活動由來已久。歷史上，治理水患過程中涌現出許多治河功臣。如主張改堵爲疏，爲治水三過家門而不入的大禹；開鑿引漳十二渠（又稱西門渠），引漳水灌溉鄴田，移風易俗的西門豹；主張疏通河道，裁彎取直，更修堤防，使黄河在之後的800多年裏沒有發生大的災害的王景；還有元代的賈魯，明代的白昂、劉大夏、潘季馴，清代的靳輔、陳潢、郭大昌等，都曾受命治河，成效斐然。近代以來的李儀祉、孔祥榕、薛九齡等，也都曾爲黄河的治理做出過貢獻。尤其是李儀祉，他主張治理黄河要上中下游并重，防洪、航運、灌溉和水電兼顧，改變了幾千年來單純着眼于黄河下游的治水思想，把我國治理黄河的理論和方略向前推進了一大步。

　　河流對于百姓的重要性不言而喻，治河自然就成了功德無量的事業。這些人因治河有功而永遠被百姓感念，立廟以祀之，立碑以記之。這種記錄河臣功德以讓後人永世不忘的碑刻就是河臣碑，如著名的《岣嶁碑》（也稱《禹王碑》）。雖然《岣嶁碑》并非大禹治水完成後刻立，但畢竟是最早記載華夏先民治水活動的刻石。《岣嶁碑》通過77個似繆篆又似符籙的畫符，體現了古人治河治水的艱辛和矢志不渝的精神，也體現了人們對治水英雄大禹的敬意。

　　明嘉靖二年（1523年）北郡李夢陽撰寫、開封知府沈光大立石，現存河南開封禹王臺的《禹

[1]　中國社會科學院考古所：《三門峽漕運遺迹》，《中國田野考古報告集》（考古學專刊丁種第八號），科學出版社1959年版，第1—2頁。

廟記碑》也是河臣碑中的代表。碑文記載，李夢陽在游禹王臺時看到黄河的浩蕩與險阻，發出"予于是知王伯之功也"的感嘆；感嘆大禹的功績，"昔者禹之治水也，導川爲陸……去巢就廬，而粒而耕，生生至今者，固其功也，所謂萬世記賴者也"，并認爲"微禹吾其魚乎者邪"，于是修葺禹廟，立石以紀念。

又如陝西涇陽李儀祉墓園中民國二十六年（1937年）所立《國民政府命令碑》，碑文記載了陝西省水利局局長、前黄河水利委員會委員長李儀祉去世之後，國民政府褒揚其功德的特令，述其"德器深純，精研水利"，"近年于開渠、修河、導淮、治運等工事尤瘁心力，績效懋著"，并"將生平事迹存備宣付史館，以彰邃學而資矜式"。

（二）河圖碑

刻有水系分布圖的石碑就是河圖碑。河圖碑不僅記載了河臣在河流治理過程中所治理的河道以及所開溝渠分布狀況，還記載了河臣治河的過程及其治河理念。河圖碑不僅給研究歷史上黄河的治理情況提供了資料，而且對現代黄河的治理仍然有借鑒意義。著名的《黄河圖説碑》和《開歸陳汝四郡河圖碑》就是河圖碑中的代表。

以明嘉靖十四年（1535年）所立《黄河圖説碑》爲例。碑文記載，明嘉靖十三年（1534年），黄河決于蘭陽趙皮寨，南流入淮，運道受阻。劉天和總理河道，親自勘查河道數百里，在疏浚黄河、清除運河淤積、修築堤防、加强工程管理等方面提出了一系列的主張。《黄河圖説碑》詳盡刻畫出了黄河、運河、沁河、衛河以及汶河的河道，標明了黄河故道、堤防、決溢、黄運交匯等地理位置。該碑是現存最早的大型黄河水利圖碑，是明代中期黄河圖的典型代表。雖然黄河數次改道，圖中所繪黄河水道流向如今早已不復存在，但此圖仍爲我們研究黄河治理情況留下了寶貴的資料。在圖説的右上、左上、左下角，分別鐫刻了劉天和寫的《國朝黄河凡五入運》《古今治河要略》和《治河意見》三文。《國朝黄河凡五入運》記載了明洪武二十四年（1391年）、正統十三年（1448年）、弘治二年（1489年）、弘治五年（1492年）和正德四年（1509年）黄河決口的情況；《古今治河要略》則從上古時説起，內容有《禹貢》片段，西漢賈讓的治河三策，宋代歐陽修、任伯雨，元代歐陽玄、余闕以及明代宋濂、丘濬等人的治河言論；《治河意見》則是劉天和根據黄河決口的各方面原因提出意見："吾寧引沁之爲愈爾，蓋勞費正等，而限以斗門。潦則縱之，俾南入河；旱則約之，但束入運，易于節制之爲萬全也。"三文近四千言，較爲全面地反映了劉天和的治河思想，其思想對明清以及近代治河都產生過積極的影響。

（三）治水碑

數千年來，泥沙淤積、河堤決口等原因使黄河主河道及支流發生水患。爲了治理這些水患，黄河流域的人民駐堤防洪、修浚河道，并且立碑記之，這種記載治水活動而立的碑刻就是治水碑。治水碑記載了形式多樣的治水過程，如堵塞決口以束水，開鑿新河以分水，修浚河道以利水流，修築河堤以防洪水等，并且記載了修堤、修河的參與人、時間、所費財物及治水效果等。治水碑是人們與水患做鬥爭最直接的記録，歷史上每當黄河肆虐，堤防決溢，洪水來襲，人們堵堤治水後，常立石以紀。明代的《敕修河道功完之碑》《黄陵岡塞河功完之碑》《于忠肅公鎮河鐵犀銘》，清代的《敕建楊橋河神祠碑》《鄭工合龍處碑》等，均向人們提供了當時灾害造成堤防破壞情況和堵復決口過程等史料。其中，明代的《敕修河道功完之碑》《黄陵岡塞河功完之碑》是治水碑的典型代表。

明景泰七年（1456年）的《敕修河道功完之碑》位于濮陽市臺前縣夾河鄉八里廟村北古京杭運河故道旁大河神祠內。明正統十三年（1448年），黄河于新鄉八柳村決口，洪水直衝張秋鎮（今屬山東陽谷縣）、沙灣（今濮陽市臺前縣八里廟村南）一帶，運河河道被毀，南北漕運大動脉幾乎中斷。朝廷受到了很大的震動，先後派工部侍郎王永和、工部尚書石璞等治理沙灣河道，工程均失敗。景泰四年（1453 年）十月，明代宗又任命徐有貞爲都察院僉都御史，治理沙灣河道。徐有貞到沙灣後，對地形水勢進行了詳細查勘，創造性提出了置水門、開支河、浚河道的治河三策，歷時近兩年，于景泰六年（1455 年）七月終于治河成功。碑文詳細記載了徐有貞治理沙灣決口的經過，舉凡用工費料之數、經日之數，及踏勘所經、治理之方，無不一一詳載，是明中葉治黃史上一篇重要的文獻。

弘治十年（1497 年）的《黃陵岡塞河功完之碑》位于蘭考縣南彰鄉宋莊村。該碑記載了明弘治二年至八年（1489—1495 年），開封東至山東黃陵岡段黃河決口泛濫及治理經過。該碑對明朝委派官員前往治河、徵調民工數量、使用材料及治理方法均有詳細記載，并重點記載了弘治六年（1493 年）都察院右副都御史劉大夏、太監李興、平江伯陳銳等人的治河功績。碑文記載了治河所用的人力物力，“是役也，用夫匠以名計五萬八千有奇；柴草以束計一千三百萬有奇；竹木大小以根計一萬二百有奇”。工竣之後，明孝宗對治河三臣進行嘉獎，“賜臣興禄米二十四石；加臣銳太保兼太子太傅，禄米歲二百石；進臣大夏左副都御史理院事”。

（四）修渠碑

修渠之事歷代皆有，有因原有渠道年久失修，泥沙淤堵，使百姓失渠之利，然後重修使民獲利者；也有因原有水渠不足以利民，爲廣辟水利計而開鑿新的渠道以養衆民者。爲了記載這些事迹，立碑以記修渠之事，此種碑即爲修渠碑。修渠碑不僅記錄了興修水渠、河渠的過程，也記載修渠官員的功績。黃河幹支流在歷史上修建的無數渠道，是流域人民利用黃河水資源的寶貴智慧結晶。如戰國時期，西門豹爲鄴令，曾在黃河支流漳河開掘十二渠（西門渠），引漳水灌溉農田。魏惠王曾下令開鑿鴻溝，西起滎陽，引黃河水爲源，向東流經中牟、開封，折而南下，入潁河通淮河，把黃河與淮河之間的濟、濮、汴、濉、潁、渦、汝、泗、菏等主要河道連接了起來。韓國水工鄭國在秦國主持修建了鄭國渠，《史記·河渠書》記載：“渠就，用注填閼之水，溉澤鹵之地四萬餘頃，收皆畝一鐘，於是關中爲沃野，無凶年，秦以富强，卒并諸侯。”

（五）修井池碑

修井池碑是記錄挖掘水井、水池，修舊井池以及井池的日常維護與使用的碑刻。“從古以來，耕田而食，未有不鑿井而飲者。”如果説河渠使農業用水有了保障，那麼井水則使百姓的生活用水有了保障。井在古人的生活中非常重要。然而，在鑿井技術有限的古代，修井是極其困難的事，每次修井，都可能需要集數家或全村居民之力，合力修建；而一口井所蓄之水是有限的，尤其是在乾旱的年份，井水分配不當常常成爲引發人們之間矛盾的源頭。在這種情況下，人們通過立碑來記錄井的開鑿、日常維護和管理方法便成了很有必要的事情，也因此留下了大量的修井碑。清道光元年（1821 年）所立的《汝陽縣蟒莊村鑿井碑記》記載了汝陽蟒莊村開鑿新井的原因及過程。蟒莊村地勢高，地下多爲堅石，村中只有一口歷世相傳的井，無法滿足全村的生活用水，村民常因汲水問題引發爭端，于是訂立了“以繩串桶，分其先後”的汲水方法，但是水少人多，這種方法并不能從根源上解決人們的用水問題。爲了汲水，村民“晝則坐俟于旁，夜則卧待于側，甚有竟日竟夜而獲一汲者”。用水問題引起人們生活的極大不便，陳天福、徐琬、趙榮祖三人有傷于此景，雖然“慮前人屢次鑿井，訖不見泉”，但仍然召集鄉人，共同鑿井，“凡閲三月餘，深幾十二仞，而泉涌焉”。數年間，人們備覺此井之便利，因此勒石記錄陳天福等三人的不朽功德。

古人臨水而居，也非常注重水池的挖掘、維護與管理。"池"，也稱泉池、塘、沼、陂等。武則天長安四年（704年）于衛輝百泉衛源廟所立的《衛州共城縣百門陂碑銘并序》，則是泉池碑的代表。碑文指出："百門陂，案《水經》：出自汲郡共山下，泉流百道，故謂百門。"該碑生動記載了盛世百泉水利開發的盛況，表達了對縣令曹懷節率領群僚旱天祈雨、澇天祈晴，以恤民疾苦的贊頌。

（六）修橋船碑

修橋船碑是有關橋梁、船隻修建、維護與記録修橋、建船人功德的碑刻。橋梁、舟船能够溝通河流兩岸，對于兩岸居民往來、商賈來往運輸有着重要的作用。有些橋梁修建的年份久遠，或因洪水衝擊等，逐漸損毀，因此，又會在舊橋原址進行重修，常以石橋代替原有的舊橋、土橋、木橋。爲了記載修橋之事，人們立碑，留下了大量的修橋碑。

明嘉靖四十五年（1566年）所立的《衛河廉川橋碑》，記載了浚城官員魏澧主持修建廉川橋的過程。衛水經浚城西面北流，衛河上原有石橋連接兩岸，但是"歲久頹圮，民病涉者十餘年矣"。嘉靖乙丑年冬（1565年），河南許州魏澧出任浚城宰，主持重修此橋，浚城父老歡呼雀躍，傾力相助，于丙寅年夏（1566年）建成高二丈有五尺、寬三丈有五尺、長一十八丈的石橋。大伾王子（王璜，號大伾）認爲："公令一出，民應如響者，廉也。橋以廉成，廉以橋顯，德政相因也。……收濟川之功者，咸於是乎？"因此該橋定名爲"廉川橋"。

博愛縣孝敬鎮張村火神廟的《創建善船碑記》，立于清嘉慶十五年（1810年），指出當地"大率倚要津爲貪暴，不稱所求不止，雖販夫販婦，輒勒索不少貸。時有譁而鬥者，甚至不勝憤，竟臨河返，迂道自他所濟者"，後"張村羅公養寰、牛公悦庵等，乃適有創建善船之役"，捐資善款，"設渡于蔣村之西偏，爲善船二，土橋一十"。

（七）水訴訟碑

水訴訟是百姓因爭水而引起糾紛，由官府介入解決訟端的事件。無論農業，還是生活，水對百姓的生產生活都有着不可或缺的作用。但是，由于水資源的分布不均，水利設施的不完善等，常常導致用水困難，進而導致人們因用水問題產生矛盾，不得不打官司。爲了記載水訴訟的起因、過程、結果等，人們立碑記之，留下了大量的水訴訟碑。

爲了相對完整地展現水訴訟的過程，可以清雍正八年（1730年）所立的《廣濟利豐兩河斷案碑》爲例。此碑詳細記載了一次水訴訟的過程：

此案由來已久。廣濟河與利豐河創自明代的河內邑侯袁公、胡公協鄉紳衿民共同"捐資穀，買地畝，開山鑿洞"，且本有其使用方法，"兩河之下分二十四堰，以出力開河之民，別爲利户。濟民之有利者，分五堰，河、孟、溫、武之有利者，分十九堰。每月兩輪，照號用水，必先武陟，次孟、溫，次河、濟，自下而上，俾狡惰者不得無功竊利，法至善也"。然而，日久弊生，濟民在上游"爲橋閘、開溝洞、培蘆葦"，過分地使用水資源，使得"河、孟、溫、武四邑有分堰之名，而無分堰之實"，不能够享受到應有的水資源，矛盾自此而生，"由故明以迄于今，河民曉曉不休，而此案究竟未結也"。

主管官員沁河通判朱俠和孟縣知縣李麟源認爲原有分水之法是至善的，只不過由于對兩河疏浚懈怠，導致袁公成法敗壞，最終引發五縣用水矛盾。查勘既明，提出的解決方法是將上游濟民私建、私置之處拆去，并"毀其閘底，芟其蘆葦"，恢復河水的流通，并規定了對河渠的疏浚方法，"每歲疏浚兩次，限于春冬至二月、十月，各縣率典史督夫疏浚，完日，報水利廳會同驗收，牒府申報查考。如一歲之中，疏浚如式者，將該縣記功；不如式者，記過。如是，則賞罰嚴明，責有攸歸，而事端可息，水利永興矣"。最終，恢復了袁公二十四堰分設的舊制。碑文最後指出，"蒙批，轉飭該廳縣照議遵行，勒石永遵……知縣戴仁遵即勒石，以垂不朽云"。

（八）水規碑

水規，即用水的規矩。水規碑是將對河流、湖泊、管道的管理以及使用規範等勒石以記的碑刻。古代社會以農業爲重，農業以灌溉爲重，足量的水對于農業來說至關重要。現存碑刻中對于水的重要性有所記載，"水之爲利大矣，民之性命藉以生活，國之賦稅賴以供輸，此固不可一世者也"。水與百姓生活息息相關，與農業產量息息相關，而田賦向來都是國家的主要賦稅，是國家的命脉所在。因此，百姓在用水過程中需要水規來合理利用水資源。

水規的制定多與民間水訴訟案件有關。在北方地區，降水不足，多開渠引水以灌溉田地。村與村、户與户之間多就引用渠水引發矛盾，進而產生衝突以致訴訟，最後由當地官員或者德高望重之人主持訂立水規，并刻石以垂永遠。碑刻中多有因天旱缺水而引起訴訟的記載，如"時值亢旱，樓子溝、杜溝截水，不能下注……興訟一載，未曾結案"（伊川縣《古城村公議渠規》）等。爲了解決或者預防這種爭端，便由官員或鄉紳等主持訂立水規，"從來天下事，莫不有規矩。規矩者一定而不易，萬不可無也。無規矩則無定例，無定例則滋爭端。然而爭競豈其可乎哉？輕以敗風俗，重以傷人情，甚至鬥毆叫罵，興訟不息，後破錢財，爭競爲害，何可勝道？"（宜陽縣《輪流灌田碑記》）道光十年（1830 年）的《大靖渠章程十二條》（碑存洛陽關林），因爭水訴訟，經河南府正堂訊明斷結後制定章程，詳細地規定了管道管理辦法：管道設專人負責管理，九閘分期澆水，按十八夜一輪，周而復始，不得強霸截挖。

水規的制定原則上以公平爲主，同時，水規的制定也須合情合理，符合農業生產與人民生活的實際情況。總之，水規的制定與水規碑的存在減少了水訴訟的發生，也是當時人們合理利用水資源的見證。

（九）荒年碑

中國傳統社會裏，發生旱澇瘟疫等自然灾害，常常出現饑荒。在與灾害鬥爭之中，人們往往刻石立碑，以記錄搶險救灾、祈雨、祈雪、賑灾、灾害狀況等，這類碑統稱爲荒年碑。這些碑銘內容雖然可能并沒有直接記錄有關水利情況，但也間接反映了水旱灾害對人民生活的危害，揭示了黃河流域興修水利的必要。中國歷代以農業立國，荒年自古就有，正所謂："天行有時，逢堯水湯旱，聖人不免遇灾，知時歲凶荒，國家代有。"史書所載荒年，尤以清末光緒二年（1876 年）至光緒五年（1879 年）間發生于山西、陝西、河南、直隸及山東五省的"丁戊奇荒"爲最。時人多作文描述當時的悲慘場景以警示後人，預防荒年，因此留下了大量記載"丁戊奇荒"的碑石。

以光緒五年《魏家溝旱荒碑》爲例。該碑現存輝縣南村鄉魏家溝觀音廟內，碑文記載：光緒元年時，風調雨順，農作物豐收，麥每斗價錢僅一百六十文；到了光緒二年，因爲天旱與蝗灾，米麥都歉收，糧價上漲，到了冬季，"米麥大貴，每斗五百餘文，餘糧亦漸增價"。光緒三年時，"三月間始雨，故麥僅三四分收焉！自此以後，終年無雨，秋麥未種，蝗蟲復出，山、陝、河南，三省同旱。米麥愈貴，每斗七八百文"。與光緒元年時相比，糧食價格已經上漲了四五倍之多。十月之後，人間慘象已成，"父子離散，夫婦逃亡，壯夫遠適于异國，少婦自嫁于他鄉。十室之邑，日死數人，屍骸遍野，雞犬無遺。屠人而食，析骨而炊，始猶割死人而烹之，後更殺生者而哺之。父子相殺，兄弟互食，亦不爲异"。此時所食之粟，都從山東、廣東等地運來，每斗達到了八九百文。到了光緒四年三月，米麥達到了每斗一千五百文。三月之後，又發生了瘟疫，導致剩下人"六分之中，又死三分矣"。災荒發生之前，魏家溝有七百多口人；災荒過後，僅存百餘人，由此可知荒年給老百姓帶來了多麼大的災難！

（十）水信仰碑

古人在進行與水有關的活動，如農業、行船等時，希望得到神靈保佑，祈求風調雨順，于是根據圖騰、傳說、异樣的人或事等創造出來具有超自然能力的存在，如河伯、河神、龍王、金龍四大王、黃大王等。黃河流域民眾在爲所信奉的神靈進行祭祀、祈禱、建立或重修廟宇等相關活動時，立下了數量衆多的碑刻，證明人們對這種活動的重視，它們同時也是民眾信仰的直接體現。

以葉縣康熙四十六年（1707 年）所立《白龍王廟碑記》爲例，可以瞭解因農業祈雨立碑的前因後果。該年葉縣久旱不雨，導致"地畝龜坼，二麥將萎，且燥燥之土，秋禾不可播種，四野皇皇，得澤若渴"。葉縣令柏之模與僚屬到白龍潭進行祈雨活動。三月二十五日祈禱後，第二天柏之模一行人"甫抵縣治，忽赤日斂光，水雲四起，一雨三日，既沾既足"。祈雨成功，使得"二麥勃然，秋禾可播，農喜有歲，官無隕越"。在柏之模進行祈禱的時候，其從者看到有一條小青蛇在潭中出没，它被認爲是龍神神迹的顯現，甘霖是龍神對祈禱的回應。爲了記載龍神降雨活民之功，柏之模"爰作頌言，礱諸珉石，用彰神貺不朽云爾"。

除了這種因祈雨成功而記載所奉神靈功績的碑刻外，還有大量的碑刻記載了百姓建立廟宇或因廟宇日久殘破，百姓共同出資修復廟宇的活動。常見的廟宇有龍王廟、河神廟、濟瀆行宮、黃大王廟、金龍四大王廟等，這些都反映了民間水信仰文化的繁榮。如黃大王的故鄉在偃師市岳灘鎮王家莊。據嘉慶十五年（1810 年）偃師縣知縣武肅所立《黃大王故里碑》載："王府在治西南十里許王家莊；王墓在治南五十里萬安山。"傳說黃大王自幼就神异無比，出生時"雲霧敝天，香氣滿室"，"空中有聲曰河神降矣"。這一傳說直接將黃大王定位爲"河神"。黃守才這樣一個出身與地位都不顯赫的普通人，先是受到黃河沿岸人民的崇拜，而後成爲繼金龍四大王之後的又一位納入國家正祀的黃河河神，被統治者立廟祭祀。歷經數百年，黃大王信仰依舊十分昌盛，已經成爲黃河信仰文化的重要組成部分。

五

黃河水利碑刻大多是對某一些重要的事件進行記録，以永傳後世，由於爲當時所立，記録實事，所以有着極高的可信度，可以被用作了解歷史、研究歷史的可靠憑證，也能够與古籍典章中的記載相互印證。除此之外，相關碑刻是對事件的直接原始記載，往往比史籍所記載的内容更詳實、生動、豐富。黃河水利碑刻所記録人們生産生活的情况也是黃河文化的重要内容。如河臣碑反映了人們對治水有功之人的懷念；河圖碑是對治河思想、方法等人民智慧的彙聚；治水碑、修渠碑反映了數千年來黃河流域人民與黃河的泛濫、淤積等情况所做的鬥爭，體現了勞動人民的智慧；修井碑、修橋碑、水訴訟碑、水規碑是民眾日常生活情况最真實的記録；荒年碑則是對民眾生活中重大變故的記載；水信仰碑反映了黃河流域人民的精神信仰。數千年來的黃河文化就記録在碑刻之中，黃河水利碑刻是黃河文化的重要組成部分。

黃河流域水利碑刻既是中華民族的寶貴文化遺産，也是黃河文化的重要内容之一。調查、挖掘、整理好遍布黃河流域的水利碑刻，是回應國家重大戰略的體現，必將爲研究、弘揚黃河文化提供扎實的基礎，爲講好"黄河故事"提供基礎的素材。

本集成計劃將黄河流域各省區現存的歷代碑刻資料儘量收集彙編，以現有拓本或圖片的碑刻爲收録主體。鑒于地域廣大，各地區文化發展程度不一，各地所有的碑刻材料也有較大的數量差異，我們采取了各省、自治區獨立編輯成卷的方式，現存資料較少的省、自治區則幾地編輯爲一卷。每卷内根據碑刻數量再分編成若干册，一般 150—200 通碑刻編成一册。所有碑刻均包括圖版、録文與基本信息等三個主要部分，部分需要説明的碑刻附有注釋説明。黄河流域面積大，範圍廣，牽涉單位多。從已經掌握的出版資源看，雖然早有一些涉及黄河流域水利碑刻的圖書出版，但大都在地域範圍、數量、呈現方式等方面存在不足，難以全面、系統、權威性地展示黄河流域水利碑刻，未免令人遺憾。有鑒于此，本套叢書立足黄河全域，牽涉九省區，力圖儘可能地收録現有資料，站位高、工程大，是現有黄河流域水利碑刻的集大成。同時，本套叢書克服了現有水利碑刻書籍只有碑刻録文的不足，每通碑刻都附有拓片全圖，圖文對照，爲研究者提供了第一手原始資料；除可爲有關文字學研究、考古學研究及藝術史研究等提供資料外，還可以保證這些珍貴資料的可靠性。

中國自古以來就有"圖書"并稱、"左圖右文"、以圖輔史來彌補文字不足的傳統。南宋著名史學家鄭樵在《通志·圖譜略》中指出："圖，經也；書，緯也。一經一緯，相錯而成文。圖，植物也；書，動物也。一動一植，相須而成變化。見書不見圖，聞其聲不見其形；見圖不見書，見其人不聞其語。圖，至約也；書，至博也。即圖而求易，即書而求難。古之學者爲學有要，置圖於左，置書於右。索象於圖，索理於書。故人亦易爲學，學亦易爲功，舉而措之，如執左契。""圖"在治學中的作用與文字表達同樣重要，兩者相輔相成，不可偏廢。遺憾的是，長期以來，由于拓片不易得和編輯技術限制等，有關金石碑刻的圖書多數缺乏圖版，從而造成諸多歷史資訊的缺失。本套叢書從碑版拓片的搜集與整理着手，立足于田野，堅持"左圖右文"方式，全面整理出版黄河流域水利碑刻，以實證方式展示中華民族水利文明歷史，彙集先民生産、生活資訊，彙聚民族智慧，向全世界展現中國人民的文明鬥争史，不僅可以豐富歷史文獻資源，也有助于多層次、全方位挖掘中華民族精神，增强中華民族的文化自信。

由于碑刻文物體積大、質量大，且數量巨大，分布零散，現存古代碑刻大多散見于田野或露天之中，保護狀況普遍較差。歷史上對于碑刻的破壞及改用也是十分嚴重的。所以，很多歷史上曾經有過記載的碑刻資料現在已經看不到原石，有些尚有拓片存世，有些則已經蹤影全無，只能看到一些金石著録中的記載。鑒于本集成以實物碑刻爲主體的原則，已經没有原石存在的碑刻，除部分資料重要且在金石著録與地方志中有全文記録的碑刻之外，基本不予收録。所收録的碑刻中，有些保存狀況較差，拓片及圖版多有不盡人意之處，亦請見諒。

本集成的特點之一，就是訪拓收録了大量散存民間，以往未曾公布的新資料。限于現有條件，本集成在收録中肯定還存在着不够完全的地方。雖然作者們多方搜集，調查訪拓，但是在各地民間零散分布的有關碑刻或許還有没有尋訪到的，致使本書會有所遺漏。我們希望，隨着文物事業的不斷發展，地方文化需求的增加，散落田野間的古代碑刻會越來越完善地得到發現與保護。我們也會在適當時機，繼續對本書做出補充與完善。

2019 年 9 月 18 日，習近平總書記在黄河流域生態保護和高品質發展座談會上指出，"在我國 5000 多年文明史上，黄河流域有 3000 多年是全國政治、經濟、文化中心，孕育了河湟文化、河洛文化、關中文化、齊魯文化等"，"九曲黄河，奔騰向前，以百折不撓的磅礴氣勢塑造了中華民族自强不息的民族品格，是中華民族堅定文化自信的重要根基”。“黄河文化是中華文明的重要組成部分，是中華民族的根和魂。要推進黄河文化遺産的系統保護，守好老祖宗留給我們的寶貴遺産。要深入挖掘黄河文化蘊含的時代價值，講好‘黄河故事’，延續歷史文脉，堅定文化自信，爲實現中華民族偉大復興的中國夢凝聚精神力量。”在此後半年左右時間裏，習近平總書記曾先後六次視察黄河流域，充分顯示國家領導人高度重視黄河流域厚重文化和生態文明的情懷。同時，黄河流域已經上升爲國家“生態保護和高质量發展”戰略。“黄河”作爲中華民族的特殊人文符號，引起國内外高度重視，黄河文化的繁榮與發展也納入了國家戰略視野。迄今爲止，黄河流域碑刻資料僅散見于各省市的部分出版物，尚未得到全面系統地搜集、整理和利用。開展黄河流域水利碑刻的搜集、整理與研究，不僅有利于保護這些傳世碑刻，而且對于保護難得的地方文史資料，落實國家“黄河流域生態保護和高质量發展”戰略具有非常重要的學術價值和現實意義，還能够推動黄河文化在現代社會的復興和發展，使其獲得新的生命力！

編　者

二〇二一年八月

前　言

一

　　山西位于黄河中游，黄土高原東部，因地處太行山以西，而爲山西，又因春秋時爲晋國屬地，後世遂以 "晋" 代稱；戰國時，韓、趙、魏三家分晋，《商子·來民》載 "秦之所與鄰者，三晋也"[1]，其地大部分居于山西，故又稱 "三晋"。山西的地形在我國各省份中非常特殊，其東依太行與冀、豫爲鄰，西、南隔黄河與陝、豫相望，北跨長城與内蒙古毗鄰，天然的 "完固" 地理單元使其具有重要的戰略地位，《讀史方輿紀要》指出："是故天下之形勢，必有取於山西也。"[2]自古以來，山西作爲黄土高原與華北平原、游牧文化與農耕文化的連接地帶，是黄河流域各民族融合、商貿交往的熔爐和舞臺，在華夏文明史上占有重要的地位。

　　號稱 "百川之首" "四瀆之宗" 的黄河在晋北由偏關縣入境，南流至芮城縣風陵渡，進而折向東流經平陸、夏縣，在垣曲縣小浪底水庫出境；流經忻州、吕梁、臨汾、運城 4 市 19 縣 560 村莊，總長 965 公里，占黄河幹流河道總長度的 17.6%，占中游河道總長度的 80%。黄河每年在此段帶走大量泥沙東流，一方面使下游河床抬高形成地上懸河，另一方面又塑造了華北平原和黄河三角洲，黄河山西段的意義早已超越其區位本身。此外，以汾河、沁河、涑水河、昕水河等爲代表的 20 餘條黄河重要支流流經省内 11 市 86 縣，流域面積 9.7 萬平方公里，占黄河流域總面積的 12.2%，占中游流域總面積的 28%，占山西全省總面積的 62.2%。千百年來，它們與海河水系的桑乾河、滹沱河、漳河等河流共同哺育着三晋兒女，滋養着三晋文化，使山西成爲中華文明重要的發源地和集中展示地。

　　早在石器時代，我們的先民就開始在這裏生産生活。芮城匼河遺址、襄汾丁村遺址、陽高許家窑遺址等見證了山西的舊石器時代文化。步入新石器時代後，仰韶文化遺址幾乎遍布全省。從古史傳説看，夸父追日、女媧補天、後羿射日、精衛填海、大禹治水、愚公移山等故事均與山西密切相關。"三皇五帝" 中的堯、舜、禹更是先後在山西南部建都，《帝王世紀》寫道："堯都平陽，舜都蒲坂，禹都安邑。"[3]三地均位于汾河下游地帶，這裏自然環境優越，農業經濟發達，故而從堯、舜一直到夏朝，均是當時華北的政治、經濟、文化中心。西周初年，周成王將其弟叔虞封于

1

---

[1]　山東大學《商君書》注釋組：《商君書·來民》，山東人民出版社 1978 年版，第 112 頁。

[2]　顧祖禹：《讀史方輿紀要·山西方輿紀要序》，中華書局 1955 年版，第 1635 頁。

[3]　皇甫謐著，徐宗元輯：《帝王世紀輯存》，中華書局 1964 年版，第 38、44、52 頁。

唐，"唐在河、汾之東，方百里"[1]，後改國號爲晉。春秋戰國時期，晉及其後的韓、趙、魏三國均是黃河流域的大國。秦漢魏晉時期，山西在政治、經濟、軍事、文化等方面，都有舉足輕重的地位。隋煬帝任李淵爲山西河東道慰撫大使後，"山西"之名正式形成。其後，李淵橫掃群雄，建立唐朝，山西成爲"龍興"之地，地位日隆。宋代以後，山西仍然是北方經濟、文化的發達地區之一。宋代，澤潞地區的鐵、煤、絲綢、硫磺，以及河東地區的鹽名揚天下。明清時代，山西商人與徽商齊名，社會經濟發展迅速。謝肇淛的《五雜俎》記載："富室之稱雄者，江南則推新安（今安徽），江北則推山右（今山西）……山右或鹽，或絲，或轉販，或窖粟，其富甚於新安。"[2]

山西古代的崛起與繁榮，與其自然環境，尤其是水利條件密不可分。山西地貌類型有山地、丘陵、高原、盆地、臺地等，其中山地、丘陵占80%，高原、盆地、臺地等占20%。山西地勢總體呈現"兩山（太行山、呂梁山）夾一川（汾河）"的特點，東西兩側山地和丘陵隆起，中部爲一連串因地質構造運動形成的斷陷盆地，即北部的大同盆地與忻定盆地，中部的太原盆地，南部的臨汾盆地與運城盆地。這五大盆地加上東南部的上黨盆地，地形相對平坦，土壤肥沃，水源條件較好，是山西古代文明的核心地帶。氣候類型上，山西屬于溫帶大陸性季風氣候，四季分明，雨熱同期，夏季降水量約占全年的60%，且降水相對集中，易致澇災，因而防洪灌溉成爲歷史上百姓生產生活的重要組成部分。其他季節則有乾旱之虞，祈雨儀式自然成爲傳統社會必不可少的活動。

水文條件方面，山西境內共有大小河流1000餘條，黃河主幹流經山西西界和南界，汾河、沁河是兩條最大的支流。這些河流以季節性爲主，水量變化的季節性差異大。此外，遍布山西各地的大小泉源更是引人注目。尤其在汾河中下游地區，泉眼之多、泉水之盛在全國居于前列。顧炎武曾贊山西泉水之盛，可與"千泉之省"的福建相仲伯。據《讀史方輿紀要》記載，山西有泉水191處，其中62處有"溉田之利"。1966年山西水利部門的勘測結果顯示，全省泉水流量爲約200立方米/秒，其中流量大于1立方米/秒的泉眼共有24處。在這些泉水中，平定娘子關泉，潞安辛安泉，朔州神頭泉，太原晉祠泉、蘭村泉，介休洪山泉，霍州郭莊泉，洪洞廣勝寺霍泉、臨汾龍祠泉、新絳鼓堆泉等是遠近聞名的岩溶大泉。值得注意的是，山西古代經濟開發成熟與文化繁榮昌盛的地方，恰恰是引泉灌溉最集中和發達的區域。這種對應性表明了水利灌溉對山西區域社會發展的推動作用。

水是農業社會的核心資源，水利工程在人們的日常生活和農業生產中起着舉足輕重的作用。明人夏良勝曾言："水者，五行之先氣，萬物之母也。"[3]清人李茹旻也指出："夫水者，五行之首，萬物之所資而生、資而用者也，故其利莫大焉。"[4]在傳統農業社會，水利不僅關係到農業生產，"夫世之取資於水利者有二，而農尤特重焉"[5]，更關乎社會發展和國家興衰，"水之利於天下國家也，甚博且久"[6]。據考古發掘，早在距今4300—4000年前的襄汾陶寺遺址中，人們已懂得因勢利導利用水資源，在城內不僅利用地表水構建起排水系統，而且還挖掘水井利用地下水供給居民生活，在城外則開鑿濠溝以便排水與防護。史前傳說中黃河流域洪水肆虐爲患，舜帝派大禹治理洪水也印證了先民對水利的重視。大禹帶領人們開鑿河渠，引水灌溉，發展農業，使黃河兩岸成爲華夏

[1] 司馬遷：《史記》卷三十九《晉世家》，中華書局1982年版，第1635頁。
[2] 謝肇淛：《五雜俎》卷四《地部二》，上海古籍出版社2001年版，第74頁。
[3] 夏良勝：《東洲初稿》卷七《水利》，文淵閣四庫全書第1269冊，第838頁。
[4][5] 李茹旻：《李鷺洲集》卷八《水利》，四庫全書存目叢書集部第266冊，第796頁。
[6] 吳寬：《家藏集補遺·重修會通河記》，文淵閣四庫全書第1255冊，第791頁。

先民生息繁衍的沃土，從而奠定了中華文明走向輝煌的堅實基礎。

據史料記載，山西最早的水利工程爲公元前 453 年開鑿的智伯渠，該渠引晉祠泉水灌溉晉陽一帶的農田，成爲古晉陽城的主要供水來源。漢武帝元朔元年（公元前 128 年），河東太守番係"穿渠引汾溉皮氏、汾陰下，引河溉汾陰、蒲坂下"[1]，後世稱之爲"番係渠"。這兩項較大規模的灌溉工程開了山西古代引泉、引河灌溉農田的先河。東漢時期，汾河中下游地區的水利被進一步提倡和推動。東漢元初二年（115 年），漢安帝下詔督促"三輔、河内、河東、上黨、趙國、太原各修理舊渠，通利水道，以溉公私田疇"[2]。隋唐時期是山西大規模開發泉水資源的開始。明萬曆《絳州志·溝洫》記載了隋開皇十六年（596 年）臨汾縣令梁軌開絳州渠灌田五百頃的事迹，這是今新絳鼓堆泉引流灌田的最早記録。唐代不僅沿用了晉祠泉、鼓堆泉，還沿汾河中下游兩岸新開發霍泉、三峪泉、灤池等工程。據統計，唐代山西興修水利灌溉工程 32 項，在全國名列第三，僅次于浙江與陝西。[3] 北宋熙寧年間（1068—1077 年），山西的引洪淤灌工程開始大規模開展，放淤水源有黄河、涑水河、汾河、漳河、滹沱河及山洪溪澗等。金代創修的通利渠是山西古代歷史上最有影響并沿用至今的灌溉工程。明清兩代，山西興修大小水利灌溉工程 253 項[4]，典型者有明洪武九年（1376 年）修築的太原汾河東岸金剛堰、明嘉靖四十年（1561 年）開鑿的榆次縣青龍渠、清康熙十三年（1674 年）修建的孝義縣興隆渠等。

從時間上看，山西古代水利建設可分爲三個興盛期：兩漢、隋唐與明清，兩次衰落期：三國兩晉、五代十國，兩個平穩發展期：先秦、宋金元。從地域上看，先秦與兩漢的水利建設主要在汾河下游入黄口及涑水河盆地，隋唐時的水利工程主要集中在汾河中下游兩岸，北宋時的水利灌溉事業在滹沱河流域興起并在金元兩代發展延伸，明清時期境内主要河流及泉水普遍得到開發利用。從工程形式與規模上看，山西古代水利以引泉、引河灌溉爲主，且民間興辦的小型農田水利工程占據主要地位，如戰國初年的智伯渠、漢代的引汾灌溉、隋唐的引泉灌溉、宋代的引洪灌溉、金代的通利渠、元明清的河泉灌溉、清末民初雁北地區的"三大渠"工程等。城市防洪、城市水利、鑿井取水兼而有之。山西古代水利起源之早，數量之多，利用水準之高，自春秋到隋唐一直在全國處于領先地位。明清以來，山西水利亦以自己特有的經營管理形式引起世人注目。[5] 然而，"水之爲利也溥矣，而其爲害亦甚大"[6]，河道決溢、改徙往往給沿岸人民帶來生命、財産的重大損失。因治理河道而興舉的堤、壩、埽、墊諸工及避洪、擋洪、分洪、滯洪、改道、用洪、架橋等多功能防洪水利工程持續開展，因祈禱河道安瀾、風調雨順形成的水神信仰及民間爭奪水權的鬥爭，都成爲山西水利史上不可或缺的組成部分，塑造了豐富多彩的三晉水利文化，并成爲黄河水利文化的重要組成部分。

二

對水的利用進行研究對于理解與認識中國社會有着至關重要的意義。中國水利史研究由來

---

[1] 司馬遷：《史記》卷二十九《河渠書》，中華書局 1959 年版，第 1410 頁。

[2] 范曄：《後漢書》卷五《孝安帝紀》，中華書局 1965 年版，第 222 頁。

[3][4] 張荷編著：《晉水春秋：山西水利史述略》，中國水利水電出版社 2009 年版，第 120 頁。

[5] 同上書，第 7 頁。

[6] 乾隆《西華縣志》卷二《河渠志》，乾隆十九年刻本，第 1 頁。

已久，歷朝歷代與水利有關的直接著述卷帙浩繁。20 世紀 30 年代，經濟學家冀朝鼎便運用大量原始水利文獻研究得出中國歷史上存在若干基本經濟區，并影響了中國統一和分裂關係的觀點。[1]1957 年，美國學者魏特夫提出“治水社會”理論，力圖在水利與國家形態之間建立一個因果聯繫：包括中國在內的東方國家專制主義制度起源于水利灌溉對一體化協作、强有力管理和控制的迫切需求。[2] 進入 21 世紀以來,作爲社會史的一個分支學科,水利社會史出現了從“治水社會”到“水利社會”的範式轉變。其中的標志性事件，一是 1998 年法國遠東學院藍克利教授和北京師範大學董曉萍教授帶頭的中法國際合作項目“華北水資源與社會組織”的實施。該專案先後出版《陝山地區水資源與民間社會調查資料集》四部著作，對陝西關中東部和山西西南部六個縣域中廣大村民的用水觀念、水資源配置、村社水利組織等問題進行了研究。[3] 二是 2004 年山西大學“區域社會史比較研究”中青年學者學術討論會的召開。北京大學王銘銘教授和山西大學行龍教授分別發表《“水利社會”的類型》和《從“治水社會”到“水利社會”——兼論以水爲中心的山西社會》兩篇文章，進一步厘清了水利社會的概念，并對水利社會史的發展前景進行科學展望。[4]

其後，在論及山西區域社會特點時，行龍教授進一步指出：“從資源時空分布的角度而言，山西有兩大特徵：一是水少，二是煤多。在前近代社會生產力條件和社會經濟結構中，水資源的稀缺足以影響到區域社會的政治、經濟、文化各個方面，是一個相當關鍵的制約因素。爲此，以水爲中心，勾連起土地、森林、植被、氣候等自然要素及其變化，進而考察由此形成的區域社會經濟、文化、社會生活、社會變遷的方方面面，理應成爲解釋山西區域社會發展變遷的一條學術路徑。”[5]此後，山西大學社會史研究團隊對山陝水利社會史進行了廣泛而深入的研究，具體來看主要從四個方面展開：一是對水資源的時空分布特徵及其變化進行全面分析，并將水利社會劃分爲“流域社會”“泉域社會”“洪灌社會”與“湖域社會”四種類型；二是以水爲中心形成了社會經濟產業研究；三是以水案爲中心，對區域社會的權力結構、社會組織結構、制度環境及其功能等問題開展系統研究；四是對以水爲中心形成的社會日常生活的研究。[6] 研究團隊的代表性成果，除行龍對水利社會史的相關文論外，還有張俊峰關於“泉域社會”和水權的研究、胡英澤對黃河小北幹流沿岸生態及華北地區水井的研究、周亞對龍祠泉域的長時段考察、李嘎對山西城市水患的研究等。

此外,國內外越來越多的學者也將研究視野聚焦于山西水利社會史。北京大學趙世瑜教授在《分水之爭：公共資源與鄉土社會的權力和象徵》一文中，分析了汾河流域分水傳說中權力和象徵的意義，認爲這些故事實際上反映了水資源的公共物品特性以及由之而來的產權界定困難。[7]清華大學張小軍教授通過對歷史上山西洪山泉的水權個案研究，提出了“複合產權”的概念，進而指

[1] 冀朝鼎著，朱詩鰲譯：《中國歷史上的基本經濟區》，商務印書館 2014 年版。

[2] 魏特夫著，徐式谷等譯：《東方專制主義：對于極權力量的比較研究》，中國社會科學出版社 1989 年版。

[3] 《陝山地區水資源與民間社會調查資料集》共包括四部專集：白爾恒等編著《溝洫佚聞雜錄》、秦建明等編著《堯山聖母廟與神社》、黃竹三等編著《洪洞介休水利碑刻輯錄》、董曉萍等編著《不灌而治》，均于 2003 年由中華書局出版。

[4] 王銘銘：《“水利社會”的類型》，《讀書》2004 年第 11 期；行龍：《從“治水社會”到“水利社會”》，《讀書》2005 年第 8 期。

[5] [6] 行龍：《“水利社會史”探源——兼論以水爲中心的山西社會》，《山西大學學報（哲學社會科學版）》2008 年第 1 期。

[7] 趙世瑜：《分水之爭：公共資源與鄉土社會的權力和象徵》，《中國社會科學》2005 年第 2 期。

出水權的資本權屬可以分經濟、文化、社會、政治、象徵五種。[1] 英國學者沈艾娣的《道德、權力與晋水水利系統》一文從道德價值體系的角度觀察晋水社會，認爲"油鍋撈錢"體現的暴力和儒家倫理體現的公共資源公平分配道德共同維持了山西水利社會。[2] 北京大學韓茂莉教授對山陝地區的水權保障系統及基層管理體制進行了考察，認爲水權保障系統形成以渠系和村落爲基點的地緣水權圈和以家族爲基點的血緣水權圈，兩個圈層融社會習俗和社會慣性爲一體，在鄉村社會中占有十分重要的地位。[3] 廈門大學張亞輝教授對晋水流域灌溉制度與禮治精神的關係、晋祠諸神的歷史、神話與隱喻做了歷史人類學考察，認爲晋水灌區自明代以來形成的渠長甲制和輪程分水的灌溉制度主要是靠鄉土社會的禮治精神來支持的。此外，晋祠內聖母、唐叔虞和水母分別作爲皇權、儒家官僚和鄉民社會各自崇奉神靈的代表，從宋代到清初的祭祀和廟宇修繕蘊含着大一統、儒家理想和鄉民社會的合作與張力[4]，等等。另外，近年來以山西水利社會爲主題的碩博士論文有80餘篇。

就山西水利碑刻搜集、整理與出版的情況來看，明清方志中均收錄有數量不等的水利碑刻。但方志中收錄水利碑刻是有選擇性的，它們僅收錄官方要員撰寫的碑文，且在格式上只錄碑文題目、作者和正文，碑刻的形制、外觀、書丹者、鎸刻者、捐資者等資訊多一概省略。

中華人民共和國成立以來，一批涉及水利碑刻的資料集和志書陸續出版，總體呈現出零散搜集與專題整理并進的局面。其中，劉春光主編的《汾河灌區志》收錄了部分汾河灌區的水利碑刻。[5] 賈志軍主編的《沁水碑刻搜編》收錄了部分沁水流域的相關水利碑刻。[6] 山西省水利廳編著的《汾河志》第八章收錄了部分汾河流域的水利碑刻。[7] 太原晋祠博物館編著的《晋祠碑碣》收錄了晋祠景區現存水利碑刻204通，分爲詩、文兩大類。[8] 山西政協組織出版的《三晋石刻大全》收錄了全省60餘區縣的數萬通碑刻，包含了大量水利碑刻。[9]

專題整理方面，黃竹三、馮俊杰等編著的《洪洞介休水利碑刻輯錄》集中收錄了30餘通反映水權、水利糾紛、水神祭祀、治水功績的碑刻。[10] 張學會主編的《河東水利石刻》集中收錄了200餘通運城地區水利碑文，并根據碑文類別分爲禹功篇、德政篇、爭論篇、水規篇、鹺海篇、災異篇、井池篇、堤橋篇、河水篇、泉湖篇、祈雨篇等11篇。[11] 張正明、科大衛合編的《明清山西碑刻資料選》（包括續一、續二）對全省碑刻進行綜合輯錄，共收錄碑刻548通，其中專設"水利"門類，收錄近百通碑刻。[12] 山西大學中國社會史研究中心主編的《社會史研究》特別重視對

[1] 張小軍：《複合産權：一個實質論和資本體系的視角——山西介休洪山泉的歷史水權個案研究》，《社會學研究》2007 年第 4 期。
[2] 沈艾娣：《道德、權力與晋水水利系統》，《歷史人類學刊》2003 年第 1 期。
[3] 韓茂莉：《近代山陝地區地理環境與水權保障系統》，《近代史研究》2006 年第 1 期。
[4] 張亞輝：《灌溉制度與禮治精神——晋水灌溉制度的歷史人類學考察》，《社會學研究》2010 年第 4 期；《皇權、封建與豐産——晋祠諸神的歷史、神話與隱喻的人類學研究》，《社會學研究》2014 年第 1 期。
[5] 汾河灌區志編委會：《汾河灌區志》，山西人民出版社 1993 年版。
[6] 賈志軍編：《沁水碑刻搜編》，山西人民出版社 2008 年版。
[7] 裴群編：《汾河志》，山西人民出版社 2006 年版。
[8] 李鋼主編，太原晋祠博物館編注：《晋祠碑碣》，山西人民出版社 2001 年版。
[9] 李玉明總主編：《三晋石刻大全》，三晋出版社 2007—2021 年版。
[10] 黃竹三、馮俊杰：《洪洞介休水利碑刻輯錄》，中華書局 2003 年版。
[11] 張學會主編：《河東水利石刻》，山西人民出版社 2004 年版。
[12] 張正明、科大衛、王勇紅主編：《明清山西碑刻資料選·續一》，山西古籍出版社 2007 年版；張正明、科大衛、王勇紅主編：《明清山西碑刻資料選·續二》，山西經濟出版社 2009 年版。

山西民間文獻的搜集與整理，其第一輯便以"山西臨汾龍祠水利碑刻輯録"爲題刊載了龍祠水利碑刻 38 通；第二輯以"山西、河北日常生活用水碑刻輯録"爲題刊載了山西省鑿井而飲、挖池蓄水等日常用水碑刻 95 通；第四輯以"'丁戊奇荒'山西碑刻輯録"爲題刊載了灾荒時期鄉民祈雨、賑灾、捐輸、救荒等相關碑刻 57 通；第五輯以"晋南水利碑刻蒐編"爲題刊載了晋南地區水資源管理、水文灾害、水權争奪、水利工程、水神信仰等水利碑刻 52 通；第八輯以"明清山西城市水利資料選録"爲題刊載了明清時期山西各城市水利碑刻 51 通。該輯刊現已成爲國内出版水利碑刻專題的一個重要平臺。[1] 此外，近年來山西大學民間文獻整理與研究中心開展區域田野作業，也搜集和整理了一批水利碑刻。

總之，山西水利社會史研究現已成爲在國内外學術界産生重要影響的一個熱點領域，成就斐然。在學術研究日益注重眼光向下以及從民間發現歷史的學術關懷下，近些年來山西各地在碑刻、檔案、契約、族譜等民間文獻搜集整理方面已取得了可喜成就，學術研究已經具備了較高的起點和理論高度。但也應該看到，相比山西水利文書的浩瀚而言，目前整理出版的專題水利碑刻仍顯不足。有鑒于此，我們以山西省遺存的歷代水利碑刻爲基礎，廣泛搜集民間散存的歷代碑刻，并對相關拓片、録文等資料進行甄別與校訂，最終編輯成《黄河流域水利碑刻集成·山西卷》。需要説明的是，山西卷亦遵循總卷體例，對黄河流域的區域範圍采用較爲廣義的視角，將現今山西省内有關水利的碑刻儘量全面搜集整理，以反映這片土地上深厚、久遠、綿延至今的水利歷史文化。

三

本書收録黄河流域山西段境内的水利碑刻近 1200 通，年代最早的一通碑刻爲北齊天統三年（567 年）的《避水石碑記》，最晚的一通碑刻爲民國三十八年（1949 年）的《新開吃水渠碑》。這些碑刻碑額部分多刻有"永垂不朽""流芳百代"等字樣，以冀所載内容廣爲流傳。碑文是碑刻的主體，記載了豐富的歷史資訊，多與治河、祈雨、修渠、挖井、修橋有關。碑文的後半部分或碑陰常常刻有題名，其中有普通百姓，有士紳地主，也有官員，主要爲了宣揚這些人在水利事業上的功德。根據碑文内容，我們將本卷收録的水利碑刻大致分爲功德碑、治水碑、修渠碑、修井池碑、修橋碑、水訴訟碑、水規碑、水信仰碑等，概述如下：

（一）功德碑

自古以來，山西境内的黄河雖然哺育了兩岸的人民，但是河岸侵蝕、泥沙淤積、河堤決口等，也給域内民衆造成了諸多灾難。歷史上治理水患過程中涌現出許多有功之臣，他們因治水有功而被百姓感念，立廟以祀之，立碑以紀之，這種歌頌治水之人功德的碑刻就是功德碑。以洪洞縣廣勝寺清乾隆三年（1738 年）《歷年渠長碑記》爲例。洪洞縣霍泉流域自唐貞觀年間開始大規模開發，宋金時期引泉體系逐步完善，元明清時期延續利用。這通碑刻對康熙年間治理堤壩有功的北霍渠長衛景文與郝顯鼎等人進行了頌揚，體現了人們對治水英雄的敬意。

[1]　見周亞 :《山西臨汾龍祠水利碑刻輯録》,《社會史研究》第一輯, 北京大學出版社 2011 年版；胡英澤 :《山西、河北日常生活用水碑刻輯録》,《社會史研究》第二輯, 北京大學出版社 2012 年版；郝平 :《"丁戊奇荒" 山西碑刻輯録》,《社會史研究》第四輯, 商務印書館 2016 年版；張俊峰 :《晋南水利碑刻蒐編》,《社會史研究》第五輯, 商務印書館 2018 年版；劉自强 :《明清山西城市水利資料選録》,《社會史研究》第八輯, 社會科學文獻出版社 2020 年版。

（二）治水碑

數千年來，山西境內各流域因泥沙淤積、河堤決口等常常發生水患。爲了治理這些水患，流域內民衆往往築堤防洪、修浚河道，并且立碑記之，這種詳述治水活動而立的碑刻就是治水碑。其內容涉及修堤修河的時間、參與人、治水過程、所費財物以及治水效果等。需要指出的是，治水碑對治水過程的記載形式多樣，如堵塞決口以束水、開鑿新河以分水、修浚河道以利水流、修築河堤以防洪水等。這是民衆與水患做鬥爭最直接的記錄。代表性的碑刻有臨汾市堯都區清乾隆三十二年（1767 年）《龍子祠疏泉掏河重修水口渠堰序》、洪洞縣辛南村清光緒五年（1879 年）《通利渠治水碑記》等。

（三）修渠碑

所謂修渠，有因吃水困難而開鑿水道者，有因管道年久失修而重修者，也有因原有水渠不足而新開者。爲了宣揚這些事迹，立碑以記之，此種碑即爲修渠碑。其不僅記錄了興修水渠、河渠的過程，也記載了修渠官員的功績。山西受地形條件影響，境內多山地、盆地，因此，修築管道引水灌溉成爲發展農業的重要手段，歷史上修建了大量引水工程。太原市尖草坪區西關口村歇馬殿清嘉慶十八年（1813 年）《重修老池石渠碑記》等是其中的典型代表。

（四）修井池碑

"日出而作，日落而息，鑿井而飲，耕田而食。"這首傳唱千古的《擊壤歌》描繪了傳統鄉村社會中最爲常見的生活方式。如果說河渠之利主要是解決農業用水的話，那麼鑿井挖池則使百姓的生活用水有了保障。一井一池，其工程規模雖不及管道，但仍需集數家或全村之力共同修建，同時相應地形成了一套制度體系。通過立碑來記錄井池的開鑿、日常維護和管理規範等重要事項，我們稱其爲修井池碑。如清順治十三年（1656 年）所立《重修石井碑》記載了晋中市太谷區范村重修村內石井的原因及過程。

（五）修橋碑

橋梁能夠溝通河流兩岸，對于兩岸居民、商賈來往有着重要作用。有些橋梁因修建年份久遠，或因洪水冲刷而逐漸損毀，人們又會在舊橋原址進行重修，常以石橋代替原有的土橋、木橋。爲了記載修橋之事，人們立碑記之，留下了大量的修橋碑。如明嘉靖元年（1522 年）所立的《創建惠遠橋記》，詳細記載了太平縣（今襄汾）定興村耆老李鑰、西村義士李時乃糾合衆社人等修建惠遠橋的過程。

（六）水訴訟碑

水案訴訟是民衆因爭水引起糾紛，由官府介入解決訟端的事件。訴訟結束後，爲了廣而告之，以儆效尤，將水案訴訟的起因、過程與結果立碑記錄，是爲水訴訟碑。此外，碑文所載是否真實可信，也會成爲官府審斷案件時要加以權衡審查的一項內容。如明隆慶二年（1568 年）洪洞縣《察院定北霍渠水利碑記》就記載了隆慶二年趙城人王廷琅在淘渠時，偷將分水處"壁水石"掀去，并將渠淘深，致使"水流趙八分，餘洪二分"。此舉激起洪洞人不滿，導致洪洞渠長董景暉徑告至巡按山西監察御史宋處。宋御史命平陽府查報，知府毛自道令同知趙世相、通判胡從夏共同審理。二人參照金碑和唐宋成案，重新確定兩渠渠口原定尺寸，重置攔水石和限水石，恢復"三七分水"，才將這起爭端解決。

（七）水規碑

水規碑是專述河流、湖泊、管道使用條規的碑刻。水規，即用水的規範。水規的制訂多與民間水訴訟案件有關。在山西地區，常因用水引發矛盾，進而產生衝突乃致訴訟，最後由當地官員或者德高望重之人裁定水規，并勒石公示。以清咸豐九年（1859 年）所立《北益昌村南北渠用水規序碑》爲例，碑文就記載了訂立水規的緣由及各項事宜。

（八）水信仰碑

古人在進行水事活動時，希望得到保佑，祈求風調雨順，于是根據圖騰、傳說、祥異的人或事等創造出具有超自然能力的神靈，如河神、龍王、聖母、水官等。山西各地民衆在爲所信奉的神靈進行祭祀、祈禱、建立或重修廟宇等相關活動時，刊立了數量衆多的碑刻。本書收錄的水利碑刻中，此類數量最多。以方山縣元至正四年（1344 年）所立《創建天龍廟碑》爲例，可以瞭解因農業風調雨順而拜神立碑的前因後果。"去年大同、冀寧二路亢旱，赤地千里，如惔如焚，黍稷俱槁，饑饉薦臻。其民之老羸者輾轉餓死於溝壑，而少狀［壯］者散而之四方者，幾千人矣。獨此一方，秋夏大熟，其民安業樂生，不聞有啼飢叫餓而流移於异土者，是皆神龍之所護應也。"村民認爲此地未旱的原因是有神龍庇佑，因此想要修建龍神廟以爲祭祀。然而，"奈何神□卑狹，地勢險阻，里民歲時奉祠，衆不能容"，幸而有子英、子柔兩位鄉賢"與鄉耆僉議，於此山之下，逾澗北濱，度平曠之地，創構龍堂并兩廊三門，粲然一新"。

除了這種因祈雨成功而記載所奉神靈功績的碑刻外，還有大量記載民衆創建廟宇或重修廟宇活動的碑刻。以金天會十三年（1135 年）《朔州馬邑縣重建桑乾神廟記》爲例，碑文記載："山西河之大者，莫如桑乾。朔郡之南百里有池曰'天池'，其水清深無底。有人乘車池側，忽遇大風飄墮，後獲車輪於桑乾泉。魏孝文□以金珠穿七魚放之池濱，後於桑乾源夕得所穿之魚；又以金縷笴箭射池之巨鱗，亦於桑乾□源獲所射之箭。天池廟碑具載其事。""竊惟河之靈迹廣大深□，宜乎神祠。自古以來崇建，由唐之遼，民咸祈禱焉。"該廟後雖因戰亂損毀，但民間祭祀不斷。于是"天會十二年秋，縣令程舜□與邑佐趙鉉祈禱，嘆其基址荒榛、廟像未立，方勸諭鄉民，致力復建"。

以上幾類水利碑刻均是對日常生活中與水資源和水文化相關的人物或事件的反映，記錄了歷史上人們生產生活的基本情況。如功臣碑反映了人們對治水有功之人的懷念；治水碑、修渠碑反映了數千年來人民與河流泛濫、淤積等情況所做的鬥爭，體現了勞動人民的智慧；修井碑、修橋碑、水訴訟碑、水規碑是民衆日常生活情況最真實的記錄；水信仰碑反映了流域人民的精神信仰。數千年來的水利文化記錄在這些碑刻之上，成爲三晋文化、黃河文化的重要組成部分。

四

水是人類生存和發展必不可少的資源。人類社會發展的過程，事實上也是一部使用水、管理水，治理水、維持水資源可持續利用的歷史。歷史上許多文明的產生、制度的形成、科技的進步、生活方式的變化，乃至灾害、衝突與戰爭等，都和水資源有直接關係。在此過程中，人們的思想觀念、政治制度、生活方式、生產方式、文學藝術等，都打上了水的"烙印"。可以說，水哺育了人類文明，人類文明又在與水的互動中得以延綿、發展。在與水的互動中，關於水的觀念、禁忌、制度、規範以及人們對待水的社會行爲等，通過語言、文字、宗教、物質建設等進行情感表達，構成了水利文化的基礎。水利碑刻作爲水利文獻的一種重要載體，對于挖掘水利文化，彰顯水利文明具有重要意義。

山西是我國保存古代碑刻數量最多的省份之一。據不完全統計，山西現存各類碑碣有數萬通。

中華人民共和國成立以來，隨着山西地區碑刻搜集、整理與研究工作的開展，目前已取得了衆多以《三晋石刻大全》爲代表的精品成果，得到了學界的一致好評，但從專題性角度對全省的水利碑刻開展普查，本書還是第一次。水利碑刻類型多樣，對事件的直接記載往往比史籍記載的内容更詳實、生動、直接，可以與之相互印證，是歷史上山西人民以水爲生、與水爲伴的真實寫照。這些水利碑刻既是三晋大地的寶貴文化遺産，也是三晋水利文化的重要内容。搜集整理好遍布全省的水利碑刻，不僅可以爲研究三晋文化提供扎實的基礎，爲講好"山西故事"提供基礎史料支撐，還可以爲深入探索、弘揚黄河文化提供豐富的理論滋養。

2019 年 9 月 18 日，習近平總書記在黄河流域生態保護和高質量發展座談會上講到："黄河文化是中華文明的重要組成部分，是中華民族的根和魂。要推進黄河文化遺産的系統保護，深入挖掘黄河文化蘊含的時代價值，講好'黄河故事'，延續歷史文脈，堅定文化自信，爲實現中華民族偉大復興的中國夢凝聚精神力量。"與此同時，"黄河流域生態保護和高質量發展"成爲國家戰略，這充分顯示了黨和國家對黄河流域的高度重視。在此意義上，"黄河文化"的時代價值愈發凸顯，相信《黄河流域水利碑刻集成·山西卷》的出版必將爲深入挖掘黄河文化、書寫"黄河故事"、凝聚中國精神貢獻一份力量！

郝平

二〇二一年八月

前言

凡　例

一、本書正文分碑刻圖版和碑刻録文兩部分。碑刻按立碑時間先後順序排列。立碑朝代、年號相同者，按月日順序排列；朝代、年號、月日相同者，按録文首字筆畫多少排列，少者前，多者後；首字筆畫相同者，再按第二字筆畫多少排列，以此類推。祇有朝代信息，無具體紀年信息的碑刻，置于該朝代碑刻最後，并按首字筆畫多少排列。

二、凡碑刻有首題者，以首題爲題目；無首題而有碑額者，以碑額爲題目；無首題、碑額，或首題、碑額不能確切表達碑文内容者，由編者自擬題目。为便于檢索，題目使用通用規範繁體字。

三、凡碑額有題字者，將題字置于録文的首行，并在題字前加"〔碑額〕："。若碑額有不同内容的題字，則在中間空兩字間距，如"〔碑額〕：流芳百代　　日　　月"。

四、在每通碑文題目下，羅列立石年代、原石尺寸、石存地點等信息。立石年代中以年號紀年者，括注公元紀年。部分需加以説明的碑刻，在録文頁下予以注釋。

五、碑刻録文在忠實原碑的基礎上予以斷句標點，以利閲讀利用。

六、碑刻録文原則上使用通用規範繁體字。碑文中原存的現代通用簡體字，予以保留；碑文中原存的別字、錯字，如影響閲讀，在原字後括注正字；碑文中原存的半繁半簡字，諸如"証""継""观"之類，改爲通用規範繁體字；碑中异體字，除地名、人名或有特殊含義外，爲閲讀方便，一般改爲正體字。

七、碑刻因年代久遠、風雨剥蝕及人爲造成的刮痕、石花及漫漶不清等致字迹無法辨識者，録文中用"□"符號標出；若連續多字無法辨識者，用"……"表示。

八、碑文中的施錢符號，録文中統一用"銀"或"錢"表示。

九、爲了保持録文體例的一致性，撰書者信息一般置于功德主信息前，木工、石工、泥瓦工、畫工、油漆工、鐵筆等工匠姓名，一般置于立碑時間前，立碑或撰文時間一般放在最後。

目　録

卷　一

北齊唐宋金元

1. 避水石碑記　北齊天統三年（567 年）　　　　　　　　　　　　　　　　/ 2

2. 晉祠銘碑文　唐貞觀二十年（646 年）　　　　　　　　　　　　　　　　/ 4

3. 開鑿河道摩崖石刻　唐總章三年（670 年）　　　　　　　　　　　　　　/ 8

4. 大唐河東鹽池靈慶公神祠頌并序　唐貞元十三年（797 年）　　　　　　　/ 10

5. 廣仁之龍泉記　唐元和三年（808 年）　　　　　　　　　　　　　　　　/ 14

6. 龍泉記　唐大和六年（832 年）　　　　　　　　　　　　　　　　　　　/ 16

7. 禹廟創修什物記　唐咸通九年（868 年）　　　　　　　　　　　　　　　/ 18

8. 題絳守園池呈太守薛君比部　北宋至和三年（1056 年）　　　　　　　　　/ 20

9. 因公過絳州留題居園池詩碣　北宋治平二年（1065 年）　　　　　　　　　/ 22

10. 聞喜縣青原里坡底村水利石碣記　北宋熙寧三年（1070 年）　　　　　　/ 24

11. 宋故贈衛尉卿司馬府君墓表　北宋熙寧八年（1075 年）　　　　　　　　/ 26

12. 玉皇廟碑文　北宋熙寧九年（1076 年）　　　　　　　　　　　　　　　/ 28

13. 祈雨碑　北宋元符三年（1100 年）　　　　　　　　　　　　　　　　　/ 30

14. 宋代敕封碑　北宋政和六年（1116 年）　　　　　　　　　　　　　　　/ 32

15. 新修二仙廟記　北宋政和七年（1117 年）　　　　　　　　　　　　　　/ 34

16. 澤州晉城縣建興鄉七擀管重修湯王廟記　北宋宣和二年（1120 年）　　　/ 36

17. 朔州馬邑縣重建桑乾神廟記　金天會十三年（1135 年）　　　　　　　　/ 38

18. 大金潞州黎城縣重修利遠橋記　金天會十五年（1137 年）　　　　　　　/ 40

19. 神泉里藏山神廟記　金大定十二年（1172 年）　　　　　　　　　　　　/ 42

20. 神靈感應碑　金大定二十一年（1181 年）　　　　　　　　　　　　　　/ 46

21. 沙凹泉水碑記　金明昌五年（1194 年）　　　　　　　　　　　　　　　/ 48

1

22. 孔澗村水利碑記　金明昌七年（1196 年）　／ 50

23. 沸泉分水碑記　金承安三年（1198 年）　／ 52

24. 重修玉帝廟記　金泰和七年（1207 年）　／ 54

25. 二仙廟碑記　金崇慶二年（1213 年）　／ 56

26. 灭泉更名碑　金貞祐五年（1217 年）　／ 58

27. 聖施地碑記　金正大元年（1224 年）　／ 60

28. 重修濟瀆清源王廟記　蒙古定宗二年（1247 年）　／ 62

29. 王家山龍王廟石碣　蒙古至元五年（1268 年）　／ 64

30. 重修潔惠侯廟記　元至元十二年（1275 年）　／ 66

31. 重修明應王廟碑　元至元二十年（1283 年）　／ 68

32. 增修康澤王廟碑　元至元二十三年（1286 年）　／ 72

33. 解鹽司新修鹽池神廟碑　元至元二十七年（1290 年）　／ 74

34. 堇山廟記　元至元三十年（1293 年）　／ 76

35. 重修康澤王廟碑　元元貞二年（1296 年）　／ 78

36. 曹仙媪成道誌　元大德元年（1297 年）　／ 80

37. 敕封永澤資寶王之碑　元大德三年（1299 年）　／ 82

38. 敕封廣濟惠康王之碑　元大德三年（1299 年）　／ 84

39. 重修白龍廟記　元大德七年（1303 年）　／ 86

40. 重修神泉里藏山神廟記　元至大三年（1310 年）　／ 88

41. 重修龍王廟記　元延祐二年（1315 年）　／ 90

42. 重展成湯廟記　元延祐二年（1315 年）　／ 92

43. 重修明應王殿之碑　元延祐六年（1319 年）　／ 94

44. 龍門塔龍王廟石幢　元延祐七年（1320 年）　／ 98

45. 神廟碑　元至治元年（1321 年）　／ 100

46. 重修藏山廟記　元至治三年（1323 年）　／ 104

47. 重修藏山廟神像記　元至順三年（1332 年）　／ 108

48. 瑞鹽記　元元統二年（1334 年）　／ 110

49. 重修南關觀音堂遺迹感應記　元至元二年（1336 年）　／ 112

50. 修渠灌溉規條碑　元至元三年（1337 年）　／ 114

51. 重修懿濟夫人廟記　元至元五年（1339 年）　／ 116

52. 清源王廟碑　元至正二年（1342 年）　／ 118

53. 紫柏龍神醮臺記　元至正二年（1342 年）　／ 120

54. 創建天龍廟碑　元至正四年（1344 年）　／ 122

55. 水神山詩碣　元至正四年（1344 年）　／ 124

56. 重修黃龍廟記　元至正五年（1345 年）　／ 126

黃河流域水利碑刻集成·山西卷一

57. 重修藏山神祠記　元至正五年（1345 年）　　　　　　　　　　　　　/ 128

58. 湯王廟碑記　元至正六年（1346 年）　　　　　　　　　　　　　　　/ 130

59. 禱鹽池記　元至正七年（1347 年）　　　　　　　　　　　　　　　　/ 132

60. 顯聖應雨大王廟碑　元至正七年（1347 年）　　　　　　　　　　　　/ 134

61. 冀寧監郡朝列公禱雨感應頌　元至正八年（1348 年）　　　　　　　　/ 136

62. 縣尹常公興水利記　元至正九年（1349 年）　　　　　　　　　　　　/ 138

63. 重修普應康澤王廟廡記　元至正九年（1349 年）　　　　　　　　　　/ 140

64. 就公住院重修行迹記　元至正十二年（1352 年）　　　　　　　　　　/ 142

65. 楊俊民覽園池詩　元至正十二年（1352 年）　　　　　　　　　　　　/ 144

66. 重修壽陽縣北山龍王廟記　元至正十四年（1354 年）　　　　　　　　/ 146

67. 九鳳山創建醮盆碑銘之文　元至正十五年（1355 年）　　　　　　　　/ 148

68. 石州禱雨靈應之碑　元至正二十年（1360 年）　　　　　　　　　　　/ 150

69. 前上黨縣達魯花赤忽都帖木兒德政記　元至正二十一年（1361 年）　　/ 152

70. 祭霍山廣勝寺明應王祈雨文　元至正二十七年（1367 年）　　　　　　/ 154

明（一）

71. 重修顯澤侯廟碑　明洪武三年（1370 年）　　　　　　　　　　　　　/ 158

72. 庫拔村水利碑　明洪武三年（1370 年）　　　　　　　　　　　　　　/ 160

73. 重修靈澤王廟記　明洪武七年（1374 年）　　　　　　　　　　　　　/ 162

74. 重修九天聖母正殿記　明洪武十一年（1378 年）　　　　　　　　　　/ 164

75. 新修華池神行祠記　明洪武十五年（1382 年）　　　　　　　　　　　/ 166

76. 重修靈湫廟碑記　明洪武二十年（1387 年）　　　　　　　　　　　　/ 168

77. 重修海瀆廟記　明洪武二十六年（1393 年）　　　　　　　　　　　　/ 170

78. 寺常住水改地玉銘　明洪武年間　　　　　　　　　　　　　　　　　/ 172

79. 重修湯帝廟記　明永樂五年（1407 年）　　　　　　　　　　　　　　/ 174

80. 重修靈湫廟記　明永樂十八年（1420 年）　　　　　　　　　　　　　/ 176

81. 水利爭訟斷案碑　明宣德二年（1427 年）　　　　　　　　　　　　　/ 178

82. 重修嵐王廟記　明宣德八年（1433 年）　　　　　　　　　　　　　　/ 180

83. 列石祠祈雨感應碑　明正統元年（1436 年）　　　　　　　　　　　　/ 182

84. 創塑崦山白龍潭神太子神像記　明正統十一年（1446 年）　　　　　　/ 184

85. 增修五龍廟神器誌　明景泰五年（1454 年）　　　　　　　　　　　　/ 186

86. 新建藏山大王靈應碑記　明景泰六年（1455 年）　　　　　　　　　　/ 188

87. 重建東嶽一廟三神記　明天順元年（1457 年）　　　　　　　　　　　/ 190

88. 重建藏山大王殿記　明天順四年（1460 年）　　　　　　　　　　　　/ 192

89. 重修鹽池神廟記　明天順七年（1463 年）　/ 196

90. 重修玉帝廟記　明成化二年（1466 年）　/ 198

91. 重修玉帝行宮碑　明成化七年（1471 年）　/ 200

92. 重修龍天土地廟碑記　明成化八年（1472 年）　/ 202

93. 重建白龍祠記　明成化十四年（1478 年）　/ 204

94. 敕賜祭告靈湫神文　明成化十四年（1478 年）　/ 206

95. 祈雨有感碑記　明成化十五年（1479 年）　/ 208

96. 庫拔等村使水碑記　明成化十七年（1481 年）　/ 210

97. 西溪二仙廟明成化乙巳年詩碑　明成化二十一年（1485 年）　/ 212

98. 嶺常龍王廟求雨碑　明成化二十一年（1485 年）　/ 214

99. 平陽府曲沃縣爲乞恩分豁民情等事抄蒙山西等處承宣布政使司等衙門碑
　　　明弘治元年（1488 年）　/ 216

100. 修復昭濟聖母廟之記　明弘治二年（1489 年）　/ 218

101. 中鎮霍山祈雨詩　明弘治六年（1493 年）　/ 220

102. 南山神廟靈感碑記　明弘治六年（1493 年）　/ 222

103. 弘治六年四月御祭中鎮文　明弘治六年（1493 年）　/ 224

104-1. 重建玄帝廟記（碑陽）　明弘治九年（1496 年）　/ 226

104-2. 重建玄帝廟記（碑陰）　明弘治九年（1496 年）　/ 228

105. 重修五龍堂記　明弘治九年（1496 年）　/ 230

106. 重建橋梁記　明弘治十年（1497 年）　/ 232

107. 盂縣重修諸龍神廟記　明弘治十年（1497 年）　/ 234

108. 絳縣重導帶溪水記　明弘治十三年（1500 年）　/ 236

109. 重修成湯廟記　明弘治十五年（1502 年）　/ 238

110. 重修私渠河記　明弘治十五年（1502 年）　/ 240

111. 奉訓大夫徐崇德等人疏通河道記　明弘治十五年（1502 年）　/ 242

112. 東官莊創開新井記　明正德元年（1506 年）　/ 244

113. 重修郭堡村三龍王神祠佾臺碑記　明正德三年（1508 年）　/ 246

114. 福泉神師山東仙洞聖境碑碣　明正德六年（1511 年）　/ 248

卷　二

明（二）

115. 古黎重修昭澤龍王碑銘記　明正德六年（1511 年）　/ 252

116. 重修浮濟廟記　明正德七年（1512 年）　/ 254

117. 重修三峻廟記　明正德八年（1513 年）　　　　　　　　　　　　　　　/ 256

118. 龍堂洞重修碑記　明正德九年（1514 年）　　　　　　　　　　　　　　/ 258

119. 重修藏山廟記　明正德十年（1515 年）　　　　　　　　　　　　　　　/ 260

120. 新修河東陝西都轉運鹽使司鹽池周垣之碑　明正德十三年（1518 年）　/ 262

121. 創建惠遠橋記　明嘉靖元年（1522 年）　　　　　　　　　　　　　　　/ 264

122. 重修五龍王聖母殿碑記　明嘉靖元年（1522 年）　　　　　　　　　　　/ 266

123. 霍州水利成案記　明嘉靖元年（1522 年）　　　　　　　　　　　　　　/ 268

124. 龍王廟石匾　明嘉靖三年（1524 年）　　　　　　　　　　　　　　　　/ 272

125. 登觀河亭記　明嘉靖三年（1524 年）　　　　　　　　　　　　　　　　/ 274

126. 崇增藏山神祠之記　明嘉靖四年（1525 年）　　　　　　　　　　　　　/ 276

127-1. 藏山靈境詩碑（碑陽）　明嘉靖五年（1526 年）　　　　　　　　　　/ 280

127-2. 藏山靈境詩碑（碑陰）　明嘉靖五年（1526 年）　　　　　　　　　　/ 282

128. 平陽府重修平水泉上官河記　明嘉靖五年（1526 年）　　　　　　　　　/ 284

129. 張長公行水記　明嘉靖七年（1528 年）　　　　　　　　　　　　　　　/ 286

130. 肇修濟衆橋記　明嘉靖七年（1528 年）　　　　　　　　　　　　　　　/ 288

131. 重修靈湫廟記　明嘉靖九年（1530 年）　　　　　　　　　　　　　　　/ 290

132. 解池小坐詩刻　明嘉靖九年（1530 年）　　　　　　　　　　　　　　　/ 292

133. 襄陵縣京安鎮五里永利水條碑記　明嘉靖九年（1530 年）　　　　　　　/ 294

134. 葫蘆頭重修廣禪侯神廟碑記　明嘉靖十年（1531 年）　　　　　　　　　/ 296

135. 官定趙家莊水利帖文碑記　明嘉靖十二年（1533 年）　　　　　　　　　/ 298

136. 重修樂樓之記　明嘉靖十五年（1536 年）　　　　　　　　　　　　　　/ 300

137. 重修合山神廟碑記　明嘉靖十六年（1537 年）　　　　　　　　　　　　/ 302

138. 霍州辛四里李泉莊成案水利石碑記　明嘉靖十七年（1538 年）　　　　　/ 304

139. 小澗柏樂二村水例碑記　明嘉靖十七年（1538 年）　　　　　　　　　　/ 308

140. 奉旨水利碑記　明嘉靖十九年（1540 年）　　　　　　　　　　　　　　/ 312

141. 重建天龍八部廟記　明嘉靖十九年（1540 年）　　　　　　　　　　　　/ 314

142. 鹽池詩刻　明嘉靖十九年（1540 年）　　　　　　　　　　　　　　　　/ 316

143. 庚能社增修井泉記　明嘉靖二十年（1541 年）　　　　　　　　　　　　/ 318

144. 龍王廟碑　明嘉靖二十三年（1544 年）　　　　　　　　　　　　　　　/ 320

145. 重修紫柏龍神廟記　明嘉靖二十三年（1544 年）　　　　　　　　　　　/ 322

146. 昭告風伯雨師碣　明嘉靖三十年（1551 年）　　　　　　　　　　　　　/ 324

147. 建應雨亭臥碑　明嘉靖三十一年（1552 年）　　　　　　　　　　　　　/ 326

148. 重修廟橋碑記　明嘉靖三十四年（1555 年）　　　　　　　　　　　　　/ 328

149. 新改雙益河碑　明嘉靖三十四年（1555 年）　　　　　　　　　　　　　/ 330

150. 重修觀音堂記　明嘉靖三十五年（1556 年）　　　　　　　　　　　　　/ 332

目　錄

151. 明澤州庚能社重修成湯廟記　明嘉靖三十七年（1558 年）　　　/ 334

152. 陶唐谷各村用水碣記　明嘉靖三十八年（1559 年）　　　/ 336

153-1. 涑水渠圖説碑（碑陽）　明嘉靖四十二年（1563 年）　　　/ 338

153-2. 涑水渠圖説碑（碑陰）　明嘉靖四十二年（1563 年）　　　/ 340

154. 平陽府霍州爲乞均水利事碣　明嘉靖四十三年（1564 年）　　　/ 344

155. 重修白龍殿記　明隆慶元年（1567 年）　　　/ 346

156. 察院定北霍渠水利碑記　明隆慶二年（1568 年）　　　/ 348

157. 龍泉寺新修池記　明隆慶三年（1569 年）　　　/ 350

158. 新建水渠碑記　明隆慶四年（1570 年）　　　/ 352

159. 重修泰華龍王廟記　明隆慶六年（1572 年）　　　/ 354

160. 重修聖母廟記　明萬曆元年（1573 年）　　　/ 356

161. 新建惠濟橋記　明萬曆元年（1573 年）　　　/ 358

162. 絳州重修鼓堆祠記　明萬曆二年（1574 年）　　　/ 360

163. 祀藏山大王説　明萬曆二年（1574 年）　　　/ 362

164. 中隱山清泉詩　明萬曆三年（1575 年）　　　/ 364

165. 建金龍四大王行宮西行廊記　明萬曆四年（1576 年）　　　/ 366

166. 重修龍池助緣碑記　明萬曆四年（1576 年）　　　/ 368

167. 白馬洞禱雨　明萬曆七年（1579 年）　　　/ 370

168. 屯留縣重修三峻山神廟記　明萬曆七年（1579 年）　　　/ 372

169. 重修龍王廟碑記　明萬曆七年（1579 年）　　　/ 374

170. 重修龍貺王行殿落成記　明萬曆八年（1580 年）　　　/ 376

171. 儒學泮池碑記　明萬曆十一年（1583 年）　　　/ 378

172. 蘇公禱雨文　明萬曆十五年（1587 年）　　　/ 380

173. 建昭澤普濟龍橋記　明萬曆十六年（1588 年）　　　/ 382

174-1. 介休縣水利條規碑（碑陽）　明萬曆十六年（1588 年）　　　/ 384

174-2. 介休縣水利條規碑（碑陰）　明萬曆十六年（1588 年）　　　/ 388

175. 苑川古廟碣　明萬曆十七年（1589 年）　　　/ 390

176. 新建源神廟記　明萬曆十九年（1591 年）　　　/ 392

177-1. 源泉詩四首有小序（碑陽）　明萬曆十九年（1591 年）　　　/ 396

177-2. 源泉詩四首有小序（碑陰）　明萬曆十九年（1591 年）　　　/ 398

178. 介邑王侯均水碑記　明萬曆十九年（1591 年）　　　/ 400

179. 重修龍王殿堵并隨廟地記　明萬曆十九年（1591 年）　　　/ 402

180. 祈雨碑記　明萬曆二十年（1592 年）　　　/ 404

181. 奉敕重修鹽池神廟碑記　明萬曆二十年（1592 年）　　　/ 406

182. 重修靈湫廟記　明萬曆二十年（1592 年）　　　/ 408

183. 新浚洪山泉源記　明萬曆二十一年（1593 年）　　／ 410

184. 重修水神聖母廟宇　明萬曆二十二年（1594 年）　　／ 412

185. 建修后土龍天廟碑記　明萬曆二十二年（1594 年）　　／ 414

186. 重修廟碑記　明萬曆二十二年（1594 年）　　／ 416

187. 龍天廟碑記　明萬曆二十二年（1594 年）　　／ 418

188. 創建廟門屏誌　明萬曆二十三年（1595 年）　　／ 420

189. 重修聖水黑山龍王行祠碑記　明萬曆二十三年（1595 年）　　／ 422

190. 重修龍王廟碑記　明萬曆二十三年（1595 年）　　／ 424

191. 義井碑記　明萬曆二十三年（1595 年）　　／ 426

192. 重建文殊閣黎殿閣碑記　明萬曆二十四年（1596 年）　　／ 428

193. 南岸采鹽圖説　明萬曆二十五年（1597 年）　　／ 430

194. 商中興賢相傅公版築處碑銘　明萬曆二十六年（1598 年）　　／ 432

195. 解梁開水渠記　明萬曆二十六年（1598 年）　　／ 434

196. 重修龍王廟記　明萬曆二十六年（1598 年）　　／ 436

197. 龍王山新建玄帝宮記　明萬曆二十七年（1599 年）　　／ 438

198. 重淘壘西井記　明萬曆二十八年（1600 年）　　／ 440

199. 水利碑　明萬曆二十八年（1600 年）　　／ 442

200. 清瓜峪渠道圖碑　明萬曆二十八年（1600 年）　　／ 444

201. 重修藏山大王廟記　明萬曆三十二年（1604 年）　　／ 446

202. 重修老龍王廟碑記　明萬曆三十三年（1605 年）　　／ 448

203. 重修湯帝神祠記　明萬曆三十三年（1605 年）　　／ 450

204. 四星池碑　明萬曆三十四年（1606 年）　　／ 452

205. 重修靈湫廟記　明萬曆三十四年（1606 年）　　／ 454

206. 五龍王廟碑記　明萬曆三十六年（1608 年）　　／ 458

207. 創建九江聖母行祠記　明萬曆四十年（1612 年）　　／ 460

208. 紫柏龍神重修廟記　明萬曆四十年（1612 年）　　／ 462

209. 高梁侯同鶴張公生祠記　明萬曆四十年（1612 年）　　／ 464

210. 甘泉井碑　明萬曆四十年（1612 年）　　／ 466

211. 補修成湯廟記　明萬曆四十二年（1614 年）　　／ 468

212. 祈雨碑記　明萬曆四十三年（1615 年）　　／ 470

213. 北董村重修古渠碑記　明萬曆四十五年（1617 年）　　／ 472

214. 祀雨碑記　明萬曆四十五年（1617 年）　　／ 474

215. 永不許開洞截水碑　明萬曆四十五年（1617 年）　　／ 476

216. 重修白龍神廟記　明萬曆四十五年（1617 年）　　／ 478

217. 重修成湯聖帝神廟記　明萬曆四十五年（1617 年）　　／ 480

目
録

218. 重修觀音龍王廟碑記　明萬曆四十七年（1619 年）　　　　　　　　　　　／ 482

219-1. 水神廟祭典文碣（一）　明萬曆四十八年（1620 年）　　　　　　　　　／ 484

219-2. 水神廟祭典文碣（二）　明萬曆四十八年（1620 年）　　　　　　　　　／ 486

219-3. 水神廟祭典文碣（三）　明萬曆四十八年（1620 年）　　　　　　　　　／ 488

219-4. 水神廟祭典文碣（四）　明萬曆四十八年（1620 年）　　　　　　　　　／ 490

219-5. 水神廟祭典文碣（五）　明萬曆四十八年（1620 年）　　　　　　　　　／ 492

219-6. 水神廟祭典文碣（六）　明萬曆四十八年（1620 年）　　　　　　　　　／ 494

219-7. 水神廟祭典文碣（七）　明萬曆四十八年（1620 年）　　　　　　　　　／ 496

219-8. 水神廟祭典文碣（八）　明萬曆四十八年（1620 年）　　　　　　　　　／ 498

219-9. 水神廟祭典文碣（九）　明萬曆四十八年（1620 年）　　　　　　　　　／ 500

220-1. 邑侯劉公校正北霍渠祭祀記（其一）　明萬曆四十八年（1620 年）　　　／ 502

220-2. 邑侯劉公校正北霍渠祭祀記（其二）　明萬曆四十八年（1620 年）　　　／ 504

220-3. 邑侯劉公校正北霍渠祭祀記（其三）　明萬曆四十八年（1620 年）　　　／ 506

220-4. 邑侯劉公校正北霍渠祭祀記（其四）　明萬曆四十八年（1620 年）　　　／ 508

221. 陳村重修聖王廟碑記　明天啓元年（1621 年）　　　　　　　　　　　　　／ 510

222. 新創蓮池記　明天啓元年（1621 年）　　　　　　　　　　　　　　　　　／ 512

223. 創建玉皇廟記　明天啓二年（1622 年）　　　　　　　　　　　　　　　　／ 514

224. 龍王廟翻新碣文　明天啓二年（1622 年）　　　　　　　　　　　　　　　／ 516

225. 秋樹園重修碑記　明天啓二年（1622 年）　　　　　　　　　　　　　　　／ 518

226. 重建龍天廟記　明天啓三年（1623 年）　　　　　　　　　　　　　　　　／ 520

227. 重修黃龍廟碑記　明天啓三年（1623 年）　　　　　　　　　　　　　　　／ 522

228. 五方德道行雨龍王神位碑　明天啓三年（1623 年）　　　　　　　　　　　／ 524

229. 五峰山龍池禱雨救民免糧碑記　明天啓四年（1624 年）　　　　　　　　　／ 526

230. 邑侯周公禱雨靈應記　明天啓四年（1624 年）　　　　　　　　　　　　　／ 530

231. 重修白龍神祠碑記　明天啓五年（1625 年）　　　　　　　　　　　　　　／ 532

232. 重修水神聖母廟碑記　明天啓六年（1626 年）　　　　　　　　　　　　　／ 534

233. 烈石渠記　明天啓七年（1627 年）　　　　　　　　　　　　　　　　　　／ 536

234. 重修海瀆廟碑記　明崇禎元年（1628 年）　　　　　　　　　　　　　　　／ 538

235-1. 重修八龍神龍天廟記（碑陽）　明崇禎元年（1628 年）　　　　　　　　／ 540

235-2. 重修八龍神龍天廟記（碑陰）　明崇禎元年（1628 年）　　　　　　　　／ 542

236. 創建河神廟碑銘　明崇禎元年（1628 年）　　　　　　　　　　　　　　　／ 544

237. 重修龍王廟碑記　明崇禎二年（1629 年）　　　　　　　　　　　　　　　／ 546

238. 重修五龍廟記　明崇禎二年（1629 年）　　　　　　　　　　　　　　　　／ 548

239. 重修聖母龍天二廟碑記　明崇禎三年（1630 年）　　　　　　　　　　　　／ 550

240. 施糧碑記　明崇禎三年（1630 年）　　　　　　　　　　　　　　　　　　／ 552

241. 砥柱篇刻石　明崇禎四年（1631 年）　　　　　　　　　　　　　/ 554

242. 龍王廟重修記　明崇禎四年（1631 年）　　　　　　　　　　　/ 556

243. 水利碑記　明崇禎五年（1632 年）　　　　　　　　　　　　　/ 558

244. 重修九天聖母祠記　明崇禎五年（1632 年）　　　　　　　　/ 560

245. 大旱作霖碑叙　明崇禎六年（1633 年）　　　　　　　　　　/ 562

246. 甘霖應禱碑記　明崇禎八年（1635 年）　　　　　　　　　　/ 564

247. 靈雨再記　明崇禎八年（1635 年）　　　　　　　　　　　　/ 566

248. 重修龍天廟碑記　明崇禎九年（1636 年）　　　　　　　　　/ 570

249. 重修大井碑記　明崇禎十年（1637 年）　　　　　　　　　　/ 572

250. 啓建新塑湖瀆大王題名碑記　明崇禎十四年（1641 年）　　/ 574

251. 崛崡山龍王廟記　明代　　　　　　　　　　　　　　　　　/ 576

卷　三

清（一）

252. 閑事碑　清順治五年（1648 年）　　　　　　　　　　　　　/ 580

253. 重修懿濟夫人顯澤侯神祠碑記　清順治八年（1651 年）　　/ 582

254. 董公重甃舜井并修建祠宇神异記　清順治八年（1651 年）　/ 584

255. 重修靈湫廟記　清順治八年（1651 年）　　　　　　　　　　/ 586

256. 重修石岸并南門記　清順治十年（1653 年）　　　　　　　　/ 588

257. 歷年渠長碑記　清順治十年（1653 年）　　　　　　　　　　/ 590

258. 重修石井碑　清順治十三年（1656 年）　　　　　　　　　　/ 594

259. 諸龍泉重修碑記　清順治十五年（1658 年）　　　　　　　　/ 596

260. 增修大王神祠碑記　清順治十七年（1660 年）　　　　　　　/ 598

261. 重修池塘碑記　清順治十八年（1661 年）　　　　　　　　　/ 600

262. 吴用光題禹門詩碑　清康熙元年（1662 年）　　　　　　　　/ 602

263. 重修舜陵廟墻垣及創立大門記　清康熙元年（1662 年）　　/ 604

264. 丁村造船碑　清康熙元年（1662 年）　　　　　　　　　　　/ 606

265. 重修源神廟碑記　清康熙二年（1663 年）　　　　　　　　　/ 608

266. 重修碑記　清康熙五年（1666 年）　　　　　　　　　　　　/ 612

267. 長安里信士段良進施地碣　清康熙六年（1667 年）　　　　/ 614

268. 素行主人創建水利橋叙碑　清康熙六年（1667 年）　　　　/ 616

269. 源神廟置地碑記　清康熙八年（1669 年）　　　　　　　　　/ 618

270. 重修源神廟碑　清康熙八年（1669 年）　　　　　　　　　　/ 620

271. 雙鳳山五龍泉石刻　清康熙十一年（1672 年）　　　　　　　　　/ 622

272. 水神廟清明節祭典文碑　清康熙十二年（1673 年）　　　　　　　/ 624

273. 奉贊北霍渠掌例高凌霄序　清康熙十三年（1674 年）　　　　　　/ 626

274. 雨後復游洪山泉記　清康熙十三年（1674 年）　　　　　　　　　/ 628

275. 重修白龍祠記　清康熙十四年（1675 年）　　　　　　　　　　　/ 630

276. 崛嶂重修多福寺記　清康熙十五年（1676 年）　　　　　　　　　/ 632

277. 崇寧宮創建溉田磚井記　清康熙十六年（1677 年）　　　　　　　/ 634

278. 題北霍渠渠長衛公小引　清康熙十六年（1677 年）　　　　　　　/ 636

279. 修龍王殿捐銀碑　清康熙十六年（1677 年）　　　　　　　　　　/ 638

280. 趙城縣正堂加一級品爲優獎渠長王周耿碑記　清康熙十七年（1678 年）　/ 640

281. 八龍廟重修記　清康熙十八年（1679 年）　　　　　　　　　　　/ 642

282. 賀跋村南池創建玄天上帝廟碑記　清康熙十八年（1679 年）　　　/ 644

283. 修繕運城記　清康熙十九年（1680 年）　　　　　　　　　　　　/ 646

284. 鹽池石工記　清康熙十九年（1680 年）　　　　　　　　　　　　/ 648

285. 重修湯帝廟中社碑記　清康熙二十一年（1682 年）　　　　　　　/ 650

286. 繕修碑記　清康熙二十一年（1682 年）　　　　　　　　　　　　/ 652

287. 大神頭重修龍王尊神碑記　清康熙二十二年（1683 年）　　　　　/ 654

288. 因砍掀水口罰銀事記　清康熙二十二年（1683 年）　　　　　　　/ 656

289. 重修雙鳳山聖母祠并新建寢宮龍洞碑記　清康熙二十三年（1684 年）　/ 658

290. 三峪水規碑記　清康熙二十三年（1684 年）　　　　　　　　　　/ 660

291. 水掌例者李穀械功德碣　清康熙二十三年（1684 年）　　　　　　/ 662

292. 通濟橋記　清康熙二十四年（1685 年）　　　　　　　　　　　　/ 664

293. 重修龍王廟碑記　清康熙二十八年（1689 年）　　　　　　　　　/ 666

294. 成湯廟化源里增修什物碑記　清康熙二十八年（1689 年）　　　　/ 668

295-1. 重修聖母龍王關聖廟碑記（碑陽）　清康熙二十八年（1689 年）　/ 670

295-2. 重修聖母龍王關聖廟碑記（碑陰）　清康熙二十八年（1689 年）　/ 672

296. 創建井神記　清康熙二十八年（1689 年）　　　　　　　　　　　/ 674

297. 龍王廟重修碑記　清康熙二十九年（1690 年）　　　　　　　　　/ 676

298. 重修天池寺碑記　清康熙二十九年（1690 年）　　　　　　　　　/ 678

299. 鑿池銘記　清康熙三十年（1691 年）　　　　　　　　　　　　　/ 680

300. 重修濟瀆廟三門記　清康熙三十一年（1692 年）　　　　　　　　/ 682

301. 重修聖母五龍寢宮碑記　清康熙三十一年（1692 年）　　　　　　/ 684

302. 南原頭村重修佛龍王小神土地廟落成碑記　清康熙三十四年（1695 年）　/ 686

303. 北霍渠掌例衛皇猷序　清康熙三十四年（1695 年）　　　　　　　/ 688

304. 建設天池碑誌序　清康熙三十七年（1698 年）　　　　　　　　　/ 690

305. 鑿井碑記　清康熙三十八年（1699 年）　　　　　　　　　　　　　　/ 692

306. 諸龍泉重修廟碑記　清康熙四十一年（1702 年）　　　　　　　　　　/ 694

307. 重修成湯廟記　清康熙四十三年（1704 年）　　　　　　　　　　　　/ 696

308. 康熙三十年重修古大井碑記　清康熙四十四年（1705 年）　　　　　　/ 698

309. 重修聖母行祠碑記　清康熙四十五年（1706 年）　　　　　　　　　　/ 700

310. 重修龍王廟碑記　清康熙四十五年（1706 年）　　　　　　　　　　　/ 702

311. 重修禹廟碑記　清康熙四十五年（1706 年）　　　　　　　　　　　　/ 704

312. 重振水例碑記　清康熙四十六年（1707 年）　　　　　　　　　　　　/ 706

313. 重修利應侯碑記　清康熙四十六年（1707 年）　　　　　　　　　　　/ 708

314. 重修五全山龍神廟碑記　清康熙四十八年（1709 年）　　　　　　　　/ 710

315. 曹窪山修三神廟碣記　清康熙四十九年（1710 年）　　　　　　　　　/ 712

316. 營立新莊并井分記　清康熙四十九年（1710 年）　　　　　　　　　　/ 714

317. 重修源神廟記　清康熙四十九年（1710 年）　　　　　　　　　　　　/ 716

318. 甲辰仲秋新成城隍老爺神像重修廟宇碑記　清康熙五十年（1711 年）　/ 718

319. 重修廣勝下寺碑記　清康熙五十年（1711 年）　　　　　　　　　　　/ 720

320. 重修關聖帝君廟碑記　清康熙五十一年（1712 年）　　　　　　　　　/ 722

321. 五龍廟修建樂臺并詩　清康熙五十三年（1714 年）　　　　　　　　　/ 724

322. 秋泉村池頭廟水陸會功德圓滿序　清康熙五十五年（1716 年）　　　　/ 726

323. 永禁霸截山水侵占關廟廊房碑記　清康熙五十六年（1717 年）　　　　/ 728

324. 重修禹廟碑記　清康熙五十六年（1717 年）　　　　　　　　　　　　/ 730

325. 創建龍王廟碑記　清康熙五十六年（1717 年）　　　　　　　　　　　/ 734

326. 溢澗村使水公約碑記　清康熙五十七年（1718 年）　　　　　　　　　/ 736

327. 永固橋碑記　清康熙五十八年（1719 年）　　　　　　　　　　　　　/ 738

328. 重修藏山大王神廟碑記　清康熙五十八年（1719 年）　　　　　　　　/ 740

329-1. 重修龍天廟序（碑陽）　清康熙五十八年（1719 年）　　　　　　　/ 742

329-2. 重修龍天廟序（碑陰）　清康熙五十八年（1719 年）　　　　　　　/ 744

330. 五村新製神袍重妝龍王神記　清康熙六十年（1721 年）　　　　　　　/ 746

331. 禹廟永除差役碑記　清康熙六十一年（1722 年）　　　　　　　　　　/ 748

332. 補修白龍廟記　清康熙六十一年（1722 年）　　　　　　　　　　　　/ 750

333. 重修龍王廟碑記　清康熙六十一年（1722 年）　　　　　　　　　　　/ 752

334. 重修龍王三聖神殿碑記　清康熙年間　　　　　　　　　　　　　　　/ 754

335. 段莊堡修井誌　清雍正二年（1724 年）　　　　　　　　　　　　　　/ 756

336. 重修聖母五龍行祠碑記　清雍正三年（1725 年）　　　　　　　　　　/ 758

337. 馬鞍山狐大夫廟碑記　清雍正三年（1725 年）　　　　　　　　　　　/ 760

338. 五龍洞募修建醮碑　清雍正四年（1726 年）　　　　　　　　　　　　/ 762

目
録

339. 栖龍宮增修東廠樓碑記　清雍正四年（1726 年）　　　　　　　／ 764

340. 二巫公獻亭詩碣　清雍正五年（1727 年）　　　　　　　　　　／ 766

341. 新建龍天廟碑記　清雍正七年（1729 年）　　　　　　　　　　／ 768

342. 祈雨感應碑記　清雍正七年（1729 年）　　　　　　　　　　　／ 770

343. 重修碑記　清雍正八年（1730 年）　　　　　　　　　　　　　／ 772

344. 交口村大王廟題名碑記　清雍正八年（1730 年）　　　　　　　／ 774

345. 白鹿寺重修碑記　清雍正八年（1730 年）　　　　　　　　　　／ 776

346. 胡神廟碑記　清雍正八年（1730 年）　　　　　　　　　　　　／ 780

347. 重修合山廟記　清雍正九年（1731 年）　　　　　　　　　　　／ 782

348. 重修大禹聖廟碑記　清雍正九年（1731 年）　　　　　　　　　／ 784

349. 重建碑記　清雍正十一年（1733 年）　　　　　　　　　　　　／ 786

350. 重修西廊碑記　清雍正十一年（1733 年）　　　　　　　　　　／ 788

351. 補刊陳胡村等村租糧規禮水程橋座碑誌　清雍正十一年（1733 年）　／ 790

352. 增修龍王廟碑記　清雍正十二年（1734 年）　　　　　　　　　／ 792

353. 重修三聖殿北閣龍王廟記　清雍正十三年（1735 年）　　　　　／ 794

354. 孫家山龍天廟碑　清雍正十三年（1735 年）　　　　　　　　　／ 796

355. 修理烏龍洞聖母殿碣　清乾隆二年（1737 年）　　　　　　　　／ 798

356. 茛池村白龍神廟碑記　清乾隆二年（1737 年）　　　　　　　　／ 802

357. 重修龍王廟碑記　清乾隆三年（1738 年）　　　　　　　　　　／ 804

358. 下三教村重修龍王廟布施碑　清乾隆三年（1738 年）　　　　　／ 806

359. 重修大禹廟碑記　清乾隆三年（1738 年）　　　　　　　　　　／ 808

360. 歷年渠長碑記　清乾隆三年（1738 年）　　　　　　　　　　　／ 810

361. 南園村鳳凰山鑿池碑記　清乾隆四年（1739 年）　　　　　　　／ 812

362. 白龍廟新建側室記　清乾隆四年（1739 年）　　　　　　　　　／ 814

363. 重修村東青龍溝水口碑記　清乾隆五年（1740 年）　　　　　　／ 816

364. 烏龍洞山新建玉清虛宮記　清乾隆五年（1740 年）　　　　　　／ 818

365. 治水均平序　清乾隆五年（1740 年）　　　　　　　　　　　　／ 822

366. 重修龍天神祠碑記　清乾隆五年（1740 年）　　　　　　　　　／ 824

367. 馬踏村建井碑記　清乾隆五年（1740 年）　　　　　　　　　　／ 826

368. 重修碑記　清乾隆五年（1740 年）　　　　　　　　　　　　　／ 828

369. 龍王廟碑記　清乾隆六年（1741 年）　　　　　　　　　　　　／ 830

370. 豐則駝村重修龍王廟記　清乾隆六年（1741 年）　　　　　　　／ 832

371. 北鳳社重修龍聖殿　清乾隆七年（1742 年）　　　　　　　　　／ 834

372. 移建五龍聖母關聖帝君子孫聖母碑記　清乾隆七年（1742 年）　／ 836

373. 鑿池碑記　清乾隆七年（1742 年）　　　　　　　　　　　　　／ 838

黄河流域水利碑刻集成·山西卷　一

374. 五龍山觀稼軒記　清乾隆七年（1742 年）　　　　　　　　／ 840

375. 水利糾紛批文碑　清乾隆七年（1742 年）　　　　　　　　／ 842

376. 重修昭澤王廟記　清乾隆十年（1745 年）　　　　　　　　／ 844

377. 重修井厦小引　清乾隆十年（1745 年）　　　　　　　　　／ 846

378. 霍郡安樂村創建廟宇碑記　清乾隆十一年（1746 年）　　　／ 848

379. 中落井碑　清乾隆十一年（1746 年）　　　　　　　　　　／ 850

380. 廣勝下寺閣會出資置買地畝永供水陸序　清乾隆十一年（1746 年）　／ 852

381. 施捨天水溝碑記　清乾隆十一年（1746 年）　　　　　　　／ 854

382. 五莊重修馬王龍王牛王廟叙　清乾隆十二年（1747 年）　　／ 856

383. 姜莊村民捐龍王廟碑記　清乾隆十二年（1747 年）　　　　／ 858

384. 安陽開通碑　清乾隆十三年（1748 年）　　　　　　　　　／ 860

385. 掘井見水碑記　清乾隆十三年（1748 年）　　　　　　　　／ 862

386. 王老爺斷明灘地碑記　清乾隆十五年（1750 年）　　　　　／ 864

387. 重修藏山大王廟碑記　清乾隆十四年（1749 年）　　　　　／ 866

388. 龍神廟重修碑記　清乾隆十四年（1749 年）　　　　　　　／ 868

389. 重修碑記　清乾隆十五年（1750 年）　　　　　　　　　　／ 870

390. 重修泮池杏壇碑記　清乾隆十五年（1750 年）　　　　　　／ 872

391. 交口里南溝村重修玉皇觀音伯王牛王龍王土地諸神廟并樂樓誌　清乾隆十六年（1751 年）　／ 874

392. 修建龍王廟并樂樓碑記　清乾隆十六年（1751 年）　　　　／ 876

卷　四

清（二）

393. 塑修水神廟龍王像戲臺等碑　清乾隆十六年（1751 年）　　／ 880

394. 爲防夥井爭端碑記　清乾隆十六年（1751 年）　　　　　　／ 882

395. 重記小澗村龍王廟香火地碑　清乾隆十七年（1752 年）　　／ 884

396. 重修龍神廟序　清乾隆十七年（1752 年）　　　　　　　　／ 886

397. 穿井記　清乾隆十七年（1752 年）　　　　　　　　　　　／ 888

398. 重修龍神廟碑陰題名碑　清乾隆十七年（1752 年）　　　　／ 890

399. 重修烈石口英濟祠碑記　清乾隆十九年（1754 年）　　　　／ 892

400. 重建白龍神祠碑記　清乾隆十九年（1754 年）　　　　　　／ 894

401. 移建龍王廟碑記　清乾隆十九年（1754 年）　　　　　　　／ 896

402. 古璩壤南社東溝鑿井碑記　清乾隆二十年（1755 年）　　　／ 898

403. 崇祀藏山龍神山神碑記　清乾隆二十年（1755 年）　　　　／ 900

404. 溫泉龍神行宮記　清乾隆二十一年（1756 年）　／ 902

405. 桂林坊渠長碑　清乾隆二十一年（1756 年）　／ 904

406. 重修臺駘廟碑記　清乾隆二十二年（1757 年）　／ 906

407. 汾隰流雲碑　清乾隆二十三年（1758 年）　／ 908

408. 重修築堤堰挑河碑記　清乾隆二十三年（1758 年）　／ 910

409. 龍王廟碑記　清乾隆二十三年（1758 年）　／ 912

410. 水北村重修永固橋記　清乾隆二十四年（1759 年）　／ 914

411. 建修龍王廟碑記　清乾隆二十四年（1759 年）　／ 916

412. 永護泉眼碑記　清乾隆二十五年（1760 年）　／ 918

413. 南東村重修龍王廟碣記　清乾隆二十五年（1760 年）　／ 920

414. 梁家莊村三官廟移修牌樓新修石渠碑記　清乾隆二十六年（1761 年）　／ 922

415. 日月牌記　清乾隆二十七年（1762 年）　／ 924

416. 重修龍王堂碑記　清乾隆二十七年（1762 年）　／ 926

417. 重修龍王殿并建兩廊樂樓碑記　清乾隆二十七年（1762 年）　／ 928

418. 重修源神廟碑記　清乾隆二十七年（1762 年）　／ 930

419. 北石明租渠合同誌　清乾隆二十八年（1763 年）　／ 932

420. 宮西穿井碑記　清乾隆二十九年（1764 年）　／ 934

421. 補修龍王廟碑記　清乾隆二十九年（1764 年）　／ 936

422. 羅雲村重修天池碑　清乾隆二十九年（1764 年）　／ 938

423. 清沉潭大師墓碑　清乾隆三十年（1765 年）　／ 940

424. 啓建水神廟碑記　清乾隆三十年（1765 年）　／ 942

425. 重修白龍神祠碑記　清乾隆三十一年（1766 年）　／ 944

426. 陡門水磨碑記　清乾隆三十一年（1766 年）　／ 946

427. 孔澗村讓劉家莊水利碑記　清乾隆三十一年（1766 年）　／ 948

428. 修立黑龍王廟碑記　清乾隆三十一年（1766 年）　／ 950

429. 重修龍王廟碑記　清乾隆三十一年（1766 年）　／ 952

430. 黃神廟碑記　清乾隆三十一年（1766 年）　／ 954

431. 穿井小記　清乾隆三十一年（1766 年）　／ 956

432. 復立五龍廟碑記　清乾隆三十二年（1767 年）　／ 958

433. 重修藏山廟碑記　清乾隆三十二年（1767 年）　／ 960

434. 宋莊村修廟建橋碑記　清乾隆三十二年（1767 年）　／ 962

435. 修五龍廟碑　清乾隆三十二年（1767 年）　／ 964

436. 龍子祠疏泉掏河重修水口渠堰序　清乾隆三十二年（1767 年）　／ 966

437. 裴家溝修石橋碑記　清乾隆三十二年（1767 年）　／ 968

438. 重修龍王廟碑記　清乾隆三十二年（1767 年）　／ 970

439. 開新井碑記　清乾隆三十四年（1769 年）　　　　　　　　　　／ 972

440. 龍泉山重修聖母廟碑序　清乾隆三十四年（1769 年）　　　　　／ 974

441. 瓦房村四姓公施旱池碑記　清乾隆三十四年（1769 年）　　　　／ 976

442. 安樂村重建龍王廟碑記　清乾隆三十五年（1770 年）　　　　　／ 978

443. 修井階碑記　清乾隆三十五年（1770 年）　　　　　　　　　　／ 980

444. 重修昭濟聖母廟碑記　清乾隆三十五年（1770 年）　　　　　　／ 982

445. 重建河伯將軍廟碑記　清乾隆三十六年（1771 年）　　　　　　／ 984

446. 共用井合同碑記　清乾隆三十六年（1771 年）　　　　　　　　／ 986

447. 創修碑記　清乾隆三十七年（1772 年）　　　　　　　　　　　／ 988

448. 重修觀音閣并龍王諸神行宮記　清乾隆三十八年（1773 年）　　／ 990

449. 重修龍王廟碑　清乾隆三十八年（1773 年）　　　　　　　　　／ 992

450. 擴建龍王廟碑記　清乾隆三十八年（1773 年）　　　　　　　　／ 994

451. 重修孔雀寺佛殿及山門新建龍王廟及鐘樓東禪房記　清乾隆三十八年（1773 年）　／ 996

452. 北張村創建猛水碑記　清乾隆三十八年（1773 年）　　　　　　／ 998

453. 水利殘碑　清乾隆三十八年（1773 年）　　　　　　　　　　　／ 1000

454. 建立龍王土地廟碑文序　清乾隆三十八年（1773 年）　　　　　／ 1002

455. 移修護國海瀆龍王廟碑記　清乾隆三十八年（1773 年）　　　　／ 1004

456. 北敦張莊穿井碑記　清乾隆三十九年（1774 年）　　　　　　　／ 1006

457. 龍王廟增修石墻記　清乾隆三十九年（1774 年）　　　　　　　／ 1008

458. 重修蝦蟆龍神廟碑　清乾隆三十九年（1774 年）　　　　　　　／ 1010

459. 天池碑　清乾隆四十年（1775 年）　　　　　　　　　　　　　／ 1012

460. 營子村穿井石題記　清乾隆四十年（1775 年）　　　　　　　　／ 1014

461. 平陽府通利渠告示　清乾隆四十一年（1776 年）　　　　　　　／ 1016

462. 新建狐神廟碑記　清乾隆四十一年（1776 年）　　　　　　　　／ 1018

463. 重修五龍王廟碑記　清乾隆四十二年（1777 年）　　　　　　　／ 1020

464. 陳家莊官房重修碑記　清乾隆四十二年（1777 年）　　　　　　／ 1022

465. 龍神廟重修碑記　清乾隆四十二年（1777 年）　　　　　　　　／ 1024

466. 重修西仙洞七郎廟　清乾隆四十二年（1777 年）　　　　　　　／ 1026

467. 判斷南池永久碑記　清乾隆四十二年（1777 年）　　　　　　　／ 1028

468. 喜雨亭記　清乾隆四十二年（1777 年）　　　　　　　　　　　／ 1030

469. 古寨北巷鑿井碑記　清乾隆四十二年（1777 年）　　　　　　　／ 1032

470. 甘潤村祈雨碑記　清乾隆四十三年（1778 年）　　　　　　　　／ 1034

471. 重修井崖記　清乾隆四十三年（1778 年）　　　　　　　　　　／ 1036

472. 水利爭訟審理斷案碑記　清乾隆四十三年（1778 年）　　　　　／ 1038

473. 三村公立碑　清乾隆四十四年（1779 年）　　　　　　　　　　／ 1040

目　録

15

474. 挖池碑記　清乾隆四十四年（1779 年）　／ 1042

475. 爭水審明感恩碑記　清乾隆四十四年（1779 年）　／ 1044

476. 重修龍王廟暨創建黑虎殿聖母祠記　清乾隆四十五年（1780 年）　／ 1046

477. 東井泉水斷分碑記　清乾隆四十六年（1781 年）　／ 1048

478. 九江聖母會例碑記　清乾隆四十六年（1781 年）　／ 1050

479. 擴水池開水路汲沁濟旱碑記　清乾隆四十七年（1782 年）　／ 1052

480. 擴建井水池碑記　清乾隆四十七年（1782 年）　／ 1054

481. 起水捐什物碑記　清乾隆四十七年（1782 年）　／ 1056

482. 西冊田村龍王廟碑記　清乾隆四十七年（1782 年）　／ 1058

483. 重修藏山廟碑記　清乾隆四十八年（1783 年）　／ 1060

484. 重修水渠碑記　清乾隆四十八年（1783 年）　／ 1064

485. 重修龍王廟碑記　清乾隆四十八年（1783 年）　／ 1066

486. 重新大王廟碑記　清乾隆四十八年（1783 年）　／ 1068

487. 穿井碑　清乾隆四十八年（1783 年）　／ 1070

488. 東社修置鼓架記　清乾隆四十八年（1783 年）　／ 1072

489. 重修龍王廟碑記　清乾隆四十八年（1783 年）　／ 1074

490. 重修三官龍天土地五道廟并戲樓雕塑金妝神像碑記　清乾隆四十八年（1783 年）　／ 1076

491. 重修關帝廟并創建影壁石橋碑記　清乾隆四十八年（1783 年）　／ 1078

492. 滴水岩看冰記　清乾隆四十八年（1783 年）　／ 1080

493. 重修龍天廟碑誌　清乾隆四十九年（1784 年）　／ 1082

494. 重修白龍神祠碑記　清乾隆四十九年（1784 年）　／ 1084

495. 重修大洪山鎮壽寺并敷澤峰龍王洞碑記　清乾隆四十九年（1784 年）　／ 1086

496. 敕封會應五龍王重修碑記　清乾隆四十九年（1784 年）　／ 1088

497. 創建龍王廟碑記　清乾隆四十九年（1784 年）　／ 1090

498. 重修龍子祠廟左各工碑記　清乾隆五十年（1785 年）　／ 1092

499. 使張村重修三官廟碑記　清乾隆五十年（1785 年）　／ 1094

500. 掘井分水碣　清乾隆五十一年（1786 年）　／ 1096

501. 霍郡陳家宨建立東閣井窰并補修三王廟築成西溝堰序　清乾隆五十一年（1786 年）　／ 1098

502. 重修亳仁山寺碑記　清乾隆五十二年（1787 年）　／ 1100

503. 重修龍王五聖殿序　清乾隆五十三年（1788 年）　／ 1102

504. 重修龍王堂碑記　清乾隆五十三年（1788 年）　／ 1106

505. 創修龍王廟碑記　清乾隆五十三年（1788 年）　／ 1108

506. 重修將軍廟碑記　清乾隆五十三年（1788 年）　／ 1110

507. 重修中麗澤渠碑　清乾隆五十四年（1789 年）　／ 1112

508. 補修東西水口碑記　清乾隆五十四年（1789 年）　／ 1114

黄河流域水利碑刻集成·山西卷 一

509. 重修水渠碑記　清乾隆五十五年（1790 年）　／ 1116

510. 重修碑序　清乾隆五十五年（1790 年）　／ 1118

511. 補修里廟碑序　清乾隆五十五年（1790 年）　／ 1120

512. 秦家嶺龍崖寺泉水權屬碣記　清乾隆五十五年（1790 年）　／ 1122

513. 重修龍神廟碑　清乾隆五十五年（1790 年）　／ 1124

514. 賈村築堤碑記　清乾隆五十五年（1790 年）　／ 1126

515. 補修廟宇包砌水口置買田地記　清乾隆五十六年（1791 年）　／ 1128

516. 重修龍王廟碑記　清乾隆五十七年（1792 年）　／ 1130

517. 重修鯤化池碑記　清乾隆五十七年（1792 年）　／ 1132

518. 建修龍母聖廟碑記　清乾隆五十七年（1792 年）　／ 1134

519. 重修龍王廟兩廊碑記　清乾隆五十七年（1792 年）　／ 1136

520. 重修柳科溝水口記　清乾隆五十七年（1792 年）　／ 1138

521. 謂理村鋪石路修水口碑記　清乾隆五十七年（1792 年）　／ 1140

522. 重修龍神廟碑記　清乾隆五十八年（1793 年）　／ 1142

523. 重修架水橋碑記　清乾隆五十九年（1794 年）　／ 1144

524. 鑿南北二石池碑記　清乾隆五十九年（1794 年）　／ 1146

525. 重修蝦蟆龍神碑記　清乾隆五十九年（1794 年）　／ 1148

526. 重修昭懿聖母祠碑記　清乾隆五十九年（1794 年）　／ 1150

527. 重修龍王廟聖像移建戲樓山門東塞土窯碑誌　清乾隆五十九年（1794 年）　／ 1152

528. 移建補修增修碑記　清乾隆六十年（1795 年）　／ 1154

529. 劉家口龍王廟移建補修增修布施碑　清乾隆六十年（1795 年）　／ 1156

530. 重修廟宇碑記　清乾隆六十年（1795 年）　／ 1158

531. 重修太平橋碑記　清乾隆六十年（1795 年）　／ 1160

532. 水渠碑　清乾隆六十年（1795 年）　／ 1162

533. 井神龕對聯碑　清乾隆年間　／ 1164

534. 懷慶府河內縣東王召東申召西王召每年三月二十二日老廟祈拜聖水碑記
　　清嘉慶元年（1796 年）　／ 1166

535. 重修龍王廟碑記　清嘉慶二年（1797 年）　／ 1168

536. 重修大禹聖廟碑記　清嘉慶二年（1797 年）　／ 1170

537. 修河堰記　清嘉慶三年（1798 年）　／ 1172

538. 重修陶唐峪堯祠碑記　清嘉慶三年（1798 年）　／ 1174

539. 重修龍王廟碑記　清嘉慶三年（1798 年）　／ 1176

540. 諸龍廟碑記　清嘉慶三年（1798 年）　／ 1178

541. 重修小天池碑記　清嘉慶三年（1798 年）　／ 1180

542. 重修三官三王龍王廟宇碑記　清嘉慶三年（1798 年）　／ 1182

543. 建龍王廟碑記　清嘉慶三年（1798 年）　　　　　　　　　　　　　　　　　　　/ 1184

544. 重修柏山聖母陀郎龍王諸神廟記　清嘉慶四年（1799 年）　　　　　　　　　　　/ 1186

545. 重修三官廟□石堰碑記　清嘉慶四年（1799 年）　　　　　　　　　　　　　　　/ 1188

卷　　五

清（三）

546. 買松山碑　清嘉慶五年（1800 年）　　　　　　　　　　　　　　　　　　　　　/ 1192

547. 修建龍王廟碑記　清嘉慶五年（1800 年）　　　　　　　　　　　　　　　　　　/ 1194

548. 曲禮村條規　清嘉慶五年（1800 年）　　　　　　　　　　　　　　　　　　　　/ 1196

549. 創建龍王廟并樂樓碑　清嘉慶五年（1800 年）　　　　　　　　　　　　　　　　/ 1198

550. 重修龍王廟碑記　清嘉慶五年（1800 年）　　　　　　　　　　　　　　　　　　/ 1200

551-1. 孫家山龍天廟碑（碑陽）　清嘉慶五年（1800 年）　　　　　　　　　　　　　/ 1202

551-2. 孫家山龍天廟碑（碑陰）　清嘉慶五年（1800 年）　　　　　　　　　　　　　/ 1204

552-1. 周太孺人命施捨渠道四村感德碑（碑陽）　清嘉慶五年（1800 年）　　　　　　/ 1206

552-2. 周太孺人命施捨渠道四村感德碑（碑陰）　清嘉慶五年（1800 年）　　　　　　/ 1208

553. 吃水息訟碑　清嘉慶六年（1801 年）　　　　　　　　　　　　　　　　　　　　/ 1210

554. 重修九龍聖母廟碑記　清嘉慶六年（1801 年）　　　　　　　　　　　　　　　　/ 1212

555. 郭氏捨地碑記　清嘉慶六年（1801 年）　　　　　　　　　　　　　　　　　　　/ 1214

556. 杜莊水利碑　清嘉慶六年（1801 年）　　　　　　　　　　　　　　　　　　　　/ 1216

557. 重修龍王廟碑記　清嘉慶七年（1802 年）　　　　　　　　　　　　　　　　　　/ 1218

558. 掘井碑記　清嘉慶七年（1802 年）　　　　　　　　　　　　　　　　　　　　　/ 1220

559. 重修井之窪龍王堂碑記　清嘉慶八年（1803 年）　　　　　　　　　　　　　　　/ 1222

560. 修立黑龍王廟碑記　清嘉慶八年（1803 年）　　　　　　　　　　　　　　　　　/ 1224

561. 重修龍王廟碑記　清嘉慶八年（1803 年）　　　　　　　　　　　　　　　　　　/ 1226

562. 穿井碑記　清嘉慶九年（1804 年）　　　　　　　　　　　　　　　　　　　　　/ 1228

563. 修觀音廟前井碑記　清嘉慶九年（1804 年）　　　　　　　　　　　　　　　　　/ 1230

564. 斷明水利感恩碑　清嘉慶九年（1804 年）　　　　　　　　　　　　　　　　　　/ 1232

565. 重修成湯大殿關聖大殿碑記　清嘉慶九年（1804 年）　　　　　　　　　　　　　/ 1234

566. 中河碑記　清嘉慶九年（1804 年）　　　　　　　　　　　　　　　　　　　　　/ 1236

567. 創修脉匯橋碑記　清嘉慶九年（1804 年）　　　　　　　　　　　　　　　　　　/ 1238

568. 重修九龍聖母神祠記　清嘉慶九年（1804 年）　　　　　　　　　　　　　　　　/ 1240

569-1. 龍王三元聖母重修碑記（碑陽）　清嘉慶十一年（1806 年）　　　　　　　　　/ 1242

569-2. 龍王三元聖母重修碑記（碑陰）　清嘉慶十一年（1806 年）　　　　　　　　　/ 1244

570. 重飾東大殿記　清嘉慶十一年（1806 年）　　/ 1246

571. 閻村渠水碑記序　清嘉慶十一年（1806 年）　　/ 1248

572. 龍王廟磚窑碑記　清嘉慶十一年（1806 年）　　/ 1250

573-1. 王化莊移修龍王廟碑記（碑陽）　清嘉慶十二年（1807 年）　　/ 1252

573-2. 王化莊移修龍王廟碑記（碑陰）　清嘉慶十二年（1807 年）　　/ 1254

574. 修道碑記　清嘉慶十三年（1808 年）　　/ 1256

575. 重修龍王廟樂樓序　清嘉慶十四年（1809 年）　　/ 1258

576. 施財碑記　清嘉慶十四年（1809 年）　　/ 1260

577-1. 鍬夫碑記（碑陽）　清嘉慶十四年（1809 年）　　/ 1262

577-2. 鍬夫碑記（碑陰）　清嘉慶十四年（1809 年）　　/ 1264

578. 雨電碑刻　清嘉慶十五年（1810 年）　　/ 1266

579. 新修文昌奎星財神河神廟碑記　清嘉慶十五年（1810 年）　　/ 1268

580. 穿井碑記　清嘉慶十六年（1811 年）　　/ 1270

581. 重修河神廟碑記　清嘉慶十六年（1811 年）　　/ 1272

582-1. 創建梁公祠記略（碑陽）　清嘉慶十六年（1811 年）　　/ 1274

582-2. 創建梁公祠記略（碑陰）　清嘉慶十六年（1811 年）　　/ 1276

583. 西趙村修建水道碑記　清嘉慶十七年（1812 年）　　/ 1278

584. 重修龍王廟碑誌　清嘉慶十七年（1812 年）　　/ 1280

585. 龍王廟重修碑記　清嘉慶十七年（1812 年）　　/ 1282

586. 重修水神山碑記　清嘉慶十八年（1813 年）　　/ 1284

587. 重修老池石渠碑記　清嘉慶十八年（1813 年）　　/ 1286

588. 捐資修橋碑記　清嘉慶十八年（1813 年）　　/ 1288

589. 重修關帝龍王廟誌　清嘉慶十八年（1813 年）　　/ 1290

590. 德施旱池碑記　清嘉慶十九年（1814 年）　　/ 1292

591. 重修廟宇碑序　清嘉慶十九年（1814 年）　　/ 1294

592. 龍天聖母廟重修碑記　清嘉慶十九年（1814 年）　　/ 1296

593. 嵐王廟築堤記　清嘉慶十九年（1814 年）　　/ 1298

594. 重修廟宇碑記　清嘉慶十九年（1814 年）　　/ 1300

595. 修築城外東西大路及掛城壕記　清嘉慶十九年（1814 年）　　/ 1302

596. 修橋碑記　清嘉慶十九年（1814 年）　　/ 1304

597. 重修龍王廟碑記　清嘉慶二十年（1815 年）　　/ 1306

598. 重修崛嵲寺碑記　清嘉慶二十年（1815 年）　　/ 1310

599. 英濟侯廟重修碑記　清嘉慶二十一年（1816 年）　　/ 1312

600. 高閣橋梁開闢東西道路碑　清嘉慶二十一年（1816 年）　　/ 1314

601. 水利碑記　清嘉慶二十一年（1816 年）　　/ 1316

602. 重修龍王神祠碑記　清嘉慶二十一年（1816 年）　　　　　　　　/ 1318

603. 南社新創石錦橋碑文序　清嘉慶二十一年（1816 年）　　　　　　/ 1320

604. 重修碑記　清嘉慶二十二年（1817 年）　　　　　　　　　　　　/ 1322

605. 重修水口碑誌　清嘉慶二十二年（1817 年）　　　　　　　　　　/ 1324

606. 英濟侯廟碑記　清嘉慶二十二年（1817 年）　　　　　　　　　　/ 1326

607. 河橋碑誌　清嘉慶二十二年（1817 年）　　　　　　　　　　　　/ 1328

608. 重修水口記　清嘉慶二十二年（1817 年）　　　　　　　　　　　/ 1330

609. 重修龍天廟創置會銀碑記　清嘉慶二十二年（1817 年）　　　　　/ 1332

610. 龍神廟重修碑記　清嘉慶二十三年（1818 年）　　　　　　　　　/ 1334

611. 許由弃瓢泉碑　清嘉慶二十三年（1818 年）　　　　　　　　　　/ 1336

612. 重修成湯聖帝廟碑銘　清嘉慶二十三年（1818 年）　　　　　　　/ 1338

613. 岸則村修井及路碑文　清嘉慶二十三年（1818 年）　　　　　　　/ 1340

614. 重修五龍聖母廟碑記　清嘉慶二十三年（1818 年）　　　　　　　/ 1342

615. 補修廣淵廟宇碑記　清嘉慶二十四年（1819 年）　　　　　　　　/ 1344

616. 創建龍王廟并永禁賭博碑記　清嘉慶二十四年（1819 年）　　　　/ 1346

617. 人杰杜公修橋施銀序　清嘉慶二十五年（1820 年）　　　　　　　/ 1348

618. 敕護國昭澤龍王廟正殿金妝聖像彩畫殿宇并添修兩廡香房四楹記

　　　清嘉慶二十五年（1820 年）　　　　　　　　　　　　　　　/ 1350

619. 白水源詩　清嘉慶二十五年（1820 年）　　　　　　　　　　　　/ 1352

620. 賈罕村金龜探水碑記　清嘉慶年間　　　　　　　　　　　　　　/ 1354

621. 乙渠碑記　清道光元年（1821 年）　　　　　　　　　　　　　　/ 1356

622. 重修碑記　清道光元年（1821 年）　　　　　　　　　　　　　　/ 1358

623. 文子祠重修石堤碑記　清道光元年（1821 年）　　　　　　　　　/ 1360

624. 重修禹王廟碑記　清道光元年（1821 年）　　　　　　　　　　　/ 1362

625. 井訟碑記　清道光二年（1822 年）　　　　　　　　　　　　　　/ 1364

626. 重修池橋碑記　清道光二年（1822 年）　　　　　　　　　　　　/ 1366

627. 創建聖母龍神廟碑記　清道光二年（1822 年）　　　　　　　　　/ 1368

628. 補修龍王山神廟碑記　清道光二年（1822 年）　　　　　　　　　/ 1370

629. 重修龍王廟碑記　清道光二年（1822 年）　　　　　　　　　　　/ 1372

630. 景明林交二村争水案碑記　清道光二年（1822 年）　　　　　　　/ 1374

631. 修建龍神廟碑記　清道光二年（1822 年）　　　　　　　　　　　/ 1376

632. 寨溝葦池碑記　清道光二年（1822 年）　　　　　　　　　　　　/ 1378

633. 薄荷泉聖王廟重修記　清道光三年（1823 年）　　　　　　　　　/ 1380

634. 補修青龍廟碑記　清道光三年（1823 年）　　　　　　　　　　　/ 1382

635. 重修井碑記　清道光三年（1823 年）　　　　　　　　　　　　　/ 1384

636. 重修狐神歇馬殿碑記　清道光三年（1823 年）　　　　　/ 1386

637. 橋梁碑記　清道光三年（1823 年）　　　　　/ 1388

638. 古龍泉碑　清道光三年（1823 年）　　　　　/ 1390

639. 龍潭碑　清道光三年（1823 年）　　　　　/ 1392

640. 神柏峪重建禹王廟碑　清道光四年（1824 年）　　　　　/ 1394

641. 重修聖母五龍神廟碑誌　清道光四年（1824 年）　　　　　/ 1396

642. 修池碑　清道光四年（1824 年）　　　　　/ 1398

643. 擴建水潴碑記　清道光四年（1824 年）　　　　　/ 1400

644. 重修碑記　清道光五年（1825 年）　　　　　/ 1402

645. 重修馬王龍王龍天土地廟碑記　清道光五年（1825 年）　　　　　/ 1404

646. 疏泉眼碑記　清道光六年（1826 年）　　　　　/ 1406

647. 重修五龍聖母廟碑記　清道光六年（1826 年）　　　　　/ 1408

648. 重瓦濟瀆諸神聖殿并東西禪室以暨改修左右兩厢房序　清道光六年（1826 年）　　　　　/ 1410

649. 後堡浚井記　清道光六年（1826 年）　　　　　/ 1412

650. 窑子頭捨地掘井碣　清道光七年（1827 年）　　　　　/ 1414

651. 北郜村禁約碑　清道光七年（1827 年）　　　　　/ 1416

652. 南李莊村鑿池碑記　清道光七年（1827 年）　　　　　/ 1418

653. 重修火星殿新創神駕移藥王神像新鑿郊外天池并募化碑記　清道光七年（1827 年）　　　　　/ 1420

654. 重修龍神廟碑記　清道光七年（1827 年）　　　　　/ 1422

655. 移地重建龍神廟碑記　清道光七年（1827 年）　　　　　/ 1424

656. 重修藏山文子神祠記　清道光八年（1828 年）　　　　　/ 1426

657. 重修藏山神祠碑記　清道光八年（1828 年）　　　　　/ 1428

658. 晉卿文子祠重修碑記　清道光八年（1828 年）　　　　　/ 1430

659. 創修龍王廟碑記　清道光八年（1828 年）　　　　　/ 1432

660. 重修龍王廟碑記　清道光九年（1829 年）　　　　　/ 1434

661. 重修龍神廟東廟門序　清道光九年（1829 年）　　　　　/ 1436

662. 三節二十一村增建重修龍王廟碑記　清道光九年（1829 年）　　　　　/ 1438

663. 挑浚星海記、重修温泉海廟記、重修龍神大殿并淘七星海碑　清道光九年（1829 年）　　　　　/ 1440

664. 重刻元二次起翻自下灌上却復交與張亭村輪澆使水碑　清道光九年（1829 年）　　　　　/ 1444

665. 重刻元大德拾年定水法例分定日時碑記　清道光九年（1829 年）　　　　　/ 1446

666. 修復七星泉水利重建龍神廟碑文　清道光九年（1829 年）　　　　　/ 1450

667. 第三翻誠半使水碑　清道光九年（1829 年）　　　　　/ 1452

668. 重修夏禹神祠碑記　清道光十年（1830 年）　　　　　/ 1454

669. 成湯殿碑記　清道光十年（1830 年）　　　　　/ 1456

670. 刑部議奏摺碑　清道光十年（1830 年）　　　　　/ 1458

671. 龍神廟重修碑記　清道光十年（1830 年）　　　　／ 1462

672. 四社五村用水碑記　清道光十年（1830 年）　　　　／ 1464

673. 重修三河水平記　清道光十年（1830 年）　　　　／ 1466

674. 天一龍池　清道光十年（1830 年）　　　　／ 1468

675. 仇池等村用水碑記　清道光十年（1830 年）　　　　／ 1470

676. 重修五龍聖母祠碑記　清道光十年（1830 年）　　　　／ 1472

677. 重修水口石記　清道光十一年（1831 年）　　　　／ 1474

678. 重修碑記　清道光十一年（1831 年）　　　　／ 1476

679. 重修黑龍神祠碑記　清道光十一年（1831 年）　　　　／ 1478

680. 重修顯澤大王碑記　清道光十一年（1831 年）　　　　／ 1480

681. 水渠碑　清道光十一年（1831 年）　　　　／ 1482

682. 重修河神廟碑記　清道光十二年（1832 年）　　　　／ 1484

683. 禁羊賭水碑記　清道光十二年（1832 年）　　　　／ 1486

684. 東王村水利碑記　清道光十二年（1832 年）　　　　／ 1488

685. 重建龍王廟碑記　清道光十二年（1832 年）　　　　／ 1490

686. 重修西井碑記　清道光十二年（1832 年）　　　　／ 1492

687. 重修天龍廟碑記　清道光十二年（1832 年）　　　　／ 1494

688. 重修龍天廟記　清道光十二年（1832 年）　　　　／ 1496

689. 重修龍王廟并舞樓及建造樓房石橋記　清道光十三年（1833 年）　　　　／ 1498

690. 重修龍王廟碑記　清道光十四年（1834 年）　　　　／ 1500

卷　六

清（四）

691. 創立碑記　清道光十四年（1834 年）　　　　／ 1504

692. 重修水母廟碑記　清道光十五年（1835 年）　　　　／ 1506

693. 重修碑記　清道光十六年（1836 年）　　　　／ 1508

694. 重修靈貺王殿碑誌　清道光十六年（1836 年）　　　　／ 1510

695. 重修龍王馬王牛王財神廟碑記　清道光十七年（1837 年）　　　　／ 1512

696. 創建三門碑記　清道光十七年（1837 年）　　　　／ 1514

697. 重修井泉序　清道光十七年（1837 年）　　　　／ 1516

698. 創建龍王馬王神殿碑記　清道光十七年（1837 年）　　　　／ 1518

699. 重修碑記　清道光十八年（1838 年）　　　　／ 1520

700. 重修白龍廟記　清道光十八年（1838 年）　　　　／ 1522

701. 井坪重修東龍天廟碑記　清道光十八年（1838 年）　　／ 1524

702. 下團柏村渠事立案碑　清道光十八年（1838 年）　　／ 1526

703. 任户穿新井碑記　清道光十八年（1838 年）　　／ 1528

704. 重修觀音堂五龍聖母廟碑　清道光十八年（1838 年）　　／ 1530

705. 通利渠碑　清道光十八年（1838 年）　　／ 1532

706. 重修碑記　清道光十九年（1839 年）　　／ 1534

707. 遷修龍王廟碑　清道光十九年（1839 年）　　／ 1536

708. 重修陂池碑記　清道光十九年（1839 年）　　／ 1538

709. 夏賢頭村祭祀公議布施碑　清道光十九年（1839 年）　　／ 1540

710-1. 栗恭勤公神道碑銘（碑陽）　清道光二十年（1840 年）　　／ 1542

710-2. 栗恭勤公神道碑銘（碑陰）　清道光二十年（1840 年）　　／ 1544

711. 恩旨碑　清道光二十年（1840 年）　　／ 1548

712. 西崖下重開洞口碑　清道光二十年（1840 年）　　／ 1550

713. 皇帝遣大同府理事同知興齡諭祭於晋贈太子太保衛原任河東河道總督栗毓美之碑

　　　清道光二十年（1840 年）　　／ 1552

714. 龍天廟碑記　清道光二十年（1840 年）　　／ 1554

715. 普濟民渠誌　清道光二十一年（1841 年）　　／ 1556

716. 霍郡峪裡村水利原委碑記　清道光二十一年（1841 年）　　／ 1558

717. 重修瓦子坪龍天神祠碑記　清道光二十二年（1842 年）　　／ 1560

718. 後溝渠重立水例碑序　清道光二十二年（1842 年）　　／ 1562

719. 闔堡重修井石記　清道光二十二年（1842 年）　　／ 1564

720. 重修碑記　清道光二十二年（1842 年）　　／ 1566

721. 成湯廟修整殿宇及添修廟中房屋間數碑記　清道光二十二年（1842 年）　　／ 1568

722. 北霍渠碣記　清道光二十二年（1842 年）　　／ 1570

723. 議舉水官規制碑記　清道光二十三年（1843 年）　　／ 1572

724. 重修龍王三聖廟捐助碑　清道光二十三年（1843 年）　　／ 1574

725. 闔街新造公井誌石　清道光二十三年（1843 年）　　／ 1576

726. 重修白沙河北堰碑記　清道光二十三年（1843 年）　　／ 1578

727. 新建甜水井嵌石記　清道光二十三年（1843 年）　　／ 1580

728. 重修康澤王龍母神殿序　清道光二十三年（1843 年）　　／ 1582

729. 重修廟宇碑記　清道光二十四年（1844 年）　　／ 1584

730. 創修碑記　清道光二十四年（1844 年）　　／ 1586

731. 重修龍王廟碑　清道光二十四年（1844 年）　　／ 1588

732. 天壽井記　清道光二十四年（1844 年）　　／ 1592

733. 重修天池擴其基址序　清道光二十四年（1844 年）　　／ 1594

目
録

734. 新修義路暨濟輿橋碑記　清道光二十四年（1844 年）　　　　　　　　　　　　／ 1596

735. 重修龍神正殿樂樓并東西兩廊碑記　清道光二十五年（1845 年）　　　　　　　／ 1598

736. 斷案永昭碑　清道光二十五年（1845 年）　　　　　　　　　　　　　　　　　／ 1600

737. 重修五龍聖母廟碑記　清道光二十五年（1845 年）　　　　　　　　　　　　　／ 1602

738. 玉皇廟碑記　清道光二十五年（1845 年）　　　　　　　　　　　　　　　　　／ 1604

739. 濟瀆神祠碑　清道光二十五年（1845 年）　　　　　　　　　　　　　　　　　／ 1606

740. 修補龍王廟工程小石記　清道光二十五年（1845 年）　　　　　　　　　　　　／ 1608

741. 重修社臺山龍神祠及各廟碑記　清道光二十五年（1845 年）　　　　　　　　　／ 1610

742. 部落村修理龍天廟碑記　清道光二十六年（1846 年）　　　　　　　　　　　　／ 1612

743. 郭家莊重修龍天廟記　清道光二十六年（1846 年）　　　　　　　　　　　　　／ 1614

744. 重修五龍聖母廟碑記　清道光二十六年（1846 年）　　　　　　　　　　　　　／ 1616

745. 成莊村掘井碑記　清道光二十七年（1847 年）　　　　　　　　　　　　　　　／ 1618

746. 重修觀音堂龍王土地廟碑記　清道光二十七年（1847 年）　　　　　　　　　　／ 1620

747. 禁河路碑　清道光二十八年（1848 年）　　　　　　　　　　　　　　　　　　／ 1622

748. 關帝廟觀音廟龍王廟馬王廟中莊村重修碑記　清道光二十八年（1848 年）　　　／ 1624

749. 重修聖母廟碑記　清道光二十八年（1848 年）　　　　　　　　　　　　　　　／ 1626

750. 石碣　清道光二十八年（1848 年）　　　　　　　　　　　　　　　　　　　　／ 1628

751. 重修大禹廟東西角殿廊房舞樓觀音堂土地祠又創戲房石岸碑銘

　　　清道光二十八年（1848 年）　　　　　　　　　　　　　　　　　　　　　／ 1630

752. 重修猪龍廟碑記　清道光二十八年（1848 年）　　　　　　　　　　　　　　　／ 1632

753. 重修夏禹神祠碑記　清道光二十九年（1849 年）　　　　　　　　　　　　　　／ 1634

754. 重修三聖母諸神廟碑誌　清道光二十九年（1849 年）　　　　　　　　　　　　／ 1636

755. 重修潤隴序　清道光三十年（1850 年）　　　　　　　　　　　　　　　　　　／ 1638

756. 創建同善橋記　清道光三十年（1850 年）　　　　　　　　　　　　　　　　　／ 1640

757. 重修龍神廟碑誌　清道光三十年（1850 年）　　　　　　　　　　　　　　　　／ 1642

758. 重修迎恩宮碑記　清道光三十年（1850 年）　　　　　　　　　　　　　　　　／ 1644

759. 新建龍天廟碑記　清道光三十年（1850 年）　　　　　　　　　　　　　　　　／ 1646

760. 重修五龍聖母廟碑記　清道光三十年（1850 年）　　　　　　　　　　　　　　／ 1648

761. 重修大王廟碑記　清道光三十年（1850 年）　　　　　　　　　　　　　　　　／ 1650

762. 重修龍王廟碑記　清道光三十年（1850 年）　　　　　　　　　　　　　　　　／ 1652

763. 禹門渡口過往炭船抽用停止碑記　清咸豐元年（1851 年）　　　　　　　　　　／ 1654

764. 重修黑龍廟碑記　清咸豐元年（1851 年）　　　　　　　　　　　　　　　　　／ 1656

765. 重修觀音閣碑記　清咸豐元年（1851 年）　　　　　　　　　　　　　　　　　／ 1658

766. 龍王廟募緣姓名碑記　清咸豐元年（1851 年）　　　　　　　　　　　　　　　／ 1660

767. 修橋碑記　清咸豐元年（1851年）　／ 1662

768. 重修玄天廟觀音殿聖母廟北閣河壩碑記　清咸豐二年（1852年）　／ 1664

769. 重修水神山廟碑記　清咸豐二年（1852年）　／ 1666

770. 修路放水災碑記　清咸豐二年（1852年）　／ 1668

771. 南仗重修龍神廟碑　清咸豐二年（1852年）　／ 1670

772. 嘉慶十二年移修關帝廟碑記　清咸豐二年（1852年）　／ 1672

773. 改造龍王廟樂樓碑記　清咸豐三年（1853年）　／ 1674

774. 重修聖母廟碑記　清咸豐三年（1853年）　／ 1676

775. 重修八龍廟龍神廟碑序　清咸豐四年（1854年）　／ 1678

776. 重修聖母廟新建關帝廟龍母廟碑記　清咸豐四年（1854年）　／ 1680

777. 後社碑記　清咸豐四年（1854年）　／ 1682

778. 重修水口記　清咸豐五年（1855年）　／ 1684

779. 黑山村重修石洞口龍神廟碑文　清咸豐五年（1855年）　／ 1686

780. 重修龍王廟碑誌　清咸豐五年（1855年）　／ 1688

781. 仙洞溝口重修井泉一眼　清咸豐五年（1855年）　／ 1690

782. 豫州義士胡公捐船資記碑　清咸豐五年（1855年）　／ 1692

783. 創築沿河石壩碑記　清咸豐六年（1856年）　／ 1694

784. 重修龍王廟序　清咸豐六年（1856年）　／ 1696

785. 咸豐六年接替碑記　清咸豐六年（1856年）　／ 1698

786. 重修三官五道河神廟碑誌　清咸豐六年（1856年）　／ 1700

787. 祈雨記　清咸豐六年（1856年）　／ 1702

788. 重修橋梁殘碑　清咸豐七年（1857年）　／ 1704

789. 掏巷口井施麥姓氏石碣　清咸豐七年（1857年）　／ 1706

790. 大王廟常住地碑記　清咸豐七年（1857年）　／ 1708

791. 丁巳歲南北二渠重修施資碑記　清咸豐七年（1857年）　／ 1710

792. 重修龍子祠記　清咸豐七年（1857年）　／ 1712

793. 創建五龍祠碑記　清咸豐七年（1857年）　／ 1714

794. 中鎮廟祈雨有應感詩二首　清咸豐七年（1857年）　／ 1716

795. 重修玉帝東嶽天子五龍諸廟并過嚴山門等碑文　清咸豐七年（1857年）　／ 1718

796. 西河考　清咸豐八年（1858年）　／ 1720

797. 大寺重修龍王廟碑記　清咸豐八年（1858年）　／ 1724

798. 重修玉皇廟碑記　清咸豐八年（1858年）　／ 1726

799. 增修潤濟侯永澤廟碑記　清咸豐八年（1858年）　／ 1728

800. 重建井房碑記　清咸豐八年（1858年）　／ 1730

目　錄

801. 重修普濟橋記　清咸豐八年（1858 年）　　　　　　　　　/ 1732

802. 建筆禱雨碑記　清咸豐八年（1858 年）　　　　　　　　　/ 1734

803. 重修五龍聖母廟碑序　清咸豐八年（1858 年）　　　　　　/ 1736

804. 掘井碑記　清咸豐八年（1858 年）　　　　　　　　　　　/ 1738

805. 創建三聖祠碑記　清咸豐九年（1859 年）　　　　　　　　/ 1740

806. 創建神禹行宮碑記　清咸豐九年（1859 年）　　　　　　　/ 1742

807. 重修聖泉寺老龍神廟碑　清咸豐九年（1859 年）　　　　　/ 1744

808. 水井房碑記　清咸豐九年（1859 年）　　　　　　　　　　/ 1746

809. 北益昌村南北渠用水規序碑　清咸豐九年（1859 年）　　　/ 1748

810. 重修碑記　清咸豐十年（1860 年）　　　　　　　　　　　/ 1750

811-1. 演武鎮賑濟碑誌（碑陽）　清咸豐十一年（1861 年）　　 / 1752

811-2. 演武鎮賑濟碑誌（碑陰）　清咸豐十一年（1861 年）　　 / 1754

812. 城壕堰移建店殘碑　清咸豐十一年（1861 年）　　　　　　/ 1756

813. 前桑壁村龍王廟碣文　清咸豐十一年（1861 年）　　　　　/ 1758

814. 大槲樹村禁約碑　清咸豐十一年（1861 年）　　　　　　　/ 1760

815. 重修龍王廟碑記　清咸豐十一年（1861 年）　　　　　　　/ 1762

816. 小霍渠碑　清咸豐十一年（1861 年）　　　　　　　　　　/ 1764

817. 白龍泉碑　清咸豐十一年（1861 年）　　　　　　　　　　/ 1766

818. 飛石泉碑　清咸豐十一年（1861 年）　　　　　　　　　　/ 1768

819. 龍頭山靈泉碑　清同治元年（1862 年）　　　　　　　　　/ 1770

820. 修井碑記　清同治二年（1863 年）　　　　　　　　　　　/ 1772

821. 重修龍王廟碑記　清同治二年（1863 年）　　　　　　　　/ 1774

822. 鑿井碑記　清同治二年（1863 年）　　　　　　　　　　　/ 1776

823. 英濟侯廟重修碑記　清同治二年（1863 年）　　　　　　　/ 1778

824. 增修老爺三官龍王廟禪室戲房碑記　清同治三年（1864 年）　/ 1780

825. 陶唐峪玉泉水各村用水碣記　清同治三年（1864 年）　　　/ 1782

826. 重修財神龍王窯神廟碑記　清同治三年（1864 年）　　　　/ 1784

827. 合莊建池碣　清同治三年（1864 年）　　　　　　　　　　/ 1786

828. 修聖母廟碑誌　清同治三年（1864 年）　　　　　　　　　/ 1788

829. 重修五龍聖母廟碑記　清同治四年（1865 年）　　　　　　/ 1790

830. 重修龍王廟樂樓碑記　清同治四年（1865 年）　　　　　　/ 1792

831. 楊樹原村規碑　清同治四年（1865 年）　　　　　　　　　/ 1794

832. 南小寨龍王廟萬代流芳碑記　清同治四年（1865 年）　　　/ 1796

833. 重修龍王廟碑記　清同治五年（1866 年）　　　　　　　　/ 1798

834. 遵斷勒碑　清同治五年（1866年）　　　　　　　　　　　　　　　　　/ 1802

835. 補修慶恩寺并新建水口碑記　清同治五年（1866年）　　　　　　　　　/ 1804

836. 造橋立規碑　清同治五年（1866年）　　　　　　　　　　　　　　　　/ 1806

837. 重修諸佛文昌龍神碑記　清同治六年（1867年）　　　　　　　　　　　/ 1808

838. 胡家社重修龍王廟碑記　清同治六年（1867年）　　　　　　　　　　　/ 1810

839. 飛甘洒潤題刻　清同治六年（1867年）　　　　　　　　　　　　　　　/ 1812

840. 重修龍泉祠碑記　清同治六年（1867年）　　　　　　　　　　　　　　/ 1814

841. 重修玉皇天神送子娘娘柏王龍王土地廟碑記　清同治六年（1867年）　/ 1816

842. 重修烏龍洞廟碑記　清同治六年（1867年）　　　　　　　　　　　　　/ 1818

843. 古豫讓橋碑　清同治六年（1867年）　　　　　　　　　　　　　　　　/ 1820

844. 重修觀音堂馬王龍王神廟碑記　清同治六年（1867年）　　　　　　　　/ 1822

845. 重修觀音堂等廟碑記　清同治六年（1867年）　　　　　　　　　　　　/ 1824

846. 重修文昌五穀廟碑記　清同治六年（1867年）　　　　　　　　　　　　/ 1826

847. 施業碑記　清同治六年（1867年）　　　　　　　　　　　　　　　　　/ 1828

848. 重修北廟記　清同治七年（1868年）　　　　　　　　　　　　　　　　/ 1830

849. 河北太山龍王廟碑　清同治七年（1868年）　　　　　　　　　　　　　/ 1832

850. 建修龍洞山行宮碑記　清同治八年（1869年）　　　　　　　　　　　　/ 1834

851. 藏山趙文子祠碑記　清同治八年（1869年）　　　　　　　　　　　　　/ 1836

852. 本村白溝河水例誌　清同治九年（1870年）　　　　　　　　　　　　　/ 1840

853. 三泉村修井捐款碑　清同治九年（1870年）　　　　　　　　　　　　　/ 1842

854. 南霍渠訂立規矩碑　清同治九年（1870年）　　　　　　　　　　　　　/ 1844

855. 遷移井泉暨創鑿天池碑記　清同治九年（1870年）　　　　　　　　　　/ 1846

856. 閭街重修井誌立石　清同治九年（1870年）　　　　　　　　　　　　　/ 1848

857. 曹村掘井碣　清同治十年（1871年）　　　　　　　　　　　　　　　　/ 1850

858. 開三渠記　清同治十一年（1872年）　　　　　　　　　　　　　　　　/ 1852

目　錄

卷　七

清（五）

859. 重修玄天三元宮觀音殿河神龍王五道廟新建戲樓碑記　清同治十一年（1872年）　/ 1856

860. 重修聖泉寺老龍神廟碑記　清同治十一年（1872年）　　　　　　　　　/ 1858

861. 建立買池碑記　清同治十一年（1872年）　　　　　　　　　　　　　　/ 1860

862. 遵斷河神廟碑碣　清同治十二年（1873年）　　　　　　　　　　　　　/ 1862

863. 重建龍王廟碑誌　清同治十二年（1873 年）　　／ 1864

864. 許村社事管理碣　清同治十二年（1873 年）　　／ 1866

865. 鼓水全圖碑　清同治十二年（1873 年）　　／ 1868

866. 重修柳堤碑記　清同治十三年（1874 年）　　／ 1870

867. 龍子祠重修碑記　清同治十三年（1874 年）　　／ 1872

868. 師家窊村重修三聖廟碑記　清同治十三年（1874 年）　　／ 1874

869. 漢武帝秋風辭　清同治十三年（1874 年）　　／ 1876

870. 龍神廟關帝廟白衣殿鹿鳴山崇福寺三官廟財神廟城神廟重修碑記　清同治十三年（1874 年）　／ 1878

871-1. 重修大禹廟碑記（碑陽）　清同治年間　　／ 1880

871-2. 重修大禹廟碑記（碑陰）　清同治年間　　／ 1882

872. 屢次斷案碑記　清光緒元年（1875 年）　　／ 1884

873. 重修碑記　清光緒元年（1875 年）　　／ 1886

874. 次重修五龍廟碑記　清光緒元年（1875 年）　　／ 1888

875. 祈雨條規并序　清光緒二年（1876 年）　　／ 1890

876. 重修龍子祠碑記　清光緒二年（1876 年）　　／ 1892

877. 重建龍神火神廟碑記　清光緒二年（1876 年）　　／ 1894

878. 創建副殿廊房挪移樂樓重修馬棚挑鑿麻池碑記　清光緒三年（1877 年）　　／ 1896

879. 灾荒自救碑記　清光緒三年（1877 年）　　／ 1898

880. 荒年誌　清光緒四年（1878 年）　　／ 1900

881. 灾年後掩藏暴骨墓記　清光緒五年（1879 年）　　／ 1902

882. 通利渠治水碑記　清光緒五年（1879 年）　　／ 1904

883. 堰村灾荒碑記　清光緒五年（1879 年）　　／ 1906

884. 洌石泉英濟侯祠敕加封號碑　清光緒五年（1879 年）　　／ 1908

885. 石佛塔龍泉井石碣　清光緒五年（1879 年）　　／ 1910

886. 永豐莊豁免差徭原委記　清光緒六年（1880 年）　　／ 1912

887. 龍王廟增修正殿碑記　清光緒六年（1880 年）　　／ 1914

888. 賈村社水利碑記　清光緒七年（1881 年）　　／ 1916

889. 重修南泉碑記　清光緒七年（1881 年）　　／ 1918

890. 新建北河水道碑記　清光緒七年（1881 年）　　／ 1920

891. 龍泉石刻　清光緒七年（1881 年）　　／ 1922

892. 老龍洞摩崖洞額　清光緒八年（1882 年）　　／ 1924

893. 重修五龍廟碑記　清光緒八年（1882 年）　　／ 1926

894. 丁丑大荒記　清光緒九年（1883 年）　　／ 1928

895. 杜村灾情碑記　清光緒九年（1883 年）　　／ 1930

896. 重修龍王廟碑記　清光緒十年（1884 年）　　　　　　　　　　　　/ 1932

897. 補修水口碑記　清光緒十年（1884 年）　　　　　　　　　　　　　/ 1934

898. 呂金華施地挖池碑記　清光緒十二年（1886 年）　　　　　　　　　/ 1936

899. 南社補修惠泉井龍神祠五大士堂碑記　清光緒十二年（1886 年）　　/ 1938

900. 重修龍天廟碑記　清光緒十二年（1886 年）　　　　　　　　　　　/ 1942

901. 重修龍王廟碑記　清光緒十二年（1886 年）　　　　　　　　　　　/ 1944

902. 歲時紀事考實録藝殘碑　清光緒十三年（1887 年）　　　　　　　　/ 1946

903. 擬龍子祠重修碑記　清光緒十三年（1887 年）　　　　　　　　　　/ 1948

904. 重修下橋序　清光緒十三年（1887 年）　　　　　　　　　　　　　/ 1950

905. 重修浮濟大王祠　清光緒十四年（1888 年）　　　　　　　　　　　/ 1952

906. 立閣村公議新開水道記　清光緒十四年（1888 年）　　　　　　　　/ 1954

907. 新建諸神廟碑記　清光緒十五年（1889 年）　　　　　　　　　　　/ 1956

908. 勒馬溝移建龍王廟碑誌　清光緒十五年（1889 年）　　　　　　　　/ 1958

909. 重修龍王廟碑記　清光緒十六年（1890 年）　　　　　　　　　　　/ 1960

910. 杜莊村重修唐帝廟碑記　清光緒十六年（1890 年）　　　　　　　　/ 1962

911. 重修玉皇廟龍王祠碑記　清光緒十六年（1890 年）　　　　　　　　/ 1964

912. 重修池神廟碑記　清光緒十七年（1891 年）　　　　　　　　　　　/ 1966

913. 龍王廟碑　清光緒十七年（1891 年）　　　　　　　　　　　　　　/ 1968

914. 塔底村修堰碑記　清光緒十七年（1891 年）　　　　　　　　　　　/ 1970

915. 板級村修廟碑記　清光緒十八年（1892 年）　　　　　　　　　　　/ 1972

916-1. 建堤碑記（碑陽）　清光緒十八年（1892 年）　　　　　　　　　/ 1974

916-2. 建堤碑記（碑陰）　清光緒十八年（1892 年）　　　　　　　　　/ 1976

917. 重修觀音廟并龍天廟碑記　清光緒十八年（1892 年）　　　　　　　/ 1978

918. 重修岩則河碑記　清光緒十八年（1892 年）　　　　　　　　　　　/ 1980

919. 創築村西堰記　清光緒十九年（1893 年）　　　　　　　　　　　　/ 1982

920. 東龍神廟創建功德碑記　清光緒十九年（1893 年）　　　　　　　　/ 1984

921. 重修水池碑　清光緒十九年（1893 年）　　　　　　　　　　　　　/ 1986

922. 五龍洞碑　清光緒二十一年（1895 年）　　　　　　　　　　　　　/ 1988

923. 重修柏峪腦村龍王廟碑記　清光緒二十一年（1895 年）　　　　　　/ 1990

924. 重修龍王廟碑誌　清光緒二十一年（1895 年）　　　　　　　　　　/ 1992

925. 重修三官廟碑記　清光緒二十一年（1895 年）　　　　　　　　　　/ 1994

926. 創修南石橋碑記　清光緒二十二年（1896 年）　　　　　　　　　　/ 1996

927-1. 龍子祠重修碑記（一）　清光緒二十二年（1896 年）　　　　　　/ 1998

927-2. 龍子祠重修碑記（二）　清光緒二十二年（1896 年）　　　　　　/ 2000

目
録

928. 重修龍王廟并增建前院捐資募緣碑記　清光緒二十四年（1898 年）　　　　　　　/ 2002

929. 源遠流長碑　清光緒二十四年（1898 年）　　　　　　　/ 2004

930. 重修野里村關帝玄武奶奶龍王馬祖山神廟　清光緒二十四年（1898 年）　　　　　　　/ 2006

931. 重修龍王廟暨各神廟碑記　清光緒二十五年（1899 年）　　　　　　　/ 2008

932. 石後堡東坪争攬在路縣署劉正堂特諭　清光緒二十五年（1899 年）　　　　　　　/ 2010

933. 新建龍王廟碑記　清光緒二十五年（1899 年）　　　　　　　/ 2012

934-1. 創修后城門下水井及堂殿東西厨房諸工源委誌（碑陽）　清光緒二十五年（1899 年）　　　　　　　/ 2014

934-2. 創修后城門下水井及堂殿東西厨房諸工源委誌（碑陰）　清光緒二十五年（1899 年）　　　　　　　/ 2016

935. 買池碑記　清光緒二十六年（1900 年）　　　　　　　/ 2020

936. 白石村重修河東公廟碑誌　清光緒二十七年（1901 年）　　　　　　　/ 2022

937. 孟高村公議渠規碑　清光緒二十八年（1902 年）　　　　　　　/ 2024

938. 源泉平訟記　清光緒二十九年（1903 年）　　　　　　　/ 2026

939. 重修龍天土地廟碑記　清光緒二十九年（1903 年）　　　　　　　/ 2028

940. 石茨王莊水渠管理碑記　清光緒二十九年（1903 年）　　　　　　　/ 2030

941. 重修黃龍王廟灣碑記　清光緒三十年（1904 年）　　　　　　　/ 2032

942. 重修龍王廟碑記　清光緒三十年（1904 年）　　　　　　　/ 2034

943. 龍王廟碑記　清光緒三十年（1904 年）　　　　　　　/ 2036

944. 修池碑記　清光緒三十年（1904 年）　　　　　　　/ 2040

945. 重修聖泉寺老龍神廟碑記　清光緒三十一年（1905 年）　　　　　　　/ 2042

946. 補葺堡墙石記　清光緒三十一年（1905 年）　　　　　　　/ 2044

947. 重修源神廟碑記　清光緒三十一年（1905 年）　　　　　　　/ 2046

948. 中河捐修源神廟碑　清光緒三十一年（1905 年）　　　　　　　/ 2048

949. 重修波池碑記　清光緒三十二年（1906 年）　　　　　　　/ 2050

950. 重修真澤宫碑記　清光緒三十二年（1906 年）　　　　　　　/ 2052

951. 重修龍天暨衆廟碑記　清光緒三十二年（1906 年）　　　　　　　/ 2056

952-1. 李家河村重修龍神廟碑（碑陽）　清光緒三十三年（1907 年）　　　　　　　/ 2058

952-2. 李家河村重修龍神廟碑（碑陰）　清光緒三十四年（1908 年）　　　　　　　/ 2060

953. 重修天順渠碑記　清光緒三十三年（1907 年）　　　　　　　/ 2062

954. 墊資買渠碑　清光緒三十三年（1907 年）　　　　　　　/ 2064

955. 村之西有與人爲善碑　清光緒三十四年（1908 年）　　　　　　　/ 2066

956. 重修碑序　清光緒三十四年（1908 年）　　　　　　　/ 2068

957. 永禁堆集爐渣碗片擁塞東西河道碑　清光緒三十四年（1908 年）　　　　　　　/ 2070

958. 洗心泉碑　清光緒三十四年（1908 年）　　　　　　　/ 2072

959. 歷叙光緒初年荒旱暨瘟疫狼鼠灾傷記　清光緒年間　　　　　　　/ 2074

黄河流域水利碑刻集成·山西卷 一

960. 作疃西堡村調解撏渠糾紛碑　清宣統元年（1909 年）　　　　　／ 2076

961. 補修源神廟金妝神像碑記　清宣統元年（1909 年）　　　　　／ 2078

962. 上樂平村西河底理泉碑記　清宣統元年（1909 年）　　　　　／ 2080

963. 重建五神廟碑記　清宣統元年（1909 年）　　　　　／ 2082

964. 重修龍王土地神廟布施碣　清宣統元年（1909 年）　　　　　／ 2084

965. 張莊村重修古刹諸廟碑記　清宣統元年（1909 年）　　　　　／ 2086

966. 龍王廟完工後交疏引序　清宣統二年（1910 年）　　　　　／ 2088

967. 重修天仙聖母廟五龍廟碑記　清宣統二年（1910 年）　　　　　／ 2090

968. 重修净因寺廟碑記　清宣統二年（1910 年）　　　　　／ 2092

969. 洗心泉表揚神功記　清宣統二年（1910 年）　　　　　／ 2094

970. 洗心泉記　清宣統二年（1910 年）　　　　　／ 2096

971. 重修龍王諸神廟碑記　清宣統三年（1911 年）　　　　　／ 2098

972. 重修嘆士峪口石壩碑記　清宣統三年（1911 年）　　　　　／ 2100

973. 碑記　清宣統三年（1911 年）　　　　　／ 2102

974-1. 争水訴訟碑記（碑陽）　清宣統三年（1911 年）　　　　　／ 2104

974-2. 争水訴訟碑記（碑陰）　清宣統三年（1911 年）　　　　　／ 2106

975. 雙頭垣村重修碑記　清宣統三年（1911 年）　　　　　／ 2108

976. 三峪渠圖碑　清代　　　　　／ 2110

977. 太峰銘　清代　　　　　／ 2112

978. 公議用水合同碑　清代　　　　　／ 2114

979. 古耿龍門全圖暨薛文清公東龍門八景詩　清代　　　　　／ 2116

980. 曲水亭詩并序　清代　　　　　／ 2118

981. 治水勤勞碑　清代　　　　　／ 2120

982. 河圖碑記　清代　　　　　／ 2122

983. 青龍河石盆圖　清代　　　　　／ 2124

984. 重建龍王廟樂樓碑記　清代　　　　　／ 2126

985. 重修池波碑記　清代　　　　　／ 2128

986. 重修龍王祠碑記　清代　　　　　／ 2130

987. 重修龍天廟碑記　清代　　　　　／ 2132

988. 砥柱河津碑銘　清代　　　　　／ 2134

989. 乾隆御書故井贊碑　清代　　　　　／ 2136

990. 敬村打井碑　清代　　　　　／ 2138

991. 創建龍王屲孤魂祠碑記　清代　　　　　／ 2140

992. 韓山龍王諸神碑記　清代　　　　　／ 2142

目錄

993. 重修龍王神廟碑　民國元年（1912 年）　　　　　　　　　/ 2146

994. 龍王廟重修碑記　民國二年（1913 年）　　　　　　　　　/ 2148

995. 重修小峓山白龍祠正殿　民國二年（1913 年）　　　　　　/ 2150

996. 趙合户買地開河栽樹碑記　民國二年（1913 年）　　　　　/ 2152

997. 創修主山廟重修龍洞廟碑記　民國二年（1913 年）　　　　/ 2154

998. 重修龍天東嶽廟碑記　民國三年（1914 年）　　　　　　　/ 2156

999. 牧莊村掏挖公用井記　民國三年（1914 年）　　　　　　　/ 2158

1000. 上臺壁重修龍王廟碑記　民國四年（1915 年）　　　　　　/ 2160

1001. 重修垛河口石橋碑記　民國四年（1915 年）　　　　　　　/ 2162

1002. 重修龍子祠大門二門圍廊清音亭碑記　民國四年（1915 年）　/ 2164

1003. 上河訟後立案記　民國四年（1915 年）　　　　　　　　　/ 2166

1004. 闍村公立禁松山群羊泊池碑記　民國四年（1915 年）　　　/ 2168

卷　八

1005. 重修碑記　民國五年（1916 年）　　　　　　　　　　　　/ 2172

1006. 重修龍王廟碑記　民國五年（1916 年）　　　　　　　　　/ 2174

1007. 南浦村不許紊乱成規碑記　民國五年（1916 年）　　　　　/ 2176

1008. 重修天池碑序　民國五年（1916 年）　　　　　　　　　　/ 2178

1009-1. 重修聖泉寺碑記（碑陽）　民國五年（1916 年）　　　　/ 2180

1009-2. 重修聖泉寺碑記（碑陰）　民國五年（1916 年）　　　　/ 2182

1010. 民國二年水災碑記　民國六年（1917 年）　　　　　　　　/ 2184

1011. 水規碑記　民國七年（1918 年）　　　　　　　　　　　　/ 2186

1012-1. 重修東西二橋碑記（一）　民國七年（1918 年）　　　　/ 2188

1012-2. 重修東西二橋碑記（二）　民國七年（1918 年）　　　　/ 2190

1013. 重修龍神廟正殿碑記　民國七年（1918 年）　　　　　　　/ 2192

1014. 重修井筒并加井欄碑記　民國七年（1918 年）　　　　　　/ 2194

1015. 崖頭村重修黃龍洞廟碑記　民國七年（1918 年）　　　　　/ 2196

1016. 重修井碑記　民國八年（1919 年）　　　　　　　　　　　/ 2198

1017. 重修九龍廟碑序　民國八年（1919 年）　　　　　　　　　/ 2200

1018. 重修冰清池碑記　民國八年（1919 年）　／ 2202

1019. 東中兩社重修水規碑記　民國八年（1919 年）　／ 2204

1020. 重修舊井記　民國九年（1920 年）　／ 2206

1021. 重修龍王廟碑誌　民國九年（1920 年）　／ 2208

1022. 南馮村護渠碑　民國九年（1920 年）　／ 2210

1023. 重修龍子祠記　民國九年（1920 年）　／ 2212

1024. 創建白龍廟碑記　民國九年（1920 年）　／ 2214

1025. 开鑿新井珉　民國十年（1921 年）　／ 2216

1026. 重修石橋碑記　民國十年（1921 年）　／ 2218

1027. 北王中村與下莊村分割財産碑記　民國十年（1921 年）　／ 2220

1028. 重修浮濟廟碑記　民國十年（1921 年）　／ 2222

1029. 重修龍子祠創建南馬房記　民國十年（1921 年）　／ 2224

1030. 訴訟判決文　民國十年（1921 年）　／ 2226

1031. 創建三官廟碑記　民國十一年（1922 年）　／ 2228

1032. 募修烏龍洞正殿洞樓碑記　民國十一年（1922 年）　／ 2230

1033. 改修青龍廟碑記　民國十一年（1922 年）　／ 2232

1034. 爭水訴訟民事判決書　民國十一年（1922 年）　／ 2234

1035. 重修昭澤王廟募緣碑叙　民國十一年（1922 年）　／ 2236

1036. 復叙昭澤王功德碑記　民國十一年（1922 年）　／ 2238

1037. 重修猪佛龍王老廟碑記　民國十一年（1922 年）　／ 2240

1038. 修橋記　民國十一年（1922 年）　／ 2242

1039. 重修白龍廟碑誌　民國十一年（1922 年）　／ 2244

1040. 下團柏村洪水渠渡橋碑碣　民國十二年（1923 年）　／ 2246

1041. 龍天廟重修碑記　民國十二年（1923 年）　／ 2248

1042. 新挑麻河碑記　民國十二年（1923 年）　／ 2250

1043. 龍王廟記　民國十二年（1923 年）　／ 2252

1044. 堡城寺灌田水渠官司硃論碑　民國十三年（1924 年）　／ 2254

1045. 移橋碑記　民國十三年（1924 年）　／ 2256

1046. 重修龍天觀音廟碑記　民國十三年（1924 年）　／ 2258

1047. 重修靈感康惠昭澤王廟碑記　民國十三年（1924 年）　／ 2260

1048. 靈雨泉題刻　民國十三年（1924 年）　／ 2262

1049-1. 賈村上渠新開泉圖碑（碑陽）　民國十三年（1924 年）　／ 2264

1049-2. 賈村上渠新開泉圖碑（碑陰）　民國十三年（1924 年）　／ 2266

1050. 三教村重立開渠碑記　民國十三年（1924 年）　／ 2268

目錄

1051. 北流龍王廟重修碑　民國十四年（1925 年）　／ 2270

1052-1. 杜莊村潴波碑記（碑陽）　民國十四年（1925 年）　／ 2272

1052-2. 杜莊村潴波碑記（碑陰）　民國十四年（1925 年）　／ 2274

1053. 張王村爲灘地興訟抱冤未伸始終理由碑　民國十四年（1925 年）　／ 2276

1054. 集股掘井碑序　民國十五年（1926 年）　／ 2280

1055. 重修五龍廟碑記　民國十五年（1926 年）　／ 2282

1056. 賈村下渠新開泉圖碑文　民國十五年（1926 年）　／ 2284

1057-1. 重修龍王廟碑記（碑陽）　民國十五年（1926 年）　／ 2286

1057-2. 重修龍王廟碑記（碑陰）　民國十五年（1926 年）　／ 2288

1058. 龍泉寺龍王廟碑記　民國十五年（1926 年）　／ 2290

1059-1. 重修前陽澤龍洞廟碑記（碑陽）　民國十五年（1926 年）　／ 2292

1059-2. 重修前陽澤龍洞廟碑記（碑陰）　民國十五年（1926 年）　／ 2294

1060. 創修五穀神廟碑序　民國十五年（1926 年）　／ 2298

1061. 五龍宮四銘碑　民國十五年（1926 年）　／ 2300

1062. 逃荒碑叙　民國十六年（1927 年）　／ 2302

1063. 重修龍三廟記　民國十六年（1927 年）　／ 2304

1064. 重修龍子祠水母殿及清音亭記　民國十六年（1927 年）　／ 2306

1065-1. 創立開渠灌田碑記（碑陽）　民國十六年（1927 年）　／ 2308

1065-2. 創立開渠灌田碑記（碑陰）　民國十六年（1927 年）　／ 2310

1066. 重修白龍王廟復創西院房十間碑記　民國十七年（1928 年）　／ 2312

1067. 解店村三義堂鑿穿窖水井碑記　民國十七年（1928 年）　／ 2314

1068. 堡内修井記　民國十七年（1928 年）　／ 2316

1069. 韓家坡增修村社記　民國十七年（1928 年）　／ 2318

1070. 河南村下南渠表揚功德碑記　民國十七年（1928 年）　／ 2320

1071. 重修白龍廟碑　民國十八年（1929 年）　／ 2322

1072. 重修八龍廟龍神廟碑記　民國十八年（1929 年）　／ 2324

1073. 重修廣勝下寺佛廟序　民國十八年（1929 年）　／ 2326

1074. 移建河神碑記　民國十九年（1930 年）　／ 2328

1075. 利濟渠碑　民國十九年（1930 年）　／ 2332

1076. 重淤河東灘碑記　民國十九年（1930 年）　／ 2334

1077. 開渠灌地碑記　民國十九年（1930 年）　／ 2336

1078. 更深掘井文　民國二十年（1931 年）　／ 2338

1079. 創修後家底下水井碑記　民國二十年（1931 年）　／ 2340

1080-1. 石城甘棠興修水利碑（碑陽）　民國二十年（1931 年）　／ 2342

黄河流域水利碑刻集成·山西卷 一

1080-2. 石城甘棠興修水利碑（碑陰） 民國二十年（1931 年） / 2346

1081. 水利同治碑 民國二十一年（1932 年） / 2348

1082. 白公斷案碑 民國二十一年（1932 年） / 2350

1083. 鐵案千秋碑 民國二十一年（1932 年） / 2354

1084. 東張村上西梁村吉山莊村因澗河水爭執碑記 民國二十一年（1932 年） / 2358

1085. 重修常春寺龍王廟碑誌 民國二十二年（1933 年） / 2360

1086. 重修阿龍廟碑記 民國二十二年（1933 年） / 2362

1087. 府君廟新建鐵旗杆壽聖寺重修大石堰碑記 民國二十二年（1933 年） / 2364

1088. 督修福壽池紀念碑 民國二十二年（1933 年） / 2366

1089-1. 補修新建漢高山諸神廟碑序（碑陽） 民國二十二年（1933 年） / 2370

1089-2. 補修新建漢高山諸神廟碑序（碑陰） 民國二十二年（1933 年） / 2372

1090. 東社村重修龍王廟碑記 民國二十三年（1934 年） / 2374

1091. 白村堡浚河道碑記 民國二十三年（1934 年） / 2376

1092. 中寨村鑿井記 民國二十四年（1935 年） / 2378

1093. 建築水洞碑記 民國二十四年（1935 年） / 2380

1094. 海公斷案碑 民國二十四年（1935 年） / 2382

1095. 五門村縣府判令植樹責任碑記 民國二十四年（1935 年） / 2386

1096. 重修漳源首渠碑記 民國二十四年（1935 年） / 2388

1097. 重修蒼龍聖廟碑記 民國二十四年（1935 年） / 2390

1098. 元村建土圈碣 民國二十五年（1936 年） / 2392

1099. 洪井村修理大池碑記 民國二十五年（1936 年） / 2394

1100. 打井捐資碑 民國二十五年（1936 年） / 2398

1101. 水泉莊創建龍王廟碑記 民國二十六年（1937 年） / 2400

1102-1. 柴王渠重整渠規碑記（碑陽） 民國二十六年（1937 年） / 2402

1102-2. 柴王渠重整渠規碑記（碑陰） 民國二十六年（1937 年） / 2406

1103. 南馮里護渠訴訟碑 民國二十六年（1937 年） / 2408

1104. 西社村閤社公議禁約碑記 民國二十六年（1937 年） / 2410

1105. 太山龍王廟重修碑誌 民國二十七年（1938 年） / 2412

1106. 重修老井新井碑記 民國二十九年（1940 年） / 2414

1107. 重修井廈記 民國三十年（1941 年） / 2418

1108. 大王會記事碑 民國三十一年（1942 年） / 2420

1109. 東窰裏鑿井碑記 民國三十二年（1943 年） / 2422

1110. 楚公溪春禱雨紀念碑 民國三十二年（1943 年） / 2424

1111. 後留城村開渠碑文序 民國三十三年（1944 年） / 2426

1112. 寺底村西開闢水渠碑記　民國三十四年（1945 年）　　　　　　　　　／ 2428

1113. 祈雨石刻序　民國三十四年（1945 年）　　　　　　　　　　　　　／ 2430

1114. 新修水井碑　民國三十五年（1946 年）　　　　　　　　　　　　　／ 2432

1115-1. 閏家莊與蘇村莊分水碑記（一）　民國三十六年（1947 年）　　　／ 2434

1115-2. 閏家莊與蘇村莊分水碑記（二）　民國三十六年（1947 年）　　　／ 2438

1116. 重修漳河橋碑記　民國三十七年（1948 年）　　　　　　　　　　　／ 2440

1117. 丁村造船募捐開支碑　民國時期　　　　　　　　　　　　　　　　／ 2442

1118. 知事郭公堂判碑　民國時期　　　　　　　　　　　　　　　　　　／ 2444

1119. 創建龍泉井磚窰碑記　民國時期　　　　　　　　　　　　　　　　／ 2448

1120. 創修井龍王碑　民國時期　　　　　　　　　　　　　　　　　　　／ 2450

1121. 晋省地輿全圖碑　紀年不詳　　　　　　　　　　　　　　　　　　／ 2452

索　引　　　　　　　　　　　　　　　　　　　　　　　　　　　　　／ 2455

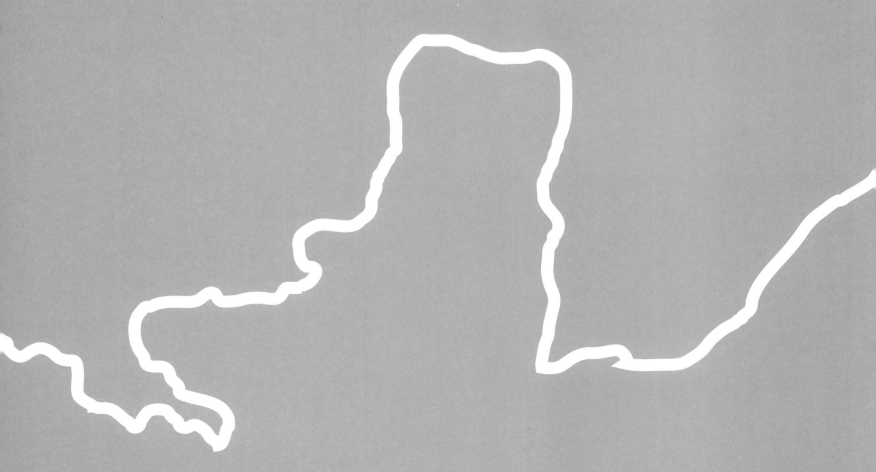

北齊唐宋金元

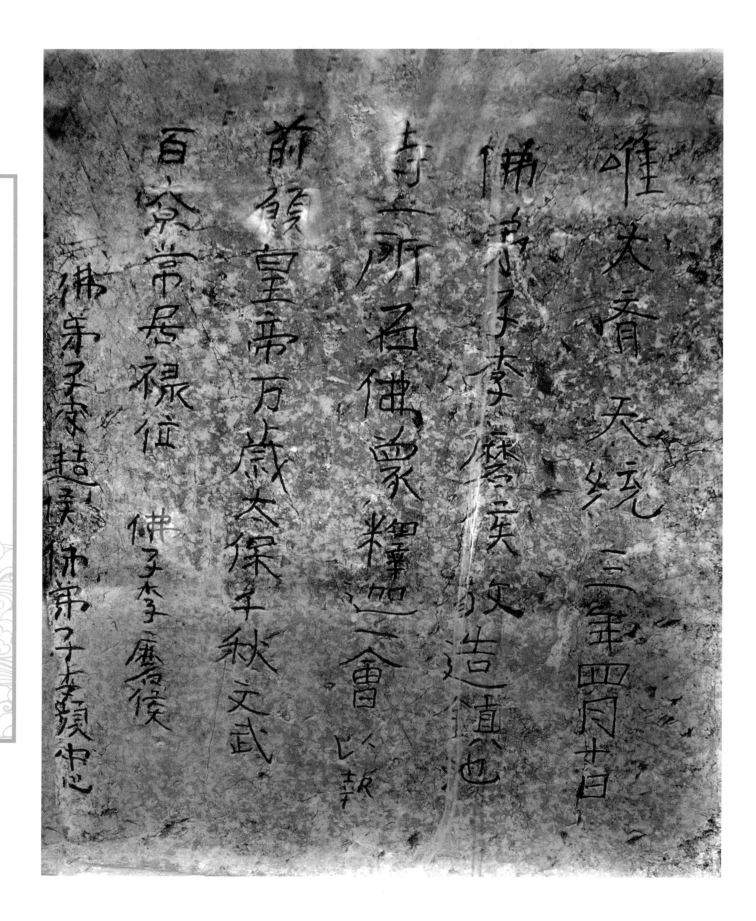

1. 避水石碑記

立石年代：北齊天統三年（567 年）
原石尺寸：高 49 厘米，寬 40 厘米
石存地點：陽泉市盂縣萇池鎮南萇池村鎮池寺

唯大齊天統三年四月十日，佛弟子李磨侯敬造鎮池寺一所，石佛象釋迦一會，以報前願。皇帝万歲，太保千秋，文武百僚常居禄位。

佛子李磨侯，佛弟子李超侯，佛弟子李頻忠。

北齊唐宋金元

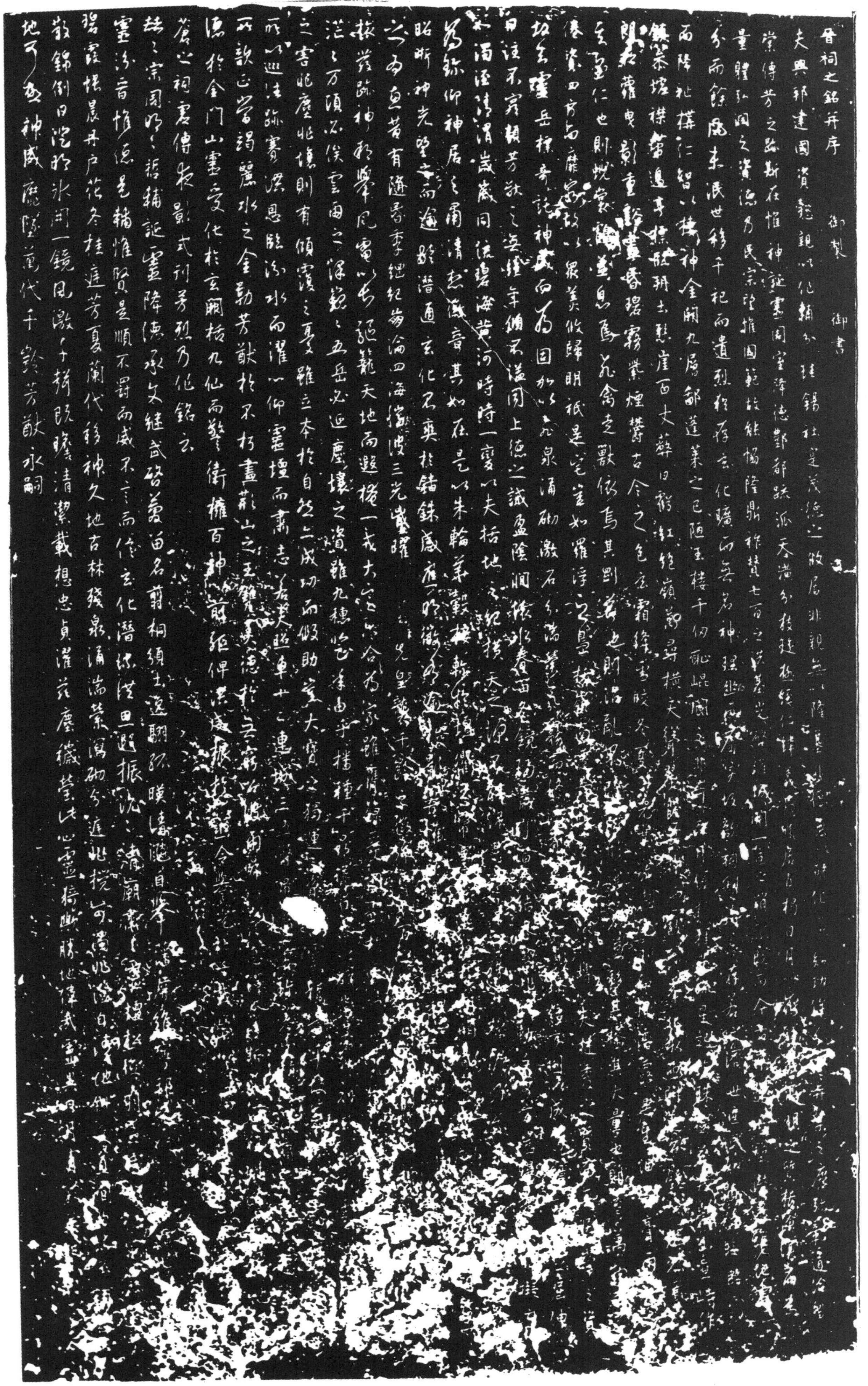
晋祠之铭并序
御制
御书

2. 晋祠铭碑文

立石年代：唐贞观二十年（646年）

原石尺寸：高195厘米，宽120厘米

石存地點：太原市晋源區晋祠

晋祠之銘并序

夫興邦建國，資懿親以作輔；分珪錫社，實茂德之攸居。非親無以隆基，非德无以啓化，□知功伴□□，弈葉之慶彌彰；道洽留棠，傳芳之迹斯在。惟神誕靈周室，降德鄭都；疏派天潢，分枝璇極；經仁緯義，□順居貞。揭日月，以爲□□高明之質；括滄溟，而爲量體弘潤之資。德乃民宗，望惟國範。故能協隆鼎祚，贊七百之洪基；光啓□城，開一匡之霸□。既而今古……分，而餘風未泯；世移千祀，而遺烈猶存。玄化曠而無名，神理幽而靡究。故歆祠利□，若存若亡；濟世匡民，如顯□□。臨□□而降祉，構仁智以栖神。金闕九層，鄙蓬萊之已陋；玉樓千仞，耻昆閬之非奇。……流星起於珠樹。若夫……峙，作鎮參墟；襟帶邊亭，標臨朔土。懸崖百丈，蔽日虧紅；絶嶺萬尋，橫天聳翠。……朗，松蘿曳影，重溪晝昏。碧霧紫烟，鬱古今之色；玄霜絳雪，皎冬夏之光。……其至仁也，則蜺裳鶴盖息焉，飛禽走獸依焉；其剛節也，則治亂不改□形，□□莫移其□；其大量也，則育萬物□□倦，資四方而靡窮。故以衆美攸歸，明祇是宅。豈如羅浮之島，拔嶺南遷；……秀之質……資。故知靈岳標奇，托神威而爲固。加以飛泉涌砌，激石分湍，縈氛霧而終……成……屈伸。日注不窮，類芳猷之無絶；年傾不溢，同上德之誠盈。陰潤懷冰，春留冬鏡……如濁涇清渭，歲歲同流；碧海黃河，時時一變。以夫括地之紀，橫天之源，不能……爲珍；仰神居之肅清，想徽音其如在。是以朱輪華轂，接軫於壇衢；玉幣……昭晰神光，望之而逾顯。潛通玄化，不爽於錙銖；感應明徵，有逾於影響。惟……之爲惠。昔有隨昏季，綱紀崩淪，四海騰波，三光戢曜。先皇襲千齡……旅，發迹神邦，舉風電以長驅，籠天地而遐掩。一戎大定，六合为家。雖膺籙受……茫茫万頃，必俟雲雨之澤；巍巍五岳，必延塵壤之資。雖九穗登年，由乎播種；千尋……之害；非塵非壤，則有傾覆之憂。雖立本於自然，亦成功而假助，豈大寶之獨運……所以巡往迹，賽洪恩，臨汾水而濯心，仰靈壇而肅志。若夫照車十二，連城三……所歆。正當竭麗水之金，勒芳猷於不朽；盡荆山之玉，鐫美德於無窮。召彼雨師……德於金門，山靈受化於玄關。括九仙而警衛，擁百神以前驅，俾洪威振於六幽，令譽光於千載。……蒼之祠，虛傳夜影。式刊芳烈，乃作銘云：

赫赫宗周，明明哲輔。誕靈降德，承文继武。

啓慶留名，蔿桐頒土。逸翮孤暎，清飆目舉。

藩屏維寧，邦□□□。□□□□，□靈汾晋。

惟德是輔，惟賢是順。不罰而威，不言而信。

玄化潛流，洪恩遐振。沉沉清廟，肅肅靈壇。

松低羽□，□□□□；□□□碧，霞帳晨丹；

户花冬桂，庭芳夏蘭。代移神久，地古林殘。

泉涌湍縈，瀉砌分庭；非攪可濁，非澄自清；

地斜□□，□□□□；□□散錦，倒日澄明；

冰開一鏡，風激千聲。既瞻清潔，載想忠貞。

濯兹塵穢，瑩此心靈。猗歟勝地，偉哉靈异！

日月有□，□□□□；□地可極，神威靡墜。

萬代千齡，芳猷永嗣。

御製，御書。

《晋祠銘碑文》拓片局部

3. 開鑿河道摩崖石刻

立石年代：唐總章三年（670 年）
原石尺寸：高 33 厘米，寬 33 厘米
石存地點：運城市平陸縣黃河古棧道

大唐總章三年正月十五日，太子供奉人□□□奉敕開鑿三門河道。用功不可記。
□令史丁道樹。

北齊唐宋金元

大唐河東鹽池靈慶公神祠

4. 大唐河東鹽池靈慶公神祠頌并序

立石年代：唐貞元十三年（797 年）

原石尺寸：高 188 厘米，上寬 90 厘米，下寬 100 厘米

石存地點：運城市鹽湖區博物館

大唐河東鹽池靈慶公神祠□□序

地絡之紀，莫宗於河；陰潛之功，光啓於匯。既略太華，浸淫中條。嶽瀆宣精，融爲巨浸。肇有元命，玄珪告成。惟其潤下，乃生舃鹵。鹽□□數有九，七在幽朔，二陂河東。皇穹陰騭兆人，眷祐中土。因飲食以致其味，節和齊以調其心。溟溟天池，實曰鹽澤。幅圓百里，澄澈□□。元極積數，太鹹爲鹺。其墟實沉，其宿畢昂；其漕砥柱，其關巔輅。后祇寶之，設以重險。謙順成量，澗溪攸鐘。涵風蓄雷，終古不息。漫□□外，連爲海門。所以帝乙建社而臨之，王豹遷都而據之，執其重輕，以曜富有。在昔山澤，委于虞衡。周制無征，漢方盡幹。務其尊稽，□□抑商。少府所尸，均其權量。群族自占，築廬環之。業傳祖考，田有上下。旱理其埤，水營其高。五夫爲塍，塍有渠；十井爲溝，溝有路。臬□□畦，釃之爲門。漬以渾流，灌以殊源。陰陽相蒸，清濯相孕。動物潛象，蠢爲陶工。溜乎而凝，莫見其朕。雪野霜地，積如連山。羨漫區域，□□塗潦。泉貨之廣，没于齊人。皇家不賦，百三十載。玄宗御國五十年，奸□薊丘，爤火通鎬。嗣聖受命，以□□之。擊鼓崤洛，封尸燕趙。却獫狁於絶漠，走昆夷於窮荒。宣其宸威，風動八極。調發之費，仰於有司。雖田征益加，而軍實不□。□收鹽鐵之算，置榷酤之官。以權合經，以貨聚衆。畫野摽禁，漼川爲壕。西籠解梁，左繚安邑。乃滌場圃，乃完廥倉。畢其陽功，以謹秋□。□土定食，止於中州。濟於横汾，爰距隴坂。東下京鄭，而抵于宛。艘連其檣，輦擊其轂。終歲所入，二百千萬。供塞垣盡敵之賞，減天下□□之租。然後傳于旬人，納于醯人。有形有散，以宴以祀。每仲夏初吉，爲壃而饗之。懿夫明徵，厥有前誌。中宗反政，崇朝而□□；大曆窮霖，巨漲而不淡。誠宜命袟，視彼封君。先皇帝薦靈慶以號神，索氤氳而建廟。拖諸侯之法服，鏘洴懸之清樂。籍□□之版六百，隸於司池，故得浮榮光，結顥氣，冲其德，正其味。粒重英以表稔，花四出而呈瑞。陳陳相因，非種載可能計矣。貞元九年□，天子親祀明堂，大裘而郊。孝道昇聞，百蠻頓首。粟帛之寶，及於鰥煢；庶政惟和，達于遐邇。户部尚書裴公延齡，奠三壤□□，□九州之賦。鐵鼓之貢，林鹽之饒，凡晉人是輸，以河中爲會府。遂表職方郎中兼侍御史馮公□，推其全材，委以大計。詔曰："俞，興□□！汝諧。"乃駐車蒲城，以馭群吏。分命前永樂縣丞張巨源、前鄭縣丞蕭曾，率屬而臨之。洎十一年秋九月裴公薨，今户部侍郎蘇公□□之。以馮公成績有聞，禮任如舊。度支又以前詹事府司直陸位知解縣池，前大理評事韋縱知安邑池。惟職方領地官之外權，惟□□守制使之成算，奸氣不作，阜財有經。十三年四月五日，兩池官吏及畦户等請勒豐碑，揚兹利澤。感和羹之訓，心游傅氏之岩；稽□□之詞，氣對郇瑕之邑。微臣作頌，式贊新宫。頌曰：

浩浩靈池，冠于水行。蒼茫太陰，滲漉純精。惟澤在□，与時爲程。禍貪而竭，福儉而盈。巨唐君臨，坤順乾貞。冥勤其官，坎德□□。海眼通波，河源伏脉。千里一氣，潴爲廣岸。雲漢照臨，□繩下直。曰雨曰風，以凝以積。自我天產，惟其□食。斯皇元后，乃□□神。既潔浮沉，亦修明禋。大禮畢舉，大樂畢陳。馮公員來，克諧神人。登牲廟壃，瘞幣池瀕。既醉既飽，馮公則欣。蕭張行優，

陸韋德鄰。□□有属，伊馮之賓。仰彼玄造，垂於無垠。皇運天長，頌聲日新。

　　將仕郎、太常博士崔敖撰，將仕郎、前試大理評事韋縱書并篆額。

　　貞元十三年歲次丁丑八月甲寅廿日癸酉建。

鹹為帝乙建社而臨之執
其墟實流其宿畢昂其瀆
所以其權量群族自占築盧環之業傳祖考動
清以人均其渾流灌以殊源陰陽相盪清濯相孕
沒於齊人皇家不賦百二十載窮荒亶
廣燕趙郡猶犯芋絕於漠委昆夷芋窮荒亶
封屍燕趙郡以人權合經以貨聚眾畫野標禁
置權酤之官以人權距隴坂東下京鄭而揠于
中州人濟芋橫汾愛距有形有散以宴以祀每仲
芋閩人納芋醯人有形有散以宴以祀

《大唐河東鹽池靈慶公神祠頌并序》拓片局部

5. 廣仁之龍泉記

立石年代：唐元和三年（808年）

原石尺寸：高154厘米，寬45厘米

石存地點：運城市芮城縣博物館

〔碑額〕：龍泉之記

廣仁□龍泉記

致理不根於惠則無功，導流不自其源必復絕。敦本善利，以濟物爲心者，雖涓溜蒙泉必務宣達，使之通衍而有益於人也。然而績有小大，事有分限，推而貫之，則浚川疏河與□渠降雨爲一指也。自微可以觀著，由細可以迹大者，其唯龍泉乎！泓□數寸之源，淫曳如綫之派。邑大夫于公顧而言曰："水之積也不厚，固不能以流長；吏之志也必勤，此亦可以及物。"於是□夫填淤，廣夫濮溏，緣數尺之坳，致湛澹之勢，周迴止百三十有二步，淺□□之而盡江湖勝賞□□。菰蒲殖焉，魚鱉生焉，古木駢羅，曲嶼映帶。前瞻荆岳，却背條嶺，全□故堞，崢嶸左右，是足以盖邑中之游選矣。傍建祠宇，亦既增飾，意者□□於泉，泉主於神，能禦旱灾，適合祀典。其東南釃爲通渠，廣深纔尺，脉□支引，自田徂里，雖不足以救七年之患，然亦於此見百里之澤。昔西門□□爲能吏，以鄴田之惡，有漳水之便，而不知引以浸灌，寧復見幾於潛廬□□乎？夫長民者，孜孜勤恤之謂仁，隨時興利之謂智。吾大夫則然。小善有益，知無不爲，由智及仁，因利示勸。君子謂："于公其養民也，惠矣！"夫□有淺而思深者，懼後之不知，故書。不然，天下多決泄導注，極無窮之用者，《春秋》微顯闡幽之義存焉。尔時，順宗傳位之明年，涼風至，旬有五日記。

鄉貢進士張鑄述，河東裴少徽書，河東裴勛書額。

元和戊子歲月在高稧十日書。

龍泉記

6. 龍泉記

立石年代：唐大和六年（832 年）
原石尺寸：高 70 厘米，寬 65 厘米
石存地點：運城市芮城縣博物館

龍泉記

縣城北七里有古魏城，城西北隅有一泉，其實如綫，派分四流，澆灌百里，活芮之民，斯水之功也。頃年巳土遇旱歉，前令尹因而禱之，遂得神應，乃降甘雨，始命爲龍泉。已制小屋，圖其形，寫龍之貌，爲鄉人禱祀之所。尔來十有餘載，神屋壞漏，墻壁頹毀，圖形剝落，日爲牛羊蹂踐，穢雜腥臊之地。洎口和五年秋六年春，歷四甲子無雨，雖有風雪，亦不及農用，土地磽确，首種不入。夏四月中夜，有神人貽夢於群牧使袁公："此土愆陽日久，子何不親告龍所？"察神之有托袁公之意者，表居止危塌、圖形曝露，欲其知也。袁公夢覺曰："我以職司此地，所部非少，况黎人懸懸之心，思雨如渴，神夢若生，胡不爲之行？即我惠人之念何在？"乃命駕率所部詣神，致酒脯，敬陳夜夢，陰祝之："如神三日之内，下降甘雨，即神應可知，我當大謝至靈；如或不刻，即夢不足徵矣！"言訖告歸，其夜二更，風起雲布，甘澤大降，稍濟農人之急也。乃撰吉日，備椒漿桂醑，三牲具足，大饗以答神應。爰命官僚同觀镈俎之盛也。澤乃詣神祝曰："澤官忝字人，昧於前知，致令神居處隘狹，牛羊無禁，斯澤之政闕也。然今日再啓明神，前所感應，甘澤救人，降即降矣，其於耕種之勞，足即未足。神感如是，能更驅作百神，加之大雨，使耕者無礙於捍格之窊，種者不懷焦烨之患。如神響應，可以致之，澤即集諭鄉人，剗除舊舍，建立新宇，繪捏其形，丹腾其壁，炎炎赫赫，必使光明。"斯神之應也，如截道颷，如敲石火之疾不若也。大降甘雨，勢如盆傾，霈流百川，原濕滋茂，使禾耨得所，耕人芟歌。乃命鄉人庀工徒，具畚插之次。俄有斑蛇丈餘，錦背龍目，盤屈廢蹋之上。故知靈不得不信，人不得不知。衆之所睹，誠曰有神，豈曰無神。旋旋而失，即祥抓庭鏡，不足以佳也。爰命剗除舊屋，創立新祠，素捏真形，丹青四壁，古木環鬱，山翠迴合，乃自然蕭敬之地也。使至者啓導，大陳羊豕，馨香品列，以答神知。噫乎！有山有川，即有靈有祇，有天有地，即有君有臣，向使靈不應，人何以敬？臣不住，君何以知？夫礫石不簸，環壁同之；蕭艾不去，蘭惠同之；神之無靈，草木同之。斯人與神，其道不遠矣。

芮城縣令賜緋魚袋鄭澤記。

陝虢群牧使登仕郎行内侍省掖庭局宫教博士上柱國袁孝和。

群牧使判官張積。

朝議郎行丞上柱國裴凝。

承奉郎行主簿獨孤景儉，通直郎行尉劉元。

給事郎行尉崔申伯。

書人姚全。

大和六年歲在壬子七月立秋日。

7. 禹廟創修什物記

立石年代：唐咸通九年（868 年）
原石尺寸：高 41.6 厘米，寬 20.8 厘米
石存地點：運城市夏縣禹王鄉青臺大禹廟

禹廟創修什物記

古之神人有於五行之間，以一功濟人、一德利物者，雖聯今綴古，迭帝更王，運斗移星，變鱗換骨，莫不交天接地，瞻嶽望河，媲祖配宗，素容繪質，而祭之以報也。況聖禹有灣環豁達，發遏通蒙，盡聖窮神，震奇耀异，駕……山，鍾海注河，開天拓地之力焉。美哉禹功……

陝府夏縣令李構立。

北齊唐宋金元

題絳守園池呈

太守薛君比部

宛陵梅堯臣上

柏麝不食古色侵青冥淺銘龍遺丼青典

莘屋憂圬望幾大守壁上封蔚遺丼青黑

辤澀不可問不梁島甲癸鳥聲

既入舁邑潭梁甲日鳥聲襲寧

蒼官臝槐勿森庭風蠱日

粘枝蓮臺乘脫軟昏府醒與許姓若是莚

取一二傳優怜你寄與酌酳無爲

河東薛矢守更至和三年七月十二日

8. 題絳守園池呈太守薛君比部

立石年代：北宋至和三年（1056 年）
原石尺寸：高 120 厘米，寬 63 厘米
石存地點：運城市新絳縣絳守居園池

題絳守園池呈太守薛君比部

□柏麤不食，古色侵青冥。淺沼龍不入，秋水生□萍。屋屢圬堊幾太守，壁上彫蔚遺丹青。黑石□辭澀如棘，今昔往來人不識。酸睛欲扶無聲形，既不可問不可聽。懸泉瀉竇晝未停，飛玉貯藍光入屏。苞潭梁島甲癸丁，蔓刺交綴垂組綖。蒼官鳳槐朋在庭，風蟲日鳥聲嚶嚀。卉葩木果粘枝莛，乘臺脫熱昏痾醒。樊文韓許怪若是，徑取一二傳優伶。仍寄河東薛太守，更與斟酌無閒扃。

宛陵梅堯臣上。

至和三年七月十八日。

9. 因公過絳州留題居園池詩碣

立石年代：北宋治平二年（1065 年）
原石尺寸：高 43 厘米，寬 58 厘米
石存地點：運城市新絳縣博物館

因公過絳州留題居園池
雲間飛下鼓堆泉，便是園池物外天。
翠柳不霑泥上絮，綠荷空結水中蓮。
荒涼臺榭無人管，詰曲文章有石鐫。
把酒賦詩還自笑，塵埋金谷幾千年。
浮中袁復書。

北齊唐宋金元

10. 聞喜縣青原里坡底村水利石碣記

立石年代：北宋熙寧三年（1070年）
原石尺寸：高120厘米，寬49厘米
石存地點：運城市絳縣博物館

〔碑額〕：青原里水利記
聞喜縣青原里坡底村水利石碣記

古有涑水河一道，出絳縣磨裏村，截河堵堰，引水西流，自地中心開渠三里寫遠，澆灌黃册水地粮捌拾余畝。其高埠地桔橰水斗澆灌，地窄水壯，余水衝磨二座，納黃册課税，剩水還河。水地明開于後，永爲不朽。

（以下碑文漫漶不清，略而不録）

熙寧叁年正月吉日立。

司馬府君墓表

11. 宋故贈衛尉卿司馬府君墓表

立石年代：北宋熙寧八年（1075 年）
原石尺寸：高 90 厘米，寬 82 厘米
石存地點：運城市夏縣水頭鎮小晁村司馬光墓

〔碑額〕：司馬府君墓表

宋故贈衛尉卿司馬府君墓表

府君諱浩，於太尉公爲從父□。其鄉里先世，見於祖墓碣。曾祖諱林，祖諱政，父諱炳，皆不仕。府君少治《詩》，以學究舉，凡八上終不遇，遂絕意不復自進於有司，專以治家爲事。爲人魁岸，慷慨尚氣義，於宗族恩尤篤。司馬氏累世聚居，食口衆而田園寡，府君竭力營衣食以贍之，均壹無私，孀婦孤兒，皆獲其所。凡數十年，始終無絲毫怨言。家貧，祖墓迫隘，尊卑長幼前後積二十九喪，久未之葬。府君履行祖墓之西，相地爲新墓，稱家之有無，一旦悉舉而葬之。弟子里早孤，府君識其雋異，自幼教督甚嚴，其後卒以文學取進士第，仕至太常少卿，所至著名迹。前此，鄉人導涑水以溉田，利甚博。歲久岸益深峭，水不能復上，田日磽薄，將不足以輸租。府君帥鄉人言縣官，始請築埭於下，流水乃復行田間爲民用，至于今賴之。天聖八年四月癸巳終於家，年六十三。慶曆二年八月癸酉葬西墓。初娶張氏，早終。生女適解人南公佐。公佐舉進士，得同學究出身。再娶蘇氏，先府君十年終，年五十八。生男宣。又娶郭氏，無子，後府君十六年終，年八十。宣用太尉公蔭補郊社齋郎，累官爲尚書駕部員外郎、知梁山軍，今致仕居家。駕部君寬厚有守，練習法令，善爲政，吏民不能欺，既升朝，累贈府君官至衛尉卿，夫人蘇氏追封長安縣太君。駕部君謂"古之君子，必論撰其先人之美，著諸金石"，故命光直敘其實，以表於府君之墓道。時熙寧八年九月庚辰也。

從子、端明殿學士兼翰林侍讀學士、朝散大夫、右諫議大夫、集賢殿修撰、提舉西京崇福宮、上柱國、賜紫金魚袋光撰。將仕郎、試秘書省校書郎、知蔡州西平縣事、新差監許州在城清酒務范正民書。

石匠亢遇泉刊字。

王皇廟碑文

夫荡荡蒼蒼於上者此天之形也匪天之氣也若万播五行幹四時雷鼓風動
雨潤雲蒸群象循軌而蓮於上萬物束令而生子豈非有主宰之權惣統乎
古者聖人以謂天神遐然而不可求渙然而不可禮故方渙散之時始為廟祖
將於其神故渙之象曰先王以享于帝立廟及乎聚得其靈於其間可得而神祖
也至萃之時又曰王假有廟故自天子至於庶人各有祀典之制矣府城社
皇行宮者始為歲景遍于群神祈求克日而成方渙為廟及乎本社李宗泰恕二人即陵引
之平壁請得信勇於當社祈求禱無應時有本社李宗泰恕興議卜古北嵩泰吉
簡地内傷工營匠不曰而成又得秦望杜惟燹等亂率鄉人鈥集漢繪廊廡之
黄無不喜從是廊殿既成有信義之士李顥自倩己力搆成三門賁直之
絵不下數萬按道家之說王皇位在三清之上在儒者之論即謂耀靈之
寶已在六天之神屈中而最尊者也或者曰天神之尊豈庶人得神祖那惡將
之日世俗可鄙者溪邪之祀也苟有心在乎利衆紫害其所為恣至如春獺河
魚秋豺之獸豺獵之微尚知其祭豈人不若乎令以熙寧丙辰中秋月来告廟
成郡學李安時樂為之書　　進士馬同書　　刊者邢進

草懷進士蘇　李恪篆蓋

12. 玉皇廟碑文

立石年代：北宋熙寧九年（1076 年）
原石尺寸：高 190 厘米，寬 86 厘米
石存地點：晋城市澤州縣金村鎮府城村玉皇廟

玉皇廟碑文

天蕩蕩蒼蒼於上者，此天之形也，匪天之氣也。若乃播五行、斡四時、雷鼓風動、雨潤雲蒸，群象循軌而運於上，萬物不令而生乎下，豈非有主宰之權總統乎！古者聖人以謂天神邈然而不可求，渙然而不可禮，故方渙散之時，始爲廟貌，將格其神，故渙之象曰："先王以享於帝立廟，及乎聚得其靈於其間，可得而禮也。"至萃之時，又曰："王假有廟，自天子至於庶人，各有祀典之制矣。"

府城社玉皇行宮者，始爲歲旱，遍于群神祈禱無應。時有本社李宗、秦恕二人，即陵川之下壁，謂得信焉，於當社祈求，克日而甘澤沾足。即時輿議，卜吉北崗秦吉、秦簡地內，鳩工營匠，不日而成。又得秦翌、杜惟熙等糾率鄉人，斂集藻繪廊廡之費，無不喜從者。先是廊殿既成，有信義之士李宗顏，自備己力，構成三門，費直之緡不下數萬。按道家之説，玉皇位在三清之上；在儒者之論，即所謂耀魄寶也；在六天之神居中而最尊者也。或者曰天神之尊，豈庶人得祀邪？愚將應之曰："世俗可鄙者淫邪之祀也，苟有心在乎利衆，奚害其所爲哉！至如春獺之魚，秋豺之獸。豺獺之微，尚知其祭，豈人不若乎！"今以熙寧丙辰中秋月來告廟成。

郡學李安時樂爲之書，進士馬同書，刊者邢進。覃懷進士蘇孝恪篆蓋。

管禮司杜惟熙、維那尹恭、進士秦谷同立石。

黄河流域水利碑刻集成·山西卷　一

元符庚辰夏五月時雨未降二麦焦枯瓊謹齋戒擇
日詣李長者院建立道場祈雨道場方罷乃樓嘉應
雨逾露延九日復設道場報謝县久甲辰之後雲霧
四合月色昏間曖同監深等二百餘人發興同日焚香請聖
十七人及六村社邑也現玉爐瓶李發與比立僧請觀
賢之次忽然坐中現玉爐瓶如焚香明之珠五
種推相沒而見衆星其色圓元貞文皆瞻其光其珠之色各五色或黄
為一月乃方圓元貞文皆瞻通衆皆現長者身繪相兩停或皆現
虎撰其尾而行道初十謁禮直郎太原府壽陽
忽聲無止至　　　　　　縣見聞者皆善德
邠瑗謹書

三班奉職監大原府壽陽縣鹽酒兑秇李發立石

13. 祈雨碑

立石年代：北宋元符三年（1100 年）
原石尺寸：高 70 厘米，寬 46 厘米
石存地點：晋中市壽陽縣方山寺

元符庚辰夏五月，時雨未降，二麦焦枯。瑗謹齋戒，擇日詣李長者院，建立道場祈雨。道場方罷，乃獲嘉應，雨遂沾足。九日復設道場報謝。是夕日没之後，雲霧四合，月色昏暗。瑗同監酒稅奉職李發，與比丘僧一十七人，及六村三社邑衆等二百餘人，同焚香請聖賢之次。忽然空中現五色雲，其光粲爛如日之明，現種種相，復合而爲圓光。其光五色，復散而爲明珠五顆。月乃方見，衆星拱之。其珠之色，或紅或黄，復變而爲一金色圓光。良久現長者身，續有兩侍者現，後一虎摇其尾而行。衆皆瞻禮焉。伏願見聞者，皆發菩提心，證無上上道。初十日。

通直郎知太原府壽陽縣事郭瑗謹書。

三班奉職監太原府壽陽縣監酒稅李發立石。

北齊唐宋金元

政和六年四月一日

勑中書省尚書省三月二十九日奉

聖旨析城山高湯廟可特賜廣淵

廟為額析城山山神誠應侯可

特封嘉潤公奉

勑澤州陽城縣析城山山神誠應侯

朕　天覆萬物憂樂與衆一刑有

夫退而自咎惟春閔雨稽事是懼

風興夜寐疾然寺懷應走群祀舉

神不舉言念新子湯嘗有禱齋戒

發使矢于雨袖雨随水至幽暢旁

泳一洗旱淡歲用無憂夫爵必報

勞不以為神為間也進封爾公俾

民貽裏可特封嘉潤公奉

勑如右到奉行前批已降

勑下廣淵廟四月三日卯時禮部

施行

14. 宋代敕封碑

立石年代：北宋政和六年（1116 年）
原石尺寸：高 59 厘米，寬 82 厘米
石存地點：晋城市陽城縣横河鎮析城山湯帝廟

政和六年四月一日，敕中書省、尚書省：

三月二十九日奉聖旨，析城山商湯廟可特賜"廣淵之廟"爲額，析城山山神誠應侯可特封"嘉潤公"。奉敕澤州陽城縣析城山神誠應侯：

朕天覆萬物，憂樂與衆，一刑有失，退而自咎。惟春閔雨，穡事是懼。夙興夜寐，疚然于懷，歷走群祀，靡神不舉。言念析山，湯嘗有禱，齋戒發使，矢于爾神。雨隨水至，幽暢旁浹，一洗旱沴，歲用無憂。夫爵以報勞，不以人神爲間也，進封爾公，俾民貽事，可特封"嘉潤公"。

奉敕如右，牒到奉行，前批已降。

敕下廣淵廟四月三日卯時禮部施行。

15. 新修二仙廟記

立石年代：北宋政和七年（1117 年）
原石尺寸：高 150 厘米，寬 76 厘米
石存地點：晋城市澤州縣金村鎮東南村二仙廟

〔碑額〕：二仙廟記

新修二仙廟記

竊聞觀天之神道而不□於四時，察地之陰靈而有益於兆庶。聖人者，居天地之兩間，故以神道設教而天下服焉。洪惟二仙之神，順神道以發生，握乾符而濟物，恩沾九有，澤潤八方。然奮其威力有以廕群品，法之聰明有以奉上蒼；用均平□施雨露，行正直以役鬼神；四惠布而康萬彙，五稼豐而育群黎；豈同常祠，不比凡神。恭念我二仙之初，□□聖女，起自任村，生隱寒門，族稱樂氏。雖無得之傳聞，實有傳於上古。□化於上黨之東南，留迹於壺關之境内。□□□□，至今而存，洞府依然，手迹尚在。每遇歲之愆陽，鄉民爲之祈禱，求之有驗，雨不失期。鼓之風雷而不□乎□星，降之雨露而□用其□宿。枯槁再發，草木敷榮。朝廷因此祀典，黎庶以時享祭。既克誠之□□，信威靈之有應。古人所謂有功于民則祀之者，於此見之矣。

於是管内五社糺及四鄰，乃卜地修建。運石興工，材植雲集，斧斤雷動，經之營之，不日而成。殿階三尺，效堯庭之遺基；臺甃九層，同楚宮之玉砌。命其□工□飾神像，粉繪□秋月凝光，丹藻如朝霞散彩。布其上下，内外一新。又率衆堅誠，親詣靈祠，禮請其神，來居□□。三奠獻酌祀之珍，九醞助蘋藻之饌，永伸誠懇，仰潛化威，如出乎其時，如見乎其神。不惟當管被澤於庇庥，遠□□□亦同加福祐。則神之於人，豈曰小補之哉。今有五社管人竭力共同，修完已訖。堡子頭、北絃田、宗地、内施地、一□□□□基、扶屋、行廊、門樓、五道周以垣墙，栽以松柏。其地離枕青蓮之寺，坎靠龍門之神，震倚□□，□□梁府，四面八方，景相不可遍舉。見者拭目欣然，過者回首仰顧，豈不偉歟！

廟自紹聖四年五月内下手，至政和七年□□始工畢。今直書是文，以傳其永耳。時大宋政和七年九月十五日立石作記。

霍秀西社衛尚撰，招賢西社王重書，高平縣梁□刊。匠人：焦彥回。

招賢管西五社，都□□□□□田宗，男安……管□人云□□，招賢社老人□□，招賢西社老人□□，北村社老人□□，南□社老人□□，崔家社老人□□。

招賢社副□那：杜琼□、趙……順……

副維那：張軫、王□、崔嵩、王梁仙、荀思、杜□、杜一。

糺司：張□。

16. 澤州晋城縣建興鄉七擀管重修湯王廟記

立石年代：北宋宣和二年（1120 年）

原石尺寸：高 150 厘米，寬 35 厘米

石存地點：晋城市澤州縣大東溝鎮河底村湯帝廟

〔碑額〕：重修湯王廟記

澤州晋城縣建興鄉七擀管重修湯王廟記

湯王本廟在陽城西淅城山也，本處所立者，乃王之下□焉。惟王澤惠流遠，咸信四方，凡所祈禱，即感而應，盛滂沱滲漉之仁，廣耕□耘秸之利，仁沾動植，利濟斯民，其爲恩福，豈小補哉？今神隳廟□，不復爲人之所祈求者，幾數載矣。闕而新之，未見其崖。遂於大觀元□，歲在强□，鄉民李□等自啓虔誠，重修廟宇，清河張貴典領其誠，涓吉鳩工。先建王之大殿，次爲挾殿，次爲兩廡。於是巨木畢集，□堵皆興，棟宇增崇，□户靈豁。既而厥功告畢，遂塑神之儀像，彩繪嚴飾，頓還舊觀，而神威赫赫，實可畏懼。宣和得貳庚子歲□□□□朔越七日乙巳，大合樂以落成。張公持狀乞文，用記成績。余以□□辭之，竟不見從，遂索興作之本末而得其大概，誠不自揆，次序其事以爲記。雖不足雍容揄揚，庶幾識一時之勝事，將見於永完而不毀，□□□建久之□上吉日。

梓潼李彦材謹記。

維那：李英⋯⋯清河張貴立石。

重建神廟之記

17. 朔州馬邑縣重建桑乾神廟記

立石年代：金天會十三年（1135 年）

原石尺寸：高 125 厘米，寬 65 厘米

石存地點：朔州市小平易鄉神頭村三大王廟

〔碑額〕：重建神廟之記

朔州馬邑縣重建桑乾神廟記

神之祠立於山下，有泉自古不絶，水潦不爲盈溢，旱暵不爲竭涸，名曰"桑乾河源"。舊有石刻云："神名拓跋，廟號桑乾。"然所書不叙本末。詢之縣民，有曰：以故老相傳，神有三王，謂之兄弟三人，母□拓跋公主。或曰：飲是泉而誕三王，次者能伏桑乾之龍。而舊廟像尚有龍俯伏之狀存焉。又於廟西壁繪畫母子儀像，所傳數百年不絶。神之本末，大略可知。

山西河之大者，莫如桑乾。朔郡之南百里有池曰"天池"，其水清深無底。有人乘車池側，忽遇大風飄墮，後獲車輪於桑乾泉。魏孝文□以金珠穿七魚放之池濱，後於桑乾源夕得所穿之魚；又以金縷笴箭射池之巨鱗，亦於桑乾□源獲所射之箭。天池廟碑具載其事。隋開皇間有碑曰"默與桑乾潛通"。竊惟河之靈迹廣大深□，宜乎神祠自古以來崇建，由唐之遼，民咸祈禱焉。

保大間，兵火作，廟貌毀廢。郡有故事，春秋禱祠，桑乾神居其上。州遣官僚與縣令佐同詣故基，邑之民皆咸與薦享。天會十二年秋，縣令程舜□與邑佐趙鉉祈禱，嘆其基址荒榛，廟像未立，方勸諭鄉民，致力復建。時則節度使耶律金吾下車之初，知此靈迹，銳意興崇，聞者咸悦。於是縣境百姓欣躍迪從，殫力□□。金幣足而用度不匱，材木備而梁棟完整。以至瓦石丹艧無不完好，其所塑神像亦皆依古□，□基構布列稍加於舊。其始基於甲寅之冬，克成於乙卯之秋。

考之於石刻，乃大遼應曆五祀□□秋重立；觀其修崇年月，乃肇於甲寅，成於乙卯。以甲子推之，應曆之乙卯至今乙卯，一百八十□年。當時重建既以甲寅、乙卯，今之重建復以甲寅、乙卯。應曆乙卯閏季秋，天會乙卯閏孟□，□□廢興有數，成壞有時？然則神之隱顯，豈有累於是耶？人之所爲，特繫於時數爾！廟既復立，烏可□紀其歲月？姑取其實而誌于石，庶傳諸後，使人知神之靈，而當致其欽崇也。

天會十三年九月□四日登仕郎秘書省秘書郎知馬邑縣事武騎尉借緋程舜卿記并書。進士寧州何演題額。

文林郎太子校書郎守主簿兼知縣尉趙鉉立石。

18. 大金潞州黎城縣重修利遠橋記

立石年代：金天會十五年（1137 年）
原石尺寸：高 197 厘米，寬 80 厘米
石存地點：長治市黎城縣黎侯鎮作橋村

〔碑額〕：重修利遠橋記

大金潞州黎城縣重修利遠橋記

治民之道則從其所欲，從民之欲則致其所利，此爲政之大節也。所謂利者，非止制其田里，教之樹畜，寒者衣之，饑者食之而已。至于平治道路，使往來無艱阻□虞，亦可謂利民之大者矣。昔成周太平之隆，官設司險，掌周知山林川澤之阻而達其道路，列爲夏官之屬，豈非政之利民莫大於是耶？逮春秋之世，鄭相子産聽一國之政不能平治其法，致徒杠輿梁之利，惟徇目前俄頃之小惠，而以車輿濟人於溱洧，安知久遠之利哉？此孟子所譏以其惠而不知爲政也。黎城古侯國，今爲潞之屬邑，濱漳水之波瀾，田肥土沃；習旄丘之忠義，俗厚民淳。然地迫於山而多阪險嶔澗，其路當燕、趙、秦、晋往來之衝，非以石爲梁則修理不暇，無以爲久遠之利。縣城東北有雙泉澗，兩崖壁立，高數十仞，昔有李保管石橋名曰"利遠"，其始創址適在泉沠之上，日浸月潤，以致傾圮。伏遇静樂王公領校□之職來宰是邑，莅政已幾三年。一境之内，事無巨細，莫不熟察詳究，滯者興之，弊者補之，凡有利於民者皆因而致之。其鄉民李奭等憫斯橋之已壞，切欲遷其西三十餘步，去泉之遠，依崖之固，而修之以爲久遠之利。一日相率來請于庭，適合縣大夫之爲政，有因民所利而利之之意，乃得從其所欲而聽之。於是群情翕然，遠募□工，止移舊石以構新橋。富者供其餼，貧者效其力。不煩程督，兩月而成。一輪高聳，似虹跨其晴空；兩翅旁分，如雁橫於秋水。則尤壯麗於前者矣！而役衆忘勞，行旅增悦，可以千百載往來無艱阻之虞，其利豈不久且遠哉！故止因其名曰"利遠"而弗改焉。昔石晋時王周守定州，行平恕之政，有橋壞覆民租車，周自責曰："橋路不修，刺史之職。"乃償民乘而治其橋。作史者喜揚其美而稱之。刺史、縣令，皆民之師帥，其職一也。則公之宰邑，從民所欲，俾遷其橋，尤合于古人利民之政矣。橋既落成，李奭等丐余爲文，欲刻諸石，以傳不朽。余因述宰公利民之心，原鄉人承公之意，乃敷而志焉。

天會十五年七月二十一日汾陽郭公摯記。

商酒都□□□篆額，隴西李□書。

（以下功德主姓名漫漶不清，略而不録）

都維那六宅副使銀青崇禄大夫檢校太子賓客武騎尉前知縣尉張□説，守主簿賀立，文林郎秘書省秘書郎權知縣事王維寅建。

神泉里藏山神廟記
承德郎同知蔡州防禦使事飛騎尉賜緋魚袋智 楫 撰 盂山宋勍刊
武德將軍行太原府盂縣尉驍騎尉孫 德康 篆立石 鄉貢進士 薛 顒[illegible] 書丹
盂古盂大夫之邑也邑之北逺壹舍連山岌嶪峻極於天天險而不可升地險而舟車不通人迹所不及曰藏山藏山之迹洒趙朔友人程公藏趙孤
之處也公姓程名嬰家世史不載而後世無聞行事見於趙世家為趙之先與秦同祖後造父為穆王御穆王封之徙於趙至叔帶去周事晉晉公[illegible]年大
夫屠岸賈欲誅趙氏韓厥告趙朔趣亡朔不肯曰子必不絕趙祀朔死不恨賈不請而擅與諸將攻趙於下宮殺滅其族趙朔妻成公姊有遺腹走公宮
匿趙朔客曰公孫杵臼杵臼謂公曰胡不死公曰朔之婦有遺腹若幸而男吾奉之即女也吾徐死耳居無何而朔婦免身生男賈聞之索于宮中夫人
置兒袴中祝曰趙宗滅乎若號即不滅若無聲及索兒竟無聲已脫公謂杵臼曰今一索不得後必且復索之奈何杵臼曰立孤與死孰難公曰死易立
孤難耳杵臼曰趙氏先君遇子厚子彊為其難者吾為其易者請先死乃二人謀取他人嬰兒負之衣以文葆匿山中公出謬謂諸將軍曰誰能與我千
金吾告趙氏孤處諸將皆喜許之發師隨公攻公孫杵臼杵臼謬曰天乎天乎趙氏孤兒何辜請活之獨殺杵臼可也諸將不許遂殺杵臼與孤兒諸
將以為趙孤良已死皆喜然趙氏真孤乃反在公與俱匿山中居一十五年後與韓厥謀立趙孤至景公乃復趙田邑如故反攻屠岸賈族及趙孤冠乃
為成人公乃辭諸大夫謂趙曰昔下宮之難皆能死我非不能死我思立趙氏之後今趙既立為成人復故位我將下報趙宣孟公孫杵臼趙啼泣頓首
固請曰我願苦筋骨以報子至死而子忍去我死乎公曰不可彼以我為能成事故先我死今我不報是以我事為不成遂自殺趙服齊衰三年為之祭
邑春秋祠之世世不絕噫趙氏之先有仁愛乎有遺德乎天之生此人也若使苟當時富貴利達後世豈有趙子今日豈有廟乎且妟平仲善與人交久
而敬之迨及于後陳雷范張膠漆之合雞黍之約皆一時之閒盡前哲記諸善以為義事公為人之友成人之事殺己之身身沒而名不沒此方之人為
立廟歆其來遠矣歲歲血祭遠近歸禱雲合輻輳故祭法曰法施於民以死勤事以勞定國則祀之公之生其義存焉公之死其利存焉存與沒人皆福
利生死一也死而不朽及貴於生何以言之廟之西側壘石環堵石溜灌穿孫縫而合晦迹仍存廟之東當石之罅靈泉涓滴行取一勺之水為濟大旱
廟之倚坐趙孤者靈更明矣人有竊負而往者亦能救旱意其識中之風不墮焉惜乎我盂之境環邑皆山也土地磽瘠士庶繁多既無川澤以出魚鹽
之利又無商賈以通有無之市人人無不資力穡以為事向者一歲之內傾值炎旱飢寒之患不旋踵而至由是賴我公之豐功厚德居山之靈風行草
動狀帶戚神為雲為雨往禱者無不應一方之人到今受賜無得而稱焉至於四方之人但往求者亦應之又以見俱蒙覆露也天德間歲大旱旬月不
雨邑宰嘗往山之泊歸似有褻慢之意須臾而雷雨大隆宰復及已致恭虔俄雨作以獲霑足其靈異又有如此者人皆謂我元往而不足究予大定戊
子來宰是邑之明年也自春徂夏陰伏陽愆旱魃為虐衆口嗸嗸皆有不平之色或告之曰
藏山之神其神至靈禱之必應予始未孚勉行之於是同縣僚屬邦人齋戒沐浴備祀事絜之以牲奠之以酒往迎之華鏞雜遝旌旗閃爍徜徉百舞既
迎之來恍若降格油然而雲興沛然而雨作霑霈一境使旱苗槁草皆得蕃滋百穀用成而歲大熟今年春予改官[illegible]迴[illegible]我脂里歲二三子來告曰
公親觀
藏山勝事得無文焉應之曰不然予素為彫蟲之學言不足文必待宏儒碩士大手筆者而成之二三子其請愈堅予義不能辭迺為之記
大金大定十二年歲次壬辰六月戊戌朔十日丁未 當里進義校尉邢聚 進義校尉王京 進義校尉張珝 王老[illegible]
承務郎行太原府盂縣主簿雲騎尉賜緋銀魚袋席 良臣 化緣守廟男趙 現
中議大夫行太原府盂縣令上騎都尉范陽縣開國子食邑五百戶賜紫金魚袋燕 毅 都化緣守廟趙[illegible]

19. 神泉里藏山神廟記

立石年代：金大定十二年（1172年）
原石尺寸：高160厘米，寬90厘米
石存地點：陽泉市盂縣藏山祠

神泉里藏山神廟記

盂者，古盂大夫之邑也。邑之北遠壹舍，連山嵐巚，峻極於天，天險而不可升，地險而舟車不通，人迹所不及，曰藏山。藏山之迹，乃趙朔友人程公藏遺孤之處也。公姓程名嬰，家世史不載，而後世無聞，行事見於《趙世家》焉。趙之先與秦同。後适父爲穆王御，穆王封之，徙於趙，至叔帶，去周事晋。晋公三年，大夫屠岸賈欲誅趙氏，韓厥告趙朔趣亡。朔不肯，曰："子必不絶趙祀，朔死不恨。"賈不請而擅與諸將攻趙於下宮，皆滅其族。趙朔妻成公姊，有遺腹，走公宮匿。趙朔客曰公孫杵臼。杵臼謂公曰："胡不死？"公曰："朔之婦有遺腹，若幸而男，吾奉之；即女也，吾徐死耳。"居無何，而朔婦免身生男。賈聞之，索于宮中。夫人置兒口中，祝曰："趙宗滅乎，若號；即不滅，若無聲。"及索，兒竟無聲。已脱，公謂杵臼曰："今一索不得，後必且復索之，奈何？"杵臼曰："立孤與死，孰難？"公曰："死易，立孤難耳。"杵臼曰："趙氏先君遇子厚，子强爲其難者，吾爲其易者，請先死。"乃二人謀取他人嬰兒負之，衣以文葆，匿山中。公出，謬謂諸將軍曰："誰能與我千金，吾告趙氏孤處。"將皆喜，許之。發師隨公攻公孫杵臼。杵臼抱兒謬曰："天乎！天乎！趙氏孤兒何辜？請活之，獨殺杵臼可也。"諸將不許，遂殺杵臼與孤兒。諸將以爲趙孤良已死，皆喜。然趙氏真孤乃在公處，俱匿山中，居一十五年。後與韓厥謀立趙孤。至景公，乃復趙田邑如故，反滅屠岸賈族。及趙孤冠，乃爲成人。公乃辭諸大夫，謂趙曰："昔下宮之難皆能死，我非不能死，我思立趙氏之後；今趙既立爲成人，復故位，我將下報趙宣孟、公孫杵臼。"趙啼泣頓首固請曰："我願苦筋骨以報子至死，而子忍去我死乎！"公曰："不可，彼以我爲能成事，故先我死；今我不報，是以我事爲不成。"遂自殺。趙服齊衰三年，爲之祭。邑春秋祠之，世世不絶。

噫！趙氏之先有仁愛乎？有遺德乎？天之生此人也。若使苟當時富貴利達，後世豈有趙乎？今日豈有廟乎？且晏平仲善與人交，久而敬之。迨及于後，陳、雷、范、張膠漆之合，鷄黍之約，皆一時之朋，盍前賢記諸善以爲美事。公爲人之友，成人之事，殺己之身，身没而名不没。此方之人爲立廟貌，其來遠矣。歲歲血祭，遠近歸禱，雲合輻輳。故《祭法》曰：法施於民，以死勤事、以勞定國，則祀之。公之生，其義存焉；公之死，其利存焉。存與没，人皆福利，生死一也，死而不朽及貴於生。何以言之？廟之西側壘石環堵，石溜灌穿，弥縫而合，晦迹仍存；廟之東岩石之罅，靈泉涓滴，有取一勺之水爲濟大旱。廟之侑坐趙孤者，靈更明矣。人有竊負而往者，亦能救旱，意其襠中之風不墜焉。惜乎！我盂之境，環處皆山也。土地磽瘠，士庶繁多，既無川澤以出魚鹽之利，又無商賈以通有無之市，人人無不資力穡以爲事。向若一歲之内頗值灾旱，飢寒之患不旋踵而至。由是賴我公之豐功厚德，居山之靈，風行草動，狀帶威神，爲雲爲雨，往禱者無不應，一方之人到今受賜無得而稱焉。至於四方之人，但往求者亦應之，又以見俱蒙覆露也。天德間，歲大旱，旬月不雨，邑宰嘗往吊之。洎歸，似有褻慢之意，須臾而雹雨大降。宰復反己致恭虔，俄，雨作以獲沾，足其靈異又有如此者。人皆謂我既往而不足究。予大定戊子來宰是邑之明年也，自春徂夏，陰伏陽愆，旱魃爲虐，衆口嗸嗸，皆有不平之色。或告之曰："藏山之神其神至靈，禱之必應。"予始未孚，勉行之。於是同縣僚暨邦人齋戒沐浴，備祀事，潔之以牲，奠之以酒，往迎之。笙鏞雜遝，旌旗閃爍，徜徉百舞。既迎之來，恍兮降格，油然而雲興，沛然而雨作，沾濡一境，使旱苗、槁草皆得蕃滋，百穀用成而歲大熟。今年春，予改官于蔡，迴車載脂，里旅二三子來告曰："公親觀藏山勝事，得無文焉？"應之曰："不然，予素爲雕蟲之學，言不足文，必待宏儒碩士大手筆者而成之。"二三子其請愈堅。于義不能辭，乃爲之記。

承德郎同知蔡州防禦使事飛騎尉賜緋魚袋智楫撰，盂山宋勃刊。

武德將軍行太原府盂縣尉驍騎尉孫德康篆立石，鄉貢進士薛頤貞書丹。

大金大定十二年歲次壬辰六月戊戌朔十日丁未。

當里進義校尉邢聚、進義校尉王京、進義校尉張珝、主老張遠。

承務郎行太原府盂縣主簿雲騎尉賜緋銀魚袋席良臣，同化緣守廟男趙現。

中議大夫行太原府盂縣令上騎都尉范陽縣開國爵位食邑五百户賜紫金魚袋燕毅，都化緣守廟趙澄。

承德郎同知蔡州防禦使□飛騎尉賜緋魚袋智楷撰
武德將軍行太原府孟縣尉驍騎尉孫德康篆立石曰

連山迭嶂，峻極於天，天險而不可升，地險而車不通，人迹所不及。
後世無聞，行事見於趙業宗焉。趙之先與秦，詞後適父為穆王御，穆王封於下宮。
……胡不死？公曰：胡之女有幸而男，吾奉之；即女也，吾徐死之。且復索之，何居？
……若無聲。及索，兒竟無聲。已而屠岸賈聞之，復索於宮中。夫人置兒絝中，祝曰：趙宗滅乎，若號；
……獨為其難者，吾為其易者，請先死。乃二人謀取他人嬰兒負之，衣以文葆，匿山中。程嬰出，
……孤乃反在。公孫杵臼俱匿山中居。程嬰謬謂諸將軍曰：嬰不肖，不能立趙孤，誰能與我千金，吾告趙
……陷公攻公孫於宮之難，皆能死。我非匿山不能立趙氏孤兒，今又賣我，縱不能立，而忍賣之乎？
……抱兒呼曰：天乎天乎！趙氏孤兒何罪？請活之，獨殺杵臼可也。諸將不許，遂殺杵臼與孤兒。
……程嬰卒與趙武匿山中。居十五年後，與韓厥謀，立趙氏之後，趙既立。今我將下報趙宣孟與公孫杵臼。
……合為泰之約。臘法施於民，以死勤事，以勞定國則祀之。公之□□，仍存廟之東，岢石
以言之，廟之西側豐石環堵，石溜灌穿，弥延而合，晦述之境，環處皆山也。

《神泉里藏山神廟記》拓片局部

20. 神靈感應碑

立石年代：金大定二十一年（1181 年）
原石尺寸：高 55 厘米，寬 82 厘米
石存地點：晋城市陵川縣崇文鎮嶺常村西溪二仙廟

真澤祠連縣五里，在西山之阿，凡有祈求，無不獲應。邇者自入夏以來，亢陽不雨，則苗槁矣。闔境之民憂形於色。邑令方且告老歸休，遑恤乎哉！禧躬率吏民敬禱祠下，而甘雨隨應，苗浡然興，民憂由是釋然，有西成之望。噫！不資靈貺，何以致然？始知人之有誠，乃可感神，神之有靈，即能應人，豈虛語哉？禧，西邑人也，與是邑相鄰，釋褐後筮仕來此。自丙申仲秋二十八日爲任，迄今已逾兩考，且夕俟代而已。故直書神之靈應，以告居人云。

大定二十一年歲次辛丑六月十三日從仕郎主簿權縣事王禧謹識。

北齊唐宋金元

21. 沙凹泉水碑記

立石年代：金明昌五年（1194 年）

原石尺寸：高 152 厘米，寬 69 厘米

石存地點：臨汾市霍州市陶唐峪鄉孔澗村

〔碑額〕：沙凹泉水碑記

□壁村上社孔澗莊。□聞天德元□四月間，本莊人□裴興，夜□神□□□，莊東三里……内，併力一千余工，淘出□□泉水，通流到莊，牛□□用□□□受……年□月初五日，李莊村頭目人張厚，□□陳告……省□□逐各管地分山泉河道□□□土，緣本村自□□□流秦壁村上下社……村東□孔澗谷□城縣東□青條谷兩處山谷長流水□合，併渠流行，□村分定日數，牛……次北胡桃□有山泉一眼，自來被秦壁村上社人□强□□固，將泉眼填塞，不放往下通流，所……無用澗内，致本村與秦壁村下社人□不得使用。今□□省□，踏逐山泉河□，□地有本村人户，挨□令□畫圖頭□陳告，允自□工力開淘兩處山泉。蒙牒委主……泉水係有主山泉，雖流行并次，下更有□□□□去秦壁村□□約四里以來，沙滲微細，只可澆溉彼□小……止有淋浸水小些，流行約一十余步，沙□□□，別無退落殘水。委是端的。本縣備申府徛照驗節次。本莊人户商議，爲張厚□□□泉，却作無主山泉，□乱□告，得行昏賴，因此□□楊和喬俊何……初，裴興夜夢神人興工開淘，并見立碑記□龍堂一所顯迹，連名陳告張厚與本村下社人户□用，告指李莊小程皋地内靠山沙凹泉水，要行開淘。蒙官中前後三……主簿踏逐定驗并勘會得，附近鄰村義城□□頭目鄉老梁德等定驗得，所争泉便是和等本莊人户□來所使有主沙……是無主山泉。勒張厚准伏了。□申過府衙，轉申提刑，使□照□，□有奉□回降指揮，不令張□等開□。自後張厚□又告□□□下石崖内泉内□□開淘□□牒□□□簿，定驗得石崖泉便□沙凹泉水。張厚又行准伏了。當楊□□□年深被張厚等計□□文案，將水□行□□至日……縣陳告，於明昌五年九月二十四日，官中給到公據狀□。後至當年十月内，張厚□□又經府衙陳告。本縣將村東石崖内無主水泉與小程皋地内泉水特不相干，却作有主泉水，偏曲歸斷。蒙府官台首批狀下縣，如所告是□，依理改正，若虛，亦仰就……寫，當□□吏張指批□。爲此再蒙牒委縣尉顔盞忠武，勾到不干礙青郎村頭目李信□万、李寧，晏村頭目……地鄰□主小程皋孫男程六對張厚，王用當面□□程□通檢户以并□人得買契憑……

北齊唐宋金元

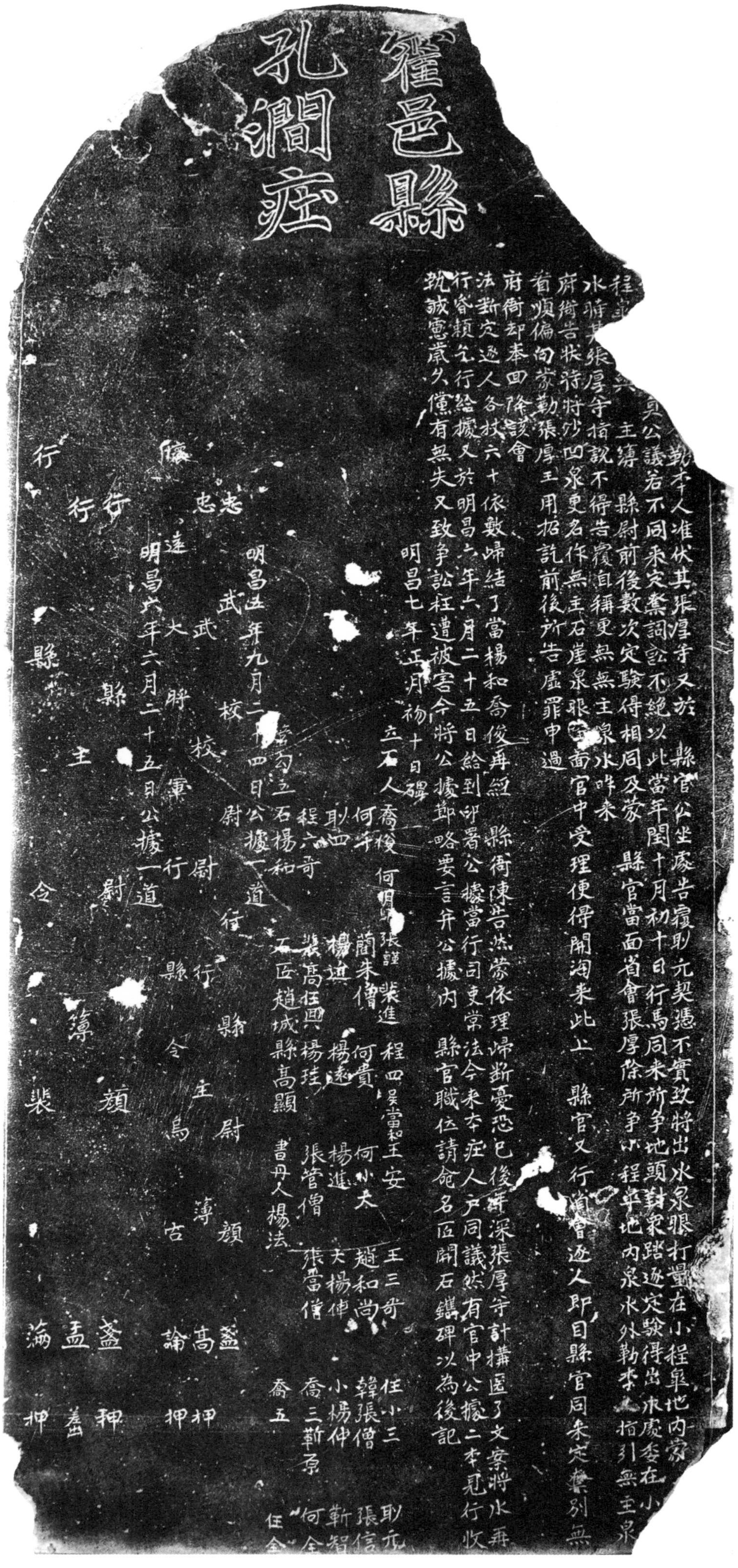

翟邑縣
孔澗疟

（碑文，自右至左）

就誠憲藏久僭有無失又致爭訟枉遭被害令將公擯鄆略要言并公擯內
行咨頼兌行給擯又於明昌六年六月二十五日給到卻署公擯當行司吏常法今來本莊人戶同議然有官中公擯二本見行收
法斷灾逃人各扶六十依數歸結了當楊和喬俊再經縣衙陳呂然蒙依理歸憂恐巳後再深張厚守計搆園了文案將水再
府衙卻本四除該會縣官職伍請俞名匠開石鑱碑以為後記
省順偏向蒙勤張厚王用招訧前後盧罪申過

水游張厚守搶砂四泉更名作無石崖無主泉咻朱來縣官又行當會逐人即目縣官同來定擗別無
翟邑縣主簿張厚除所爭小程卒地內泉水外勒朵人悟引無主泉
奐主簿前會張厚除所爭小程卒地內泉
縣官當面省會張厚除所爭小程卒地內泉
奐公議若不同來定繁詞訟不絕以此當年閏十月初十日行焉同來所爭地顕對衆踏逐定驗得出來處委在小
乾本人准狀其張厚守又於縣官公坐處告霞則元契憑不實致將出水泉眼打量在小程卒地內蒙
前後無主石崖無主泉水咻朵來
縣官中受理便得開洌朵此上

（題名部分，自右至左）

行縣令簽

縣主簿簽

忠武大將軍校尉行縣主簿顏吉縣令生烏古

明昌迄年九月二十四日公擯一道

耽四奇程楊和尉石楊和臨進

明昌六年二月二十五日公擯一道

石人喬俊何平

何明昂張謹裴進程四吳當和王安

何賈何小夫王三奇任小三

簡朱僧趙和尚韓張僧

楊進楊遠伸大楊伸張信

張髙任興楊珪小楊仲喬三靳京

匠趙城縣髙顯張菅僧小楊仲

書丹人楊法張菅僧喬五

何靳智何金任金

22. 孔澗村水利碑記

立石年代：金明昌七年（1196年）

原石尺寸：高152厘米，寬69厘米

石存地點：臨汾市霍州市陶唐峪鄉孔澗村

〔碑額〕：霍邑縣孔澗莊

……勒本人准伏，其張厚等又於縣官公坐處告覆耿元契憑不實，致將出水泉眼打量在小程皋地內。蒙……員公議，若不同来定奪，詞訟不絕。以此當年閏十月初十日行馬同来所爭地頭，對衆踏逐定驗，得出水處委在小□程皋。□□與主簿、縣尉前後數次定驗得相同。及蒙縣官當面省會張厚，除所爭小程皋地內泉水外，勒李□指引無主泉水時，其張厚等指説不得告覆，自稱更無無主泉水。昨来府衙告狀時，將沙凹泉更名作無主石崖泉眼，□昷官中受理，便得開淘，来此上縣官，又行省會，逐人即目縣官同来定奪，別無看順偏向。蒙勒張厚、王用招訖前後所告虛罪，申過府衙，却奉回降該會法斷定：逐人各杖六十，依數歸結了當。楊和、喬俊再經縣衙陳告，然蒙依理歸斷，憂恐已後年深，張厚等計構匿了文案，將水再行昏賴，乞行給據。又於明昌六年六月二十五日給到印署公據，當行司吏常法。今来本莊人户同議，然有官中公據二本見行收執，誠慮歲久儻有無失，又致爭訟，枉遭被害，今將公據節略要言，并公據內縣官職位，請命名匠開石鐫碑，以爲後記。

立石人：喬俊、何明□、張謹、裴進、程四、吳當和、王安、王三奇、任小三、耿元、何千、藺朱僧、何貴、何小大、趙和尚、韓張僧、張信、耿四、楊迫、楊遠、楊進、大楊伸、小楊仲、靳智、程广奇、裴高、任興、楊珪、張管僧、張當僧、喬三、靳原、何全。

管勾立石：楊和。石匠：趙城縣高顯。書丹人：楊法、喬五、任全。

明昌五年九月二十四日公據一道。

忠武校尉、行縣尉颜盍，忠武校尉、行主簿高押，懷遠大將軍、行縣令烏古論押。

明昌六年六月二十五日公據一道。

行縣尉颜盍押，行主簿孟差出，行縣令裴滿押。

明昌七年正月初十日碑。

23. 沸泉分水碑記

立石年代：金承安三年（1198年）

原石尺寸：高190厘米，寬90厘米

石存地點：臨汾市曲沃縣北董鄉景明村龍岩寺

曲沃縣據臨交村等翟子□□與白水等村柴椿等狀告：□□絳縣□古來有沸泉水一道，往西北流行，灌溉臨交、景明二□。□水□東社北□、下郇兩□，計八村田苗及□臨交、景明、白水等村水磨使用。即於□安二年六月內，□白水□柴椿等與臨交村蓋先等告□水，詞訟不絕。近□提刑行司到縣，委權縣縣丞、主簿定奪□：臨交、景明人戶，於澗內從上流用石頭修壘渠堰，偃水澆地外，白□并下郇等村各戶，止是使臨交村石縫內透漏下水。其上件即今行流水面以十分爲率，其□交村□□水渠內水五分八厘，白水等村取上流石堰內透漏水，近下聚成，行水渠內四分二厘，各置使水分數尺寸則子。若遇天旱水小，□□各村……數使水，仍省會各村人戶嚴立罪賞。今來子忠等同行商議，得蒙縣官定奪到兩下使水分數，委是均濟，所有安置使水分數尺□則子，□用高厚石頭培埋，不致日後移動。及乞於八村，每一村□最上三戶爲渠長，兩渠每年從上各取一石。自三月初一日爲頭，每日親身前去使水分數則子處看守，各依水則分數行流動磨田，直至□□□□苗長成，更不看□。若□天旱，水□□是各驗□數使用。如是白水等村人戶偷豁臨交村古石渠堰，水小不迭則子，許令臨交村渠長報告，□餘籍定渠長同行□驗是實，眾人押領赴官出即補證，勒令招罪，任令官中依□斷罪，仍令白水等村渠長犯人罰錢三十貫文，分付□臨等□村人戶銷用……若是臨交等村渠長堰塞，白水等村水小不迭則子，亦乞狀上治罪罰錢。及或渠長不親身前去水則看守，□□不良人代替，乞……在彼親身□渠，渠提拽報知，眾人指證，准上科罰。更或冬月不看守時分，如有偃豁不依水則，捉□犯人，依上科罰，其渠長一周年一替。如此，委是□後不致再爭詞訟。乞起立碑石，永爲久遠憑驗。

臨交村告人：翟子忠、蓋先、李梅。□三戶：任彥和、蓋成、尹子和。

景明北社上三戶：李志成、梁慶、皇□□。景明南社上三戶：吉彥詢、吉慶元、吉均濟。

北閆西社上三戶：史進、孔慶、元真。下郇南社上三□：李□、彭揖、常榮。

白水村□人：柴椿、元真、文先。上三戶：柴□、姜思義、姜揖。

東社上□戶：姚貴、趙普、趙光。下郇北社上三戶：王通、王□、宋卞。

官押。押臨交村奏告本狀人名開列于後：（以下碑文漫濾不清，略而不錄）

承安三年四月二十七日。

重脩玉帝廟記

（碑首篆額）

重修玉帝廟記

易自周公制禮迺立春官太宗伯之職掌建邦之天神人鬼地示之禮以吉禮事邦國鬼神示以禋祀祀昊天上帝以實柴祀日月星辰以槱燎祀司中司命飌師雨師皆於圜丘至日祀之於圜丘昊天上帝也唐志又云天皇大帝泰漢以來年正月奉玉冊家服詣太初殿備禮奠獻之禮…

…坤寧門左丹水而右司馬山易葛連羣氣象道目具神仙之鬼府…鄉人李宇愆發弘願欲殿宇…聖堂宇…碣溪遠堂宇…百家比星辰…

…王帝廟所在闔戌仲冬有歲時著舊相傳…有廟歸然而…峰者有聚白府城屋…

聖朝明昌五年歲在閼戌仲冬月之旦也積有歲時百穀歲則大熟人…

王者朝覲會同…享祭饗人皆劇…而司其事可不…五社菅首金碧煥耀於冥冥之閒纍顯靈豈翰墨…

是以廟之成不唯人長…士夫東西南北之人而有吾之勤窶…聖能內親睦既以福地百福…遇勝緣難成…而遊者無慮二百萬…廟貌非止久以寧神而亦此方之…信陽翰林顧力出清…向…

俗若泥之豊夫四時刻迭而…廟之成則廊廡丹青…錢無不應日體裁…於庚九月初吉管衆仰神明於冥之間顧蔔里高翁歷…方…

人則橛以告云獨以象祐德修路…咸自今以始益裕略悋…

泰和七年八月二十日

鄉貢進士段永志

隂陽王震書

張□篆

24. 重修玉帝廟記

立石年代：金泰和七年（1207 年）

原石尺寸：高 203 厘米，寬 85 厘米

石存地點：晉城市澤州縣金村鎮府城村玉皇廟

〔碑額〕：重修玉帝廟記

重修玉帝廟記

粵自周公制禮，乃立春官太宗伯之職，掌建邦之天神、人鬼、地示之禮。以吉禮事邦國鬼神示，以禋禮祀昊天上帝，以實柴祀日月星辰，以槱燎祀司中、司命、飆伯、雨師，皆於冬至日祀之於圜丘。秦漢以來，舉之而莫廢，《月令》著之詳矣。迨唐高宗時，禮官謂大史：圜丘圖，昊天上帝在壇上，耀魄寶在壇第一等。《唐志》又云：天皇大帝，北辰耀魄寶也。宋之祥符元年，東封泰山□□臺於山上，以祀昊天上帝；設五方帝、日月、天皇大帝、北極神座於山下，封祀壇之第一等。洎祥符七年九月辛卯，敬上聖號太上開天執符御歷含真體道昊天玉皇大天帝，以來年正月奉玉冊袞服詣太初殿，備薦獻之禮。□時□□上自京師，下及閭里，罔不建祠而得通祀焉。濩澤東野，距郡城二十里有聚曰府城，居民百家，比屋鱗次，阡陌交通，土壤膏腴，□平□□重阜綿亘于後。越丹峰之陽，蓊鬱古木之間，有廟巋然而峙者，昊天玉帝之行宮也。地□爽塏，面太行而下瞰龍門，左丹水而右司馬山。累靄連氛，氣象溢目。真神仙之窟，□□□□歸依之所。廟之立也，積有歲時。耆舊相傳，蓋因旱暵，鄉人遍禱群神，靡獲感應。士人李宗、秦恕躬詣延川下壁玉帝廟請雨，遽獲甘澍。生我百穀，歲則大熟，人答神休，遂立祠焉。奈歷祀寖遠，堂宇□陋，橡棟毀墜，圬塓殘□……而澳□。四時祭饗，人皆惻然，徒嗟衰弊，雖欲改葺，或未遑也。迨聖朝□元明昌，歲在閹茂仲冬月，管衆集而議之曰："我輩生太平之世，爲太平之民，久沐唐虞之化，忝襮周孔軼之□，□□□登，內外親睦，既荷百福而無報謝，是爲人而有負也。況時難得而易失，流光奔驥，老耄逼人，雖有陶朱、猗頓之富，金……鮮能長□，且福地難遇，勝緣難成，可不同心勠力，再營廟貌？非止久以寧神，抑亦此方之壯觀也。"衆欣然而景從，於是……善士東□慶進義副尉段繼糾而司其事，又五社管首老人數十輩一一信嚮。輸願力、出清資、具材木。徵工僦功……有成，不愆□素。用錢無慮二百萬。大殿軼軋，如翬斯飛；金碧炫耀於欀題，錦石璘瑜於階循。規模□麗……翼以廊廡。□而游者僉曰："休哉於虖，完補祠宇！"欽仰神明於冥冥之間，率顒意而無怠心。向非段公識明慮遠……是廟之成亦或未可。歲在赤奮若九月初吉，管衆欲記其本末，來款於余，姑以翰墨爲請。應□曰：道不可體，體□則小名矣。泥之則拘，矧乃寂兮廖兮。柱史格言，芒乎芴乎，漆園至論。故百姓日用而知之者鮮於一方，孰能□之哉？雖然，或可强寫之□。若夫四時迭□，暑寒代謝，煦嫗生成，利而不害，非曰勞功之道歟！人之爲人，得天之靈，固超然□□詳。生老有終……俗非曰陰騭之□歟？民，神之主也，神之於人，不求其報，人之受賜，不爲不多，竟莫知所謝歟？□聞□有五經，莫重□□，然行□□豐，猶不蒙祐。德修□薄，吉必大來。是知潔粢豐盛，嘉栗旨酒，能備禮也，亦在虖上下皆有嘉德，而無□心，則祀事□明矣。□□人自今以始，益務修德以薦馨香，則神之聽之降福，穰穰而無窮已。既語之，以盡敬於神，又□□□繕完，義弗能□，□□梗概以告云。

鄉貢進士段承志并書，陰陽王震、張霖篆。

泰和七年八月二十日。

25. 二仙廟碑記

立石年代：金崇慶二年（1213 年）
原石尺寸：高 44 厘米，寬 85 厘米
石存地點：晋城市陵川縣禮義鎮西頭村二仙廟

嘗聞神無妄行依於人，神無常享享於誠。伏因明昌二年，自春徂夏，陽氣愆期，禾雖種而未生，麥雖秀而不實，其旱如此之甚者也。是時耆老秦恩等遞發誠心，謹詣紫團真澤本宮，取水二器而禱之，遂獲甘雨，苗則勃然而興，歲云大熟，豈非非之神力之祐欤？於是恩等出資命匠，特建神宮，以崇祭祀。自時厥後，歲在壬申，重□亢旱，又有本村申謹等敬詣斯所，懇祈聖水而祝之曰："惟神聰明，上能格天，歲有灾旱，必能救之。謹等惡人，齋戒沐浴，願祈其澍。"言訖偕拜，自旦及晡。令人探瓶，則水貯三分矣。邑衆奉歸而祭告之，是夕天乃油然而雲，沛然而雨，使槁然凶歲易爲豐年。此徵應與本之迹無所殊矣。里人秦彦仰其□□而感其德，遂命工勒石以紀其休，庶幾千萬年間敬仰不怠，故直序其本來云。

張振鐸書丹，宋璘刊。

重立廟維那：秦恩、崔林、張元、申償、李□、郭賓、秦明、崔義、崔贇、秦筠、秦□。

祈雨水官：申□、張瑀、郭玉、張淮、馮祐。

同行祈雨：保義副尉同監侯子俊；進義校尉同監完顏□□□、崔琜、楊德、蘇□、張□、楊□、申□、趙琪、張之□、□□。

禮義鎮主首：趙□、姬□□、秦□。

崇慶癸酉歲上巳日秦彦立石。

貞祐五年六月中伏日河東行省事

門李革君美因觀稼求此廟前一泉

登徹可愛脩謂之梁泉以其名不雅

馴因其地之改曰亢泉從幷者行六

部尚書潁川張殻伯英魚……

翰林直學士常山孛术魯……

知總管遼陽完顏盡忠進之翟……

史大名納蘭忠德市左右昌貞……

轉運副使郡陽都尉文之藝書……

26. 亢泉更名碑

立石年代：金貞祐五年（1217 年）
原石尺寸：高 110 厘米，寬 67 厘米
石存地點：臨汾市堯都區賈得鄉東亢村

貞祐五年六月中伏日，河東行省禹門李革君美，因觀稼來此。廟前一泉澄澈可愛，俗謂之深泉。以其名不雅馴，因其地名改曰亢泉。從行者：行六部尚書潁川張聲伯英，□差參議翰林直學士常山宇术魯暉德明，同知總管遼陽完顏盡忠進之，耀州刺史大名納蘭忠德甫。

左右司員外郎轉運副使祁陽郭蔚文之穀書。

北齊唐宋金元

27. 聖施地碑記

立石年代：金正大元年（1224 年）

原石尺寸：高 40 厘米，寬 64 厘米

石存地點：大同市渾源縣永安寺傳法正宗殿西北側

……南北畛伍畝，水泉嶺上地□□□□拾畝，次東南北畛地叁拾畝，□□□刘用次北東西畛地肆拾畝。□□□澗地東西畛肆拾畝。小掌子□地叁畝，場地叁畝，麻茵地貳拾畝。□山□地南北畛壹傾。□鐘壹口，正光三年四月造。

□□南檐水壹口，叁檐水……

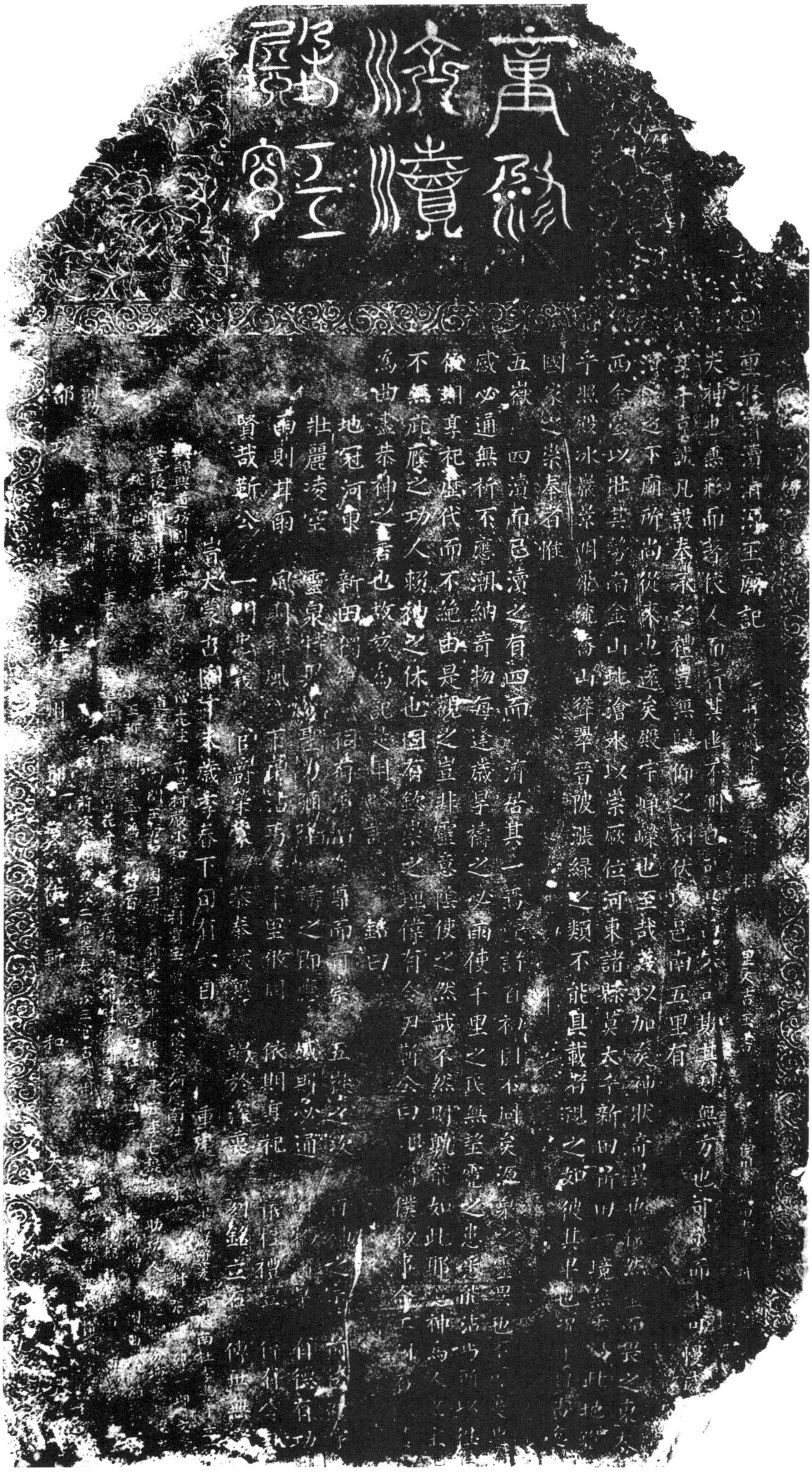

28. 重修濟瀆清源王廟記

立石年代：蒙古定宗二年（1247 年）
原石尺寸：高 155 厘米，寬 72 厘米
石存地點：臨汾市曲沃中學

〔碑額〕：重修濟瀆殿記
重修濟瀆清源王廟記

夫神也，無形而著，依人而行。其幽不測也，可畏而不可欺；其妙無方也，可敬而不可慢，威□□享于克誠。凡設奉承之禮，豈無歸仰之祠？伏以邑南五里，有濟□之下廟，所尚從來也遠矣；殿宇崢嶸也至哉，蔑以加矣；神狀奇異也，儼然聖而畏之，東大西金臺，以壯其勢；南金山，北瀶水，以崇厥位。河東諸縣，莫大乎新田；新田一境無秀於此地。雖……乎照殿冰岩、景明飛流、喬山聳翠、晋陂漲綠之類，不能具載者，視之如彼其卑也。況乎自古□國家之崇奉者，惟五嶽四瀆而已。瀆之有四，而濟居其一焉。暨諸百神，固不同矣。源泉之靈異也，不可度也，□感必通，無祈不應，潮納奇物，每逢歲旱，禱之必雨，使千里之民無望霓之患，悉能沾丐。所以往依期享祀，歷代而不絕。由是觀之，豈非靈意陰使之然哉？不然則孰能如此耶？噫！神爲人之主不無庇廕之功；人賴神之休也，固有欽崇之理。偉有令尹靳公曰□囑僕叙事，命工刻石，□□□爲，曲盡恭神之善也。故兹爲記，是用略諸銘曰：

地冠河東，新田獨雄，祠有濟瀆，尊而可崇。
五嶽之次，百神之宗，前後殿宇，壯麗凌空。
靈泉特異，聖力彌隆，禱之即應，感則必通。
蘇物□旱，有德有功，雨則甘雨，風則祥風。
下民沾丐，千里攸同，依期享祀，犧牲禮豐。
倬有令□，賢哉靳公，一門忠義，官爵榮蒙。
恭奉誠懇，竭於深衷，刻銘立石，傳世無窮。
前翼州倉使吉天佑撰，里人吉玉書，□□寓新田□□刊。

（以下助緣地名、人名略而不録）

都功德主絳州節度使靳和夫人。

時大蒙古國丁未歲季春下旬有六日重建。

29. 王家山龍王廟石碣

立石年代：蒙古至元五年（1268 年）
原石尺寸：高 50 厘米，寬 100 厘米
石存地點：呂梁市柳林縣李家灣鄉王家山村

特發虔誠謹爲此設碣，螻蟻荷菹之意，仰神明溟岳之恩，伏願：五龍王顯聖，維持國朝治泰；覬雨暘之時若，庶老稚之感安；隴畝滋荣，倉箱委積；時和歲稔，里咏童謠聲。斯懇悃之情，用報沾濡之惠。敬操塵念，永賴神麻。書丹。

創建醮盆：賀支、賀彥明、賀彥通、賀彥福、梁彥温、梁得才、梁彥恭、梁彥明、張政、張和甫、王仲禄、王子文、王彥成、王進、王彥才、王智、王子良、王子政、王從義、王思利、梁秀、梁迁、梁子實、馮子安、梁端、梁廣、梁济民、□□□、丁仲文、梁济川、梁庭實、梁彥清、梁慶甫、梁彥才、梁鼎臣、梁天賜、梁才卿、白彥暉。

本村社長：賀安

良醫：張彬，男張友。

文安鄉：前里正梁彥忠書碣，梁大川、梁政、梁淮、馮彥通、賀選、張子明。

南馮家村：李廣。

内軍村：刘信甫。

安國寺院主：馮呆師。

白霜村：任海，男任友、任成。于迁、于汝梅、于汝珪、于仲宝、元子玉、元国用、于彥良。

廣嚴院：于全師。

團郝村石匠：韓思忠、韓思明刊。

糾首：賀文貴，男賀世全，孫男賀從仁、賀從禮、賀三。馮智，男馮世全、馮世廣、馮世温。梁伯通，男梁從美、梁忠政、梁從義。梁国用，男梁居仁、梁居義。王仲才，男王思恭、王思民、王思順。梁聚，男梁思礼、梁仲利、梁仲和。

時大元歲次至元五年三月　日立。

30. 重修潔惠侯廟記

立石年代：元至元十二年（1275年）
原石尺寸：高180厘米，寬85厘米
石存地點：晉中市靈石縣靜升鎮介廟

〔碑額〕：重修潔惠侯廟
重修潔惠侯廟記

富貴功名，人所必爭，自童幼以及衰老，費精神，極思慮，勞筋骨，苦心而不遑，寧蓋棺而後定者，生平……富貴而已矣。亦有委質事人，功成名遂，退身遠遁，超然紛華之外者，出於衆人，何啻霄壤。觀潔惠侯介之推者，則其人也。侯之事迹見于《左傳》，見於遷《史》，言之既已詳矣，舊碑略舉，今摭其遺□述焉……子胼脅過衛，衛文公不禮，乞食於野人，野人授之以塊。噫！文公尚遭凌辱……難飢疲頓踣，瀕於死者何可勝言。一旦文公返國，有及河授璧以要君者……侯獨恬然退縮，言不及禄。雖母子私議有怨懟，語亦不達文公之聽……侯之心處已定矣，耻與夫貪天功以爲己力者并列於朝。是以……行可以厲污俗殺貪夫，比於厚顏腼面，以苟得爲榮……不無深意，謂之潔也不亦宜乎？至於惠，則上去侯之世數千載而祈禱輒應，能興雲致雨以濟生民，而其意豈可既哉？……侯晉文公之臣，是亦世人耳，何能興雲致雨乎？愚應之曰：世傳妒女者，侯之妹也。有盛服過者，或致雷雨之變，況侯之忠力如是，其神在天，如水之在地，有禱則應，復何疑哉？是以林木鬱鬱，廟有正殿及後室在，然且欲且，不敝風雨。至國朝撫定，甲午年間，有故帥程侯稍加完葺。及於至元乙亥四十餘年，頹圮……而已。一日謂廟周耆老曰：廟宇摧陊如是，與汝等勠力同興可乎？衆人忻躍拜謝曰……宰君處無地致言，宰君誠有此意，民等敢不盡力。於是鳩工庀材，經營□□。縣宰劉君日加勸督，由是鄉下豪右相率以輸財力，不日煥然一新……縣宰倡首。嗚呼！上有好者，下必有甚焉者矣。矧又侯之靈德數千年下民意不衰，所感如此。工畢，索記於裕。辭不獲已，姑摭其實而道之，觀者幸無誚焉……

維彼綿田，晉文表賢，血食茲土，數千百年。侯之名行，與□□□，侯之廟宇，土木難堅。風雨摧剝，在勤葺焉，後之君子，□□□□。

本縣儒人教授吳裕撰，縣吏郭儀書丹□□。

維大元國至元歲次乙亥丁亥日戊戌朔巳。

31. 重修明應王廟碑

立石年代：元至元二十年（1283 年）
原石尺寸：高 160 厘米，寬 85 厘米
石存地點：臨汾市洪洞縣廣勝寺霍泉水神廟

〔碑額〕：重修明應王廟之碑
重修明應王廟碑

海神播氣，式敷利物之功；淵府開緘，爰衍澤民之慶。注靈源於千古，蘇旱歲於一方。滔滔餘波，流而盡溉，汪汪弘潤，用無廢流者，霍泉之水也。其泉出於霍太山西南之麓，驚濤洶涌，莫測其淵。源之初分，名曰北渠、南渠。下而拾遺，又曰清水、小霍。趙城、洪洞二境之間，四渠均布，西溥汾堮，方且百里，喬木村墟，田連阡陌，林野秀，禾稻豐，皆此泉之利也。其神祠崎乎泉上，有自來矣。□章之古木陰森，半頃之寒潭浩蕩。山峰佛刹，參差乎其左；朝雲暮雨，晦暝乎其間。實神明之奧區也。按《寰宇記》，則自唐宋以來，目其神曰大□，然明應王號，傳之亦久。其褒封遺迹，遭時劫火，寂無可考。廟初瞰於水邊，前金時已經頹毀。泰和間補修者，意其湫隘，頓正殿於後，其餘門庶如故。每歲季春中旬八日，謂神降日，簫鼓香楮，駢闐來享者甚眾。金季兵戈相尋，是廟煨燼，居民遑遑，孑遺者生有不給，奚暇水神之祀哉！塗□繪像，傾頹瓦礫之間；玉砌瑤階，埋沒荊榛之下。自時厥後，廣勝寺戒師、前平陽僧錄道開，閔茲荒廢，有修復之志，乃嘆曰："是廟濟人之源，祀典所載，雖責在有司，亦我寺之福田也，忍使久而堙廢乎？"乃鳩材命工，築以新基，弃其舊址。有北霍渠長陳忠等附益之，創爲正殿，十有八楹，又□僧徒構屋其旁，以備洒掃，時大元甲午歲也。以故基猶爲卑隘，再遷於此矣。地之廣袤，綽又餘裕，廟之宏敞，奐焉一新。方將圖功於後宮，惜乎志未遂而僧錄卒。其後，典廟僧惟貞、惟能、德聚等，相承以繼其業。渠長趙城前尉郭祖儀、李槩，交代以贊其功。瓦殿、砌基、立像及采□、丹雘、膠漆之作畢備者，凡有數載。中統建元也，本路總管府指揮下兩縣使修後宮、三門，有司雖奉行，而終無成績。至元戊寅夏旱，吏民禱諸神祠者多矣，卒無一應。適從仕郎趙城縣宰張公祐赴任之始也，公來祈雨，於是見其廟孑然獨峙，口不曰修而有許心。拜祝間不還踵而□，一境沾足。公喜其感應，銳意修之。始自兩廊，陶甓運木，命張用、李誠、李明等各執其事，公屢爲敦匠督役，惟恐不工。十手所指，百堵皆興，方斫是處，其繩則直，整整□風動雲合，不日成之。凡三間爲一司，左右分司者八。繼而將興三門、南渠之役也。南渠所溉民田隸屬兩縣，公移牒洪洞，以給其役。令有不遵者行之，民有不齊者一之。使渠長胡淵、師甫等伐材輦木，樸梓揮斤。越明年，六月不雨，本府治中李汝明於此取水，□隨而作，因之指揮屬下，該廟之有未建者，普令四渠共建。名山勝地，美譽斯聞，高士官僚，來游者衆。河東山西道提刑監司也兒撒合大使姜公，嘉其偉績，賜以獎成，公意益壯。此功之興，然委其人，每聽政之隙，雖祁寒暑雨亦來，視之若爲己任。役夫感其勤而效力，匠氏服其誠而盡能。三門之基，舊在泉北，公將廓然更新其制，乃曰："吾觀舊迹，阻渠褊淺，道不前通，豈廟庭之深邃乎？固當前開正路，南樹應門，且有王宮壯麗之威，又得地形雄瞻之宜。"遂建於渠南。落成之日，識者無不嘆服。門之間架同於殿，而材用過焉。其層櫨累拱，華枅藻井，乂負緻密，規模遠矣。□於後宮中門，一一完具，皆公之志。奈何瓜期迅速，恨無能爲，未幾而改任。公誠愨識量，鮮能及者，其臨事貞固，確乎不可拔，人知動作非爲己也，皆樂而忘勞，至今思之。噫！

立非常之功，待非常之人。觀此廟自僧錄重建以來，四十餘年，豈無人耶？迨及張宰成之，謀同計合，舍舊圖新，致□巍之業，兼倍於前，不謂待非常之人乎？必也靈德感人，陰功被物，使之然乎？一日，命僕文于碑，僕非其才，固辭不已。勉爲錄其實而繼之以□。銘曰：

霍山蒼蒼，霍泉洋洋，神明降瑞，珠玉流光。

大田多稼，維泉之利，列爵建廟，報功之祀。

遭世紛擾，斯緣蕩空，誰修復之，時惟二公。

開創其迹，張繼其功，作是神宮，擬於王室。

應門將將，長廊翼翼，官既責成，民亦竭力。

公之規爲，神其見知，敬以名迹，鎸於礲碑。

千秋萬古，以永昭垂。

趙城縣教諭劉茂實撰。霍溪逸人趙希祖書。從仕郎山東東西道提刑按察司知事張□□篆額。

典廟修造寺□主僧聚資助，妙存立石。

尚座僧□□、次座□淨、戒師温吉。

衆執事僧惟湛、惟宜、惟宣、惟顔、德□、德萬、德祥、德喜、德玉、□□、惟海、□□、□吉、仲寬、□温刊。

奉議大夫、平陽路總管府治中姚□。

昭勇大將軍、平陽路總管兼府尹兼管諸軍奧魯耶律□吃答。

通議大夫、平陽府達魯花赤兼管諸軍奧魯廉希□。

至元二十年歲次癸未仲冬朔日。

初徵於水遷前金特已經頹毀秦和開補修者慈其漸壖頓正殿於後其
以故相承以繼其路其縣使修後宮三門有司雖奉行而終以無成績至元戊
廣勝寺戒師前平陽僧錄道開閱茲廣美緝有餘廟殿一新砌十人
基猶傷耶乃新基弃其舊址有北霍渠長陳忠等附之宏敬莫爲正廟殿
路總管府指揮下兩縣使修後宮三門有司雖奉行不曰修不工心手所拜
祐爲一司左右分者八繼而將與三門南渠之役也南渠所溉民田隸所
延水命張用必公來祈雨於是見其廟子然獨峙口不曰修不工心手所拜
開渠長胡淵師南等伐料擊木墣梓揮斤越明年六月不雨河東山西道提刑中
使渠其人姿聽政之隙雖郡寒暑雨雹來視之若爲已任役夫感其勤而
然四渠其建名山勝地美譽雖道不前通宣廟庭之深遂乎固當前開正路南
乃曰吾觀舊跡阻渠徧茂門之開架同分殿而材用過多其層廡累其華祈藻
期之迅速惧無能爲未幾而改任公誠慇識量鮮能及者其臨事貞固雄乎

《重修明應王廟碑》拓片局部

32. 增修康澤王廟碑

立石年代：元至元二十三年（1286 年）
原石尺寸：高 170 厘米，寬 81 厘米
石存地點：臨汾市堯都區金殿鎮龍祠村龍子祠

增修康澤王廟碑
天下名泉不一，然若晋於太原，濟於覃懷，涌金於蘇門，玉泉於燕山，趵突於濟南者，亦叵多得是。蓋利周一方，一方故宇其神而見稱於人。維平水於諸水實長雄，況平陽川狹人庶，奉神爲尤謹。神既食兹土，所禱輒應，由侯陟公，由公陟王，皆宋之日錫爵，答靈既也。侯曰澤民，□曰靈濟，王今曰康澤。廟在治城西三十里，負山臨水，水所溉，東瀕汾，西并姑射，甚廣。其墟落綿繹，風烟浩渺，如江天湖景墮於目中。昔人□河東勝地，信矣哉。每春季月，農功方始，闔境雜遝迎休，擊羊豕，伐鼓嘯籟，節迎享送爲樂。故四方香火者莫不期一到，游觀者莫不爲一□留。按舊刻，金大定辛卯、國初丁酉歲，皆嘗鳩輪奐之功。至元乙酉夏，臨汾尹岳君世安以雨故來謝，既循視以周，且有葺完意。□□語諸同僚，同僚喜白諸府，府侯耶律公剛以爲宜，曰："乘農隙可舉。"初，水源甃石而池，池拒〔距〕廟里餘，甚荒。乃構殿其北，額曰"靈源"，如翬斯飛，如牙斯啄，以肅夫慢無憚者。雷風二師、河伯山靈，諸旁祠至是皆圮不支，故制混。兩廡庳窄，乃因舊易新，崇足以配。至於歲月所易，風雨所□，碱濕所積，殘敗剝裂然者，皆繕焉一新。費出群願，力以敘進。渠有統諸長者實董其役，君時一過省視。由其年冬十月，逮明年秋七月，□□告畢工。土木雄屹，丹碧晃燦，其沉沉鬱鬱，巍巍堂堂。雲烟草木，旁翁蔚而葱蒨，亦改容動色。君曰："可以妥神栖矣。"是歲，麻麦穰若瑞異，耋艾交賀，以爲神喜所致，皆歸功岳尹，遂相與謀刻石。且介張君思誠來請文。予謂：載在祀典，而山川實吾境，守土者奉其神，禮亦宜，況有惠澤於斯民邪！然或委之冥冥莫問。岳尹京兆人，其爲縣，梳紛剔垢，庭無留訟，野無廢田，公無廢事。今又爲是舉，治民事神其達矣。夫固可紀□迹，且繫以詩。其辭曰：

維河東野瘠匪腴，其浸曰汾日夜徂。
樂哉此土豐田廬，神有攸宇西山隅。
神其來思雷先驅，風雨冥晦窮朝晡。
神其去思天湛虛，山青水碧林風呼。
去邪來邪人所需，綠雲萬頃胡可枯。
東州西郡勞舞雩，我歌有年無歲無。
縈雲藻棟文榱櫨，民知所謝營其居。
向焉缺朽今煥都，凝烟不動人敢趨。
問何人斯倡厥初，邑有賢宰公之餘。
際天所覆皆皇圖，爲時徼福豈一區。
千秋萬古神我娛。
平陽路府學教授張□撰，臨汾縣尹岳世安篆，擒昌張庭秀書。
監修官：提控案牘兼照磨宋，將仕佐郎平陽路總管府知事張，從仕郎平陽路總管府經歷吉，承德郎平陽路總管府判官張，奉議大夫平陽路總管府治中，中順大夫同知平陽路總管府事王，中奉大夫平陽路總管兼府尹兼管本路諸軍奧魯總管，大中大夫平陽路總管府達魯花赤兼管本路諸軍奧魯總管府達魯花赤兼管內勸農事。□局提領太平李臻。
至元二十三年歲次丙戌八月　日。

33. 解鹽司新修鹽池神廟碑

立石年代：元至元二十七年（1290 年）
原石尺寸：高 198 厘米，寬 92 厘米
石存地點：運城市鹽池神廟

解鹽司新修鹽池神廟碑

　　按《尚書•洪范》："五行：一曰水，水曰潤下，潤下作鹹。"此鹽之根本也。五行之氣，無所不在。水周流于天地之間，潤下之性，亦隨所寓……鹽。鹽之所出，品類頗多。就其最著者言之，其出於海與井者，須資人力烹煉而成。出於解之兩池者，□治畦其旁，盛夏引水灌之，……蓋資於天，非人力所能興也。天之造化，神實□之，此有司所以致謹於祀事焉，而不敢忽歟！夫鹽，食肴之將，生民日用而不可闕者也。□高宗□□□："若作和羹，爾惟鹽梅。"《周禮》："鹽人掌鹽之政，供百司之鹽。"《圖經》引《穆天子傳》有"安邑觀鹽池"之語。《春秋左氏傳》成公六年"晋人謀去故絳，諸大夫皆曰：'必□郇瑕氏之地，沃饒而近鹽。'"即此地也。歷代以來，皆置官司。漢武帝以東郭咸陽孔僅爲大農丞，領鹽鐵事。鹽利之興，始見于此。後魏及隋，嘗舍其禁，與民共之，然爲富民專取，而貧民重困，乃復歸之於官。唐初隸度支，歲得鹽萬斛，以供京師。大曆十二年秋霖，池鹽多敗，度支侍郎韓滉□：雨雖多不害鹽，□有瑞鹽。上……大夫蔣鎮往視之，還奏，實如滉所言。乃賀帝，請置神祠，錫以嘉名，上從之，號曰"寶應靈□池"，封神曰"靈□公"。□□兩池置官□，而州有榷鹽院，守貳領之，使民入粟于塞下，與鈔以給鹽，一歲之出無慮四十萬席。其利既博而法益密矣。元符元年，霖潦彌月，溝澮皆盈，壞官亭、鹽室不可勝計，□臣議士，使□旁午，睥睨惶駭，莫知所以拯之之術。崇寧四年春，遣耀州觀察使王仲千發丁夫，回山谷之泛濫，完堤防之圮□，周池之壖，作護寶堤百餘里；又於堤之南起外堰以殺水勢。外患既弭，客水浸涸。是歲鹽寶初成，凡境內祠廟皆賜之封號，兩池之神，東曰資寶公，西曰惠……年課□十二，次年倍之，越三年遂底成績。大觀二年加以王爵。金朝因之。解州、安邑皆有神祠，經金季兵火，蕩無孑遺。其環池地鹹鹵，皆不可井飲，□□池中間有淡泉，水特甘凉。舊有龍祠，崇寧間封爲"普濟公"。歲當炎暑，常役萬人取鹽，苟勺飲不繼，則渴死者過半，酌泉飲之，則免於病。聖朝開創，就泉北二里許治鹽司事。至癸丑歲，今上皇帝方經略川蜀，規措軍儲用度，置從宜府，右丞忠宣李公實當其任。值頻年霖雨，遂失大利，咸以國計爲憂，乃禱于神，寶氣凝結，……奏奉聖旨，建立二王神廟，俾春秋祭祀焉。於是鳩工聚材，舍舊圖新，建正殿于中央，翼以列廡，繚以崇□，像設儀衛，煥然一新。經始于甲寅，落成于乙□□□遠數百里，遣介來長安，謁予爲記。予告之曰：嘗聞天下名山大川，有能產財用者，考之《祭法》，宜在祀典。況兹寶池，歲出億萬計，所以佐國用，……之外府也！財用之產，孰逾于此？是……詩曰：

　　晋甸之野，天啓靈池。鹹鹺是產，軍國攸資。歷代明王，咸勤祀事。□□□肴，以答神賜。炎炎劫火，廟貌丘墟。瓦礫荆棘，狐兔燕居。聖哲臨朝，德參天地。地不愛寶，日增課利。爰擇爽塏，載葺新宮。棟宇華煥，像設尊雄。宜千萬年，享此血食。刻詩貞珉，垂名罔極。

　　□議大夫參知政事灤陽人趙榮題額。安西王府諮議古奉先李庭撰。承直郎簽河東山西道提刑按察司事弟□書丹。

　　□□□□勾趙璟，管勾齊霖立石。吏目□□□，解鹽司判官郭榮，進義副尉解鹽司副使亢□，承務郎解□使……

　　大元至元二十七年八月十五日。

34. 菫山廟記

立石年代：元至元三十年（1293年）

原石尺寸：高170厘米，寬68厘米

石存地點：晉中市和順縣邢村昭懿夫人廟

〔碑額〕：菫山廟記

人之有勝績殊勛者，以其聞世而□□其間世□□者矣。□□□□者，在乎澤生民利萬□□，人之享祀也。然則古之名山大川載在祀典者，能禦灾厄，能除禍亂，恩施□民，歲時祀之，則神饗矣。載惟菫山者，乃古之名山也。夫人封昭懿者，以其德澤博厚，勛業殊勝，故得其□□復領之上，頗瞰群山。祠前有靈源，淵□□碧，鄉人稱之。歲遇旱厄，人能齋沐肅敬丐之，一□雨也。僕乃野夫，嘗謁靈祠，覽觀金朝天會之碑，稱昭懿夫人者，乃□仕。及夫人之皇考，仕於唐之宣宗，雅以忠言讜直，位至諫議。夫人生世，事親至孝；没而爲神，上帝俾司雨部，施其膏潤之惠，利益大焉。一日，梁慶等坐間而相語利弊。里有昭懿夫人之祠，自古立廟於里之東北隅。其地壯，□旱灾疫癘者，敬心禱之，無不從願。惜乎廟宇年深，梁棟傾頹，檐楹腐爛。里人幾議修完，奈曩古不能締構，今尚□□。昔在至元戊子，詣縣陳詞，官爲詳理，恐傷禮義之俗，積年不斷，其□人久□□平。里人乃相謂曰："我將仕郎遼州判官李君，仁政也，盍往質焉？"於是……心不可昧。如斯戒勸，不忍刑政。使被告者憮然自慚，乞外更思。不逾日，將元占廟□也。僕聞之，曰："《中庸》豈不□乎：'故君子之治，不賞而民勸，不怒而民威於鈇鉞。'正謂此也。是神之靈，官之政，民之化也。"囑僕爲銘，僕以□歲□，銘曰：

神居菫山，寵封昭懿，雲行雨施。

殿宇雖危，廟田已備，非難其易。

神之溥博，恩施慈惠，歲時致祭。

本縣教諭李□□，本縣□□□唐用，男唐和，侄男唐成等。本縣務都□、前教諭王天美撰。本村陰陽人程□。和順縣主□□□奧魯董革……

宋萊、程通、張寶、宋善、張林、張□、宋賢、宋良、宋思齊立。

至元三十年歲次□□。

重修康澤王廟碑

35. 重修康澤王廟碑

立石年代：元元貞二年（1296 年）

原石尺寸：高 162 厘米，寬 78 厘米

石存地點：臨汾市堯都區金殿鎮龍祠村龍子祠

重修康澤王廟碑

平水神康澤王有爵，封自宋，而廟食甚古。維其澤能長地財、資民生也。歷代□敬，繕完屢新，日以滋侈。國初歲丁酉，亦嘗葺新之。爾後"靈源"有殿，"清音"有亭，風雷諸神各配享有祠。雖修舊起廢相繼，而廟寢門廡之大曠，六十年不治，□漏圮缺，殆不足以奉神祀，官守土者有弗安焉。至元癸巳，忠翊君肖涅來治臨汾，以廟在邑境，慨然有營葺意。弟到官之初，倥傯□遑。明年四月，聖天子嗣位，詔所在長吏致祭山川而修其祠。君輒同其尹尉君茂白諸府，以命日葳事。既而今本路達魯花赤嘉議公沙不丁、總管嘉議公□老溫下車復假之力，而俾終其役。水之源，釃渠十二，以導其流。渠有長，既支分脉散而溝洫之；溝有老，以上下相統，平繇行水爲□溉節。又其隙，則或激焉而爲碾爲磨，潴焉而以蒲以魚。凡所利及，各有主者。自臨汾入鄰邑，餘潤之迨於襄陵者猶三之一。廟之□費，亦以是叙。仍推總衆渠之治者二人，曰徐忠、崔和，使督視而課其章程焉。君與尉君間詣撿省，以賞罰操縱之。於是茨甍塗堅，□革其舊，而朽敗以撤，漫濾以潔。以階陛蹂踐易毀裂，磐石扣砌，取固崖隙，周内外截如也。規制不渝而壯麗有加，嵐舒颸回，歇欸□暖，真神所游息矣。自始事迄，訖功適期月。既神有寧宇，民得事神而安享其利。來謁文，將鐫□石。曰："尚無忘我邑僚之功。"按《祭法》，□林、川谷、丘陵，能出雲爲風雨，民所取材用者，固在祀典。河東磽狹多旱，而臨汾尤甚。中田歲收畝纔三四斗，或雨暘少愆，則薄不□種。力農者寒耕暑耘，捽草杷土，胝胼焉，暴露焉，勤動終歲，而父母妻子飽糠籔不厭，矧租賦一切是取。故其俗勤儉，民多艱苦致□徙，吏或以逋負被譴。唯是水所浸，則瘠化而腴，穫常十五其倍。居其地者用卒歲無凶歉憂。且數百里内遇旱暵，禱輒應，是灌溉□不及，□亦有以庇之也。故一方之人，居室衣食不恤，而唯事神者恐或闕。二君知民瘼，悉民情，煦焉撫育之餘，體上意以爲民迎休，非病之也，書之爲宜。若夫時和歲豐，官事暇，□用足，張樂具酒牢，答神既而享其胙。車騎駢集，士女雜遝，相與□飲於"靈源""清音"間。其山川游覽，悅心快目，又有足詫者。然營葺之意，初不是在。故略詩曰：

平山崒嵂，靈源是伏。沃彼中野，爰自其麓。

高印污邪，可稻可麻。一溉之饒，穰穰満家。

旱魃爲厲，燎原以熾。遺秉滯穗，此焉豐歲。

饑民嗷嗷，流捐憂勞。以飽以飫，此焉樂郊。

孰民與利，繫神之惠。宜其報神，日接月繼。

巍巍神宮，是顯是崇。神之享之，與□□□。

□國無窮。

前絳州儒學教授曹輗撰。臨汾縣儒學教諭王鳳翼，奉議大夫前簽河東山西道蕭政廉訪司事杜思問。

都渠長徐忠傅、天□監修崔和等立石。徐順刊。

元貞二年歲次丙申五月　日。

曹仙媼成道誌

36. 曹仙媪成道誌

立石年代：元大德元年（1297 年）
原石尺寸：高 115 厘米，寬 63 厘米
石存地點：臨汾市大寧縣黃河仙子祠

〔碑額〕：曹仙媪成道誌

……大寧之馬門關閘吏孫貴呂，山雨潦漲，渡不可易，有難色。僕亦惝焉，遂駐宿於□之……告予以曹仙婆之事。昔有老媪，携幼女，引一犬息于大柳之下，左挈鐵鞋，跟皆穿，右握□□□□玉，見水工艤舟，謂曰："可渡我？"水工曰："媪携幼引犬，又無繻信之符，以爲居人耶？土人咸不□□爲遠旅耶？携幼將犬，抑何所由來也？"媪答曰："我從天根頭來。"水工曰："爾自渡河，我不□渡也。"□□曰："諾。"遂携幼女引犬，徑進凌波，平步翩翩若御風，已達岸矣。岸西之人皆稽顙呼呶，以爲仙人。老媪遂登東峰石龕。岸東居民舊昔連薨〔甍〕接棟，百餘家皆目見，其所以群犬吠而隨□。既登龕，一無所聞。隨視之，老媪幼女已示寂矣，犬已化矣，一境大駭。媪蓋宋時人也，歷金時，故老居人連墅閭□，嗟稱不容口。關下耆舊長嘆，如此仙迹，無以傳世，良可傷也。孫貴肆奮然有願，命工載塑法身成像，懇求於予，欲刊翠琰。予以爲：以代傳代，亦世之異人也，抑昔之水仙也，皆不得而知之。境民目□有疾，禱于神龕，紙空裏即有藥焉，服之立愈。予是以覈其實而筆之，遂爲之辭曰：

异人之□变兮，不可循常而拘求；倏忽俯仰而修然有化兮，若身翰而越蓬洲；□翠龕跏趺而示寂兮，□□極汗漫而神游；仙風寥寥歷世而不朽兮，亦天地之數有所去留；元元□惝心祈以瘳疾兮，□疾瘳而無憂；仙之名自晦而世愈傳兮，若山之古今不可泯；仙之迹□韜而人愈顯兮，若水之□夜東流。

……季隆世昌謹撰，明玄宝真大師臨汾縣前威儀李志玉書丹。

巡河機察：趙珪。巡河機察：郭忠。巡河機察：孫貴。提領：嚴英。攢司：尉靖。進義副尉□軍千户：白彥。延安路四關巡檢：周焕。司吏：賀潔。典史：王民。司吏：高榮、馮珪、樊諒、蕭混。大寧縣主簿兼尉兼管本縣諸軍奧魯昔里歐牙，修武校尉大寧縣尹兼管諸軍奧魯兼勸農事侯俣，從仕郎大寧縣達魯花□兼管諸军奧魯勸農事馬諝。

紫川石匠何恭刊。妝塑待詔：賈直、劉伯英、馮欽、呼民、馬彥、呼澤、馮興、呼琪、强智。水手：馬貴、馮賓、馮清。梢工：馬義、馬迁。本關提控。

时大元國大德元年歲步丁酉季夏初旬三日，孫貴立石。

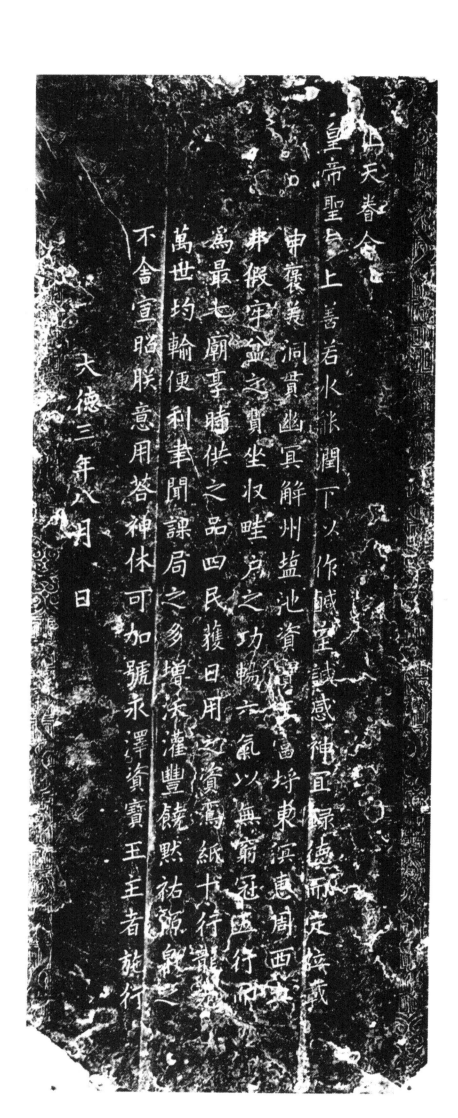

天眷令

皇帝聖旨上善若水洓潤下以作鹹塩誠感神宜錄德所定接藏

申襄羡洞貫幽冥解州盬池資寶蓄坪東濱惠周西

弗假守金之貴貫坐收畦户之功暢六氣以無窮冠正行

爲最七廟享瞻供之品四民獲日用安資鳶紙十六行龍者

萬世均輪便利荤聞課局之多增沃灌豐饒默祐頒象之

不舍宣昭朕意用答神休可加號永澤資寶玉主者施行

大德三年八月　日

37. 敕封永澤資寶王之碑

立石年代：元大德三年（1299年）
原石尺寸：高184厘米，寬72厘米
石存地點：運城市鹽湖區鹽池神廟

上天眷命，皇帝聖旨：

上善若水，能潤下以作鹹；至誠感神，宜錄德而定位。載申褒美，洞貫幽冥。解州鹽池資寶王，富埒東溟，惠周西土，弗假牢盆之費，坐收畦戶之功。暢六氣以無窮，冠五行而爲最。七廟享時供之品，四民獲日用之資。鸞紙十行，龍光萬世。均輸便利，聿聞課局之多增；沃灌豐饒，默祐源泉之不舍。宣昭朕意，用答神休。可加號"永澤資寶王"。主者施行。

大德三年八月　日。

北齊唐宋金元

上天眷命
皇帝聖旨朕惟我國家統御以來無德不報兌實地化育以往庸
神不宗짜兩解州鹽池惠康玉畀朕關河祉席秦雍冠洪
範五行之首漫璇璣巨蟹之區味永作戲不讓汪洋之雲
海光凝上善者儲實兀之雪山前壽目道橫民勞烹餘
資抃日用惠康之實廣濟無窮列爵雖崇恩錫封之已舊
榮名增嫩冝褒命之惟新可加號廣濟惠康玉主者施行
太德二年八月　日

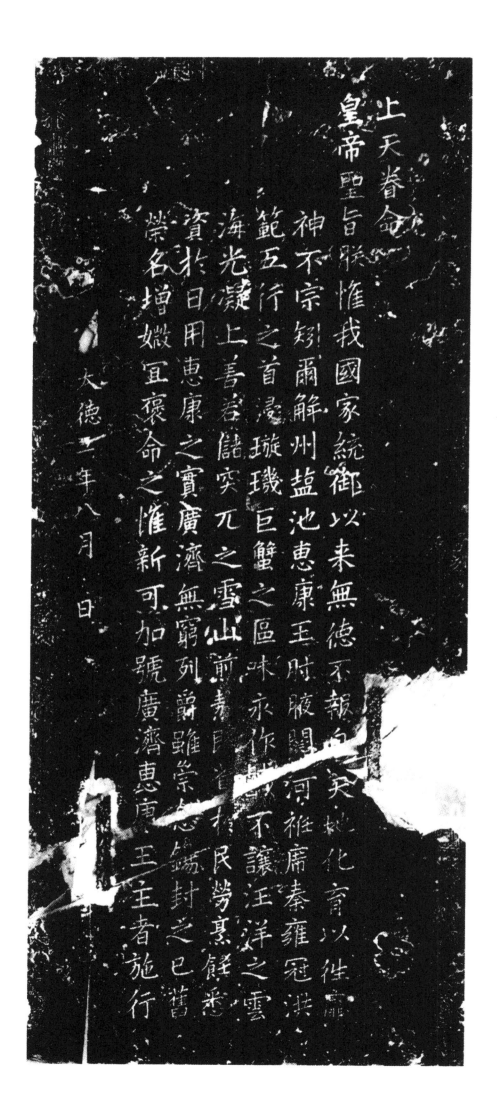

38. 敕封廣濟惠康王之碑

立石年代：元大德三年（1299 年）
原石尺寸：高 180 厘米，寬 78.5 厘米
石存地點：運城市鹽湖區鹽池神廟

上天眷命，皇帝聖旨：

朕惟我國家統御以來，無德不報；自天地化育以往，靡神不宗。矧爾解州鹽池惠康王，肘腋閡河，衽席秦雍，冠《洪範》五行之首，浸璇璣巨蟹之區。味永作鹹，不讓汪洋之雲海；光凝上善，若儲突兀之雪山。煎熬既省於民勞，烹飪悉資於日用。惠康之實，廣濟無窮。列爵雖崇，念錫封之已舊；榮名增媺，宜褒命之惟新。可加號"廣濟惠康王"。主者施行。

大德三年八月　日。

北齊唐宋金元

39. 重修白龍廟記

立石年代：元大德七年（1303 年）
原石尺寸：高 140 厘米，寬 72 厘米
石存地點：太原市婁煩縣三教寺

〔碑額〕：重修白龍廟記
重修白龍廟記

□斯神者，□□金也。玉石之兆，乾健之陽，飛在於□，□在於田……雨善育萬物，□國潤民。始作稷之后，次追封護國靈淵侯。昔於古……曲之間立□，□四叶禴祭，千載應祈。其祠南橫嶽麓，北隱渥洼……臨春，連虎岫□□石之□，溪□清泉之壑谷至於祠前，引之以……建一二古代□□□□可知者也。迄今經歲逾遠，廟宇摧陋，……咸自忸怩，卒然□□其事。遂於至元壬辰歲中興，意復構之際……聖旨條畫節该：五嶽□□□遣使詣祠，致祭其名山大川，聖帝明王，忠臣……在長吏除常祀□□日致祭。廟宇損壞，官爲修理，又一款□。鎮……師雷師當祀之日，□□本處正官，齋潔行事，有廢不舉祀不敬者……糾彈。欽此。除欽依……等，恃賴鄉郡賢豪重修，神……靈祇感應，作役者□□而來施財者，不干而至經營，攻之不日而……像，亦時而具。是以動□□之珪□爲之誌矣！

銘曰：神降穹蒼，顯靈四方。居攸安靜，□□□□。靈淵封號，白龍名光。威儀赫赫，□□□□。禱号至聖，仰之彌彰。境除妖孽，□□□□。載在祠典，集於史章。題辭刻石，□□□□。

化緣修造人：羅済民、羅□□、□□南并□□□、陽曲縣西□。

……里□進□成天錫，管州等處前儒學正邢周，男□□進士邢□正，□□□樓煩縣长官王壽□，鄉貢進士□□□。

時大元大德□年歲次癸卯七月丁□□□十一日丁□。

40. 重修神泉里藏山神廟記

立石年代：元至大三年（1310年）

原石尺寸：高144厘米，寬87厘米

石存地點：陽泉市盂縣萇池鎮藏山祠

〔碑額〕：重修藏山廟記

重修神泉里藏山神廟記

古盂東北五十里，山形□矗，盤紆相掩，隱日月蔽虧者，實太行枝蔓也。春秋時程嬰□趙孤於□，故名曰藏，廟貌至今存焉。其事備於《史·趙世家》，其略見於廟東智楫之碑。其遁迹存□廟西。其□通遠□其享無貴賤老幼，水旱疾疫，懇禱者即穫休應，其庇庥不啻一方。或宰是□者，調□他所，□□旱想象虔祈，無不雲興雨作。故廟祀之□者多。盂之編民楊德，以丹青爲□，每謁□過廟宇，繪像有廢缺，不論工價，即爲補復。或因事來藏山致祭，見檐楹穿於鳥雀，金□剝於□雨，其像體僅具者有之，不完者有之，仆者有之。乃悵然爲念曰：我盂民也，蒙神之祐久矣！在□□不報歟？歸與同業人李能謀起廢。李能曰："事則善矣，《詩》不云乎，靡不有初，鮮克有終。君誠□□取，愧於斯言，終始一意，余何不樂爲善哉！"怡而從之。遂相與捐穀旦，釋家事，賷糇糧，入藏山，□□於廟西之□。或操畚鍤，□新繪塑，汲汲孜孜毋怠。□池、神泉、興道，自藏山有廟已來，互主祀事，感二□之誠，時送口粮并物料，直其姓名，紀於碑陰。嗚呼！楊、李之誠，可謂難矣；三村之輔，可謂當矣；□貌之復，可謂時矣。故缺者完，仆者起，無者增，繪事漫漶者鮮。□甍檐楹翼如翬，如奐然一新，□神之居矣。經始于至大元年之春，畢工于次年之秋。一日，楊、李賷禮具狀至余，閣所丐紀其始末。余憫二人之懇悃，是以不揆膚陋，爲記其所以。然極知僭逾之罪無所逃，庶幾於當仁不讓師之意小有合爾。

宣聖五十二世孫、□寧路儒學教授□之柔篆，前州吏李茂乱書，冀寧路府學齋長歲貢廉訪司書吏張□□□學□，石匠提控權忠友□。

鄉貢進士秦壽□、州吏李從善、董政、鄭愍、王郁、秦時亨、王從，鄉貢進士武貞、省部差吏目牛敏、鄉官進義副□□水縣□魯花赤□諸軍奧魯勸農事□□□、從仕郎盂州判官劉著、忠顯校尉同知盂州事馮諤、奉訓大夫盂州知州兼諸軍奧魯勸農事卞嗣宗、昭信校尉盂州達□花赤兼諸軍奧魯勸農事沙密。前盂州奧魯官王珹，男王國用；前州知事王大用，孫男社長王吉；前盂州長官陳儀，孫男蒙古教授陳裔先；前盂州□使陳伯英，男禁山官陳拜顏察兒。

化緣補復人在市楊德、李能立石。

時大元至大三年歲次庚戌十月甲辰朔十日癸丑。

41. 重修龍王廟記

立石年代：元延祐二年（1315 年）

原石尺寸：高 45 厘米，寬 65 厘米

石存地點：長治市壺關縣集店鎮北皇龍王廟

重修龍王廟記

夫龍王者，神其正直而威靈，實宜實饗；廟或衰傾而缺壞，以經以營。從來祠宇爰在郊關，係先人於宋紹聖三年創立廟貌，隸我大元國朝，聖躬詔旨載在祀典者，歲時享祭。有北黃馬興鳩工集木，重修正殿。厥後維那苗興上加瓦甍，□節丹青。是日，本村蓍艾人等至詣瞻仰。關瑭、馬亨、苗忠相謂曰：上有金碧檐楹，下無磚石基址，若不共成，往廢斯事。三人協意同心，命工成造磚石。經營一載，厥績乃成。請予，固不敢辭，斐然直書其事，姑記歲月云耳。

本縣陰陽教諭王天義謹題。

舞樓維那□□□□馬忠，基址維那關瑭馬亨、苗忠，□□人金山寺福順。

社長：苗溫、關旺、關整、牛成、馬溫、馬潮、任才、關瑄、關迁、關堅、苗福、苗貴、苗垣、馬全、郭甫、郭旺、馬信、馬德、馬玉、牛榮、馬瑄、張潮、關顯、張瓊、關十一、關用、苗全、苗恭、苗迁、苗添、苗玉、苗萬、馬貴、馬展、張川小、張大、關瓊、關玉、關俊、張溫、張三、關潮、關美、關德、郭忠、馬政、張福、馬安、牛瓊、馬小大、馬海、苗瑭、馬大、劉原、劉四、張二、關直、關萬奴、關大、苗□、郭福、馬義、馬福、馬定、馬唐、馬換、馬七、牛全、趙七、馬顏、馬炕。

磚匠南黃路敬。

石匠黃山王□、董元刊。

時延祐乙卯孟夏望日。

42. 重展成湯廟記

立石年代：元延祐二年（1315 年）
原石尺寸：高 53 厘米，寬 86 厘米
石存地點：晋城市陽城縣北留鎮南留村成湯廟

重展成湯廟記

元興四十餘載，歷三帝，至皇□癸丑十月始，以行科舉□天下。期以甲寅八月，天下郡縣舉其賢者、能者□貢。有司以乙卯三月會試京師，甲寅改元延祐，次年乙卯三月廷試。進士□得□張□起岩等五十六人，□□□宴於翰林院，八月旋里忽，里人暢庭顯等徵余言，爲擴克成湯殿記。竊以享德者，必報其功；有功者，必列於祀。此神人交感之道，萬世不易者也。昔成湯厚澤配天，愛民如子，剪□斷□，素□白馬，身嬰白茅，以爲犧□，禱於桑林之□，分兆姓之憂，救七年之旱。功……大矣；血食茲土，亦云久矣。邑東三十里曰"古□□"，或云村東山有漢光武劉秀廟故也。此地平疇廣野，與□□紫□相映，□況地□人和，民安壽□，□勝地也。舊有成湯廟，不知所自創，想因桑林遺迹，其來□矣。歷年久，基址隘，又天□□震，柱礎傾圮。里人庭顯暢君、□□□瑞每至於此，無不悵然，於是施地基一畝；糾耆老暢□、暢忠、暢洪、暢思、暢政、暢箸、王祐、王庭貴、裴清、張忠、張琚、張□、李進、栗恩等，將正殿以更修，并故基而易展。經之營之，不□□之。可以展祭祀，可以奏歌樂，頭不□歟。□善曰："從古立廟奉祀，皆所以報功德也。湯之功德載於書，歌於詩，集於史。其流風善政，民到于今稱之。"《書》曰："黍稷非馨，明德惟馨。"此之謂也，爰繫歌章，以祀於神，□必享焉。

　　粵有成湯，継夏而王。克寬克仁，□綏萬方。

　　功垂後世，有道之長。民思其德，□新廟堂。

　　春□□報，□吉時良。内盡至誠，外施恭莊。

　　酒□牲嘉，黍稷馨香。神之格□，乃降其祥。

　　福我維□，歲日豐□。□之□祀，□□無疆。

大元延祐二年歲次乙卯八□既望立石，戊申翻刊。

重修明應王殿之碑

43. 重修明應王殿之碑

立石年代：元延祐六年（1319 年）
原石尺寸：高 148 厘米，寬 71 厘米
石存地點：臨汾市洪洞縣廣勝寺鎮廣勝寺

重修明應王殿之碑

趙城之爲邑，其來尚矣。斯東有山巉岩，積而能大、峻而能喬者，霍嶽也。其下有波汹涌，撓之不渾、用之不竭者，霍泉也。山之興寶藏、育品物，主中之鎮，崇德應靈王爵褒封。皇帝遣使歲時致祭，壯國阜民，興雲泄雨，非南山有臺有萊、興樂賢之比，實能爲邦家立太平之基矣。夫泉之始，渠曰南北二霍，而所由來者有漸也。其大如天如淵，泛濤不舍乎晝夜，溉田何啻乎億餘，濟民豈不溥博者與！而觱沸流淇，浸彼苞稂，奚又同時而語耶？南北二渠，七之而三，土人相傳，此例比定嘗經朝庭爭理數年而後已，見有豐碑在縣可考。定其陡門、夾口、堤堰，設其渠長、溝頭、水巡，俾富、豪、強不敢恣其情，次上、中、下，乃得節其便。歲中值霖雨漲溢，防埭缺壞，驗民之富貧、役力之多寡，即塞實之。頗有少緩而墮者，科罰無虛示也。而舊立条款，斑斑若日星，又誰敢增減一字哉？泉之北，古建大刹精藍，揭名曰"廣勝"，不虛響耳。視其佳麗絕秀，非大雄能栖此乎？殿廊、齋舍僅可百楹，僧行稱是。世祖薛禪皇帝御容、佛之舍利、恩賜藏經在焉，乃爲皇家祝寿之所由。右松杉怪異，花竹參差；左山色重重，前水声瀝瀝。砌重而基峻，畫棟含烟，珠箔蔽日，璘珣駕瓦，璨爛龍文，金碧著乎欂題，鏤雕鮮乎枓拱，重檐翬而飛直如棘者，明應王殿也。度其境，真降神之鄉；語其方，盡祈福之地。惟王濟黎元之利大也，非宮不可居；報家國之功深也，非王不可爵。鍾其山名水秀，必如是而後得庶幾也。詢之故老，每歲三月中旬八日，居民以令節爲期，適當群卉含英、彝倫攸叙時也。遠而城鎮，近而村落，貴者以輪蹄，下者以杖屨，挈妻子、輿老羸而至者，可勝既哉！争以酒肴、香紙，聊答神惠。而兩渠資助樂藝、牲幣、献礼，相與娛樂數日，極其厭飫，而後顧瞻恋恋，猶忘歸也。此則習以爲常。僉曰："古今之勝游嘉賞，根其人心所同，然設以屬禁莫能也，此與'神之格思，不可度思，矧可斁思'不侔矣。"緣其舊殿宇、門廊、像繪尤備。不幸至大德七年八月初六日夜，地震河東，本縣尤重，靡有孑遺。《書》云"火炎昆崗，玉石俱焚"，奚嘗有二哉？上下渠堰陷壞，水不得通流。當年十一月，渠長廊下郭髦，告蒙本路總管府差委霍州倅李承務、縣尹劉承事董其役，開淘依舊澆灌。至大德九年秋，本路万僧都宣差祀香，省會渠長史珪并本縣官，將殿即便重蓋。縣委主簿申公，提調珪与南霍杜玉、胡福渠長鳩工，各量使水村，分計置修造，富有者施財，貧薄者出力，創起正殿木裝，始經營之也。時有寺僧聚提點，亦嘗施工。繼而劉思直塑像結瓦，郭景信造門成趣。至延祐六年，渠長高仲信募工，殿內砌口造沙壁完備。南霍渠長王顯、許亨同心津助，及山之僧妙潛添力贊成其事，焕然爲之一新，謗者杜其万口。仲信切思之曰："從草創討論、修飾潤色者，非出一手，恐久而湮没，刊諸金石，以寿其傳，庶有激勸於將來。"府吏段士良屢注意於是。一日，率老而德者史珪、郭景文、郭翊、高仲實、石克明、翟天錫、天寧宮提點趙思玄等，踵門求記於予。予辭之曰："吾家本東魯泰山農業，濫得尹是邑。已及半任，殊無异政膏澤加民，於治體兼無小補，常有愧於同列。始習譯字，不解作文。"懇至於再，聊采所見，故書之。仍系之以銘，云：
惟中之鎮，其山曰霍。德澤所生，養物溥博。

嶽麓涌泉，浩浩其淵。興我國利，溉我民田。

爲漿愈疾，蘊秀含靈。歲時致祭，黍稷非馨。

尽水之達，往古來今。地非愛宝，勝布兼金。

相彼巨泉，非濁即清。遠沾品類，大慰群生。

興于明時，摧于地震。殿宇以空，不餘煨燼。

前人草創，後繼潤色。一手難成，衆皆竭力。

大殿重檐，金翠光輝。美乎黻冕，綉裳衿衣。

諺語大郎，王封明應。億万斯年，永居廣勝。

承事郎晋寧路趙城縣尹兼管本縣諸軍奧魯勸農事王剌哈剌撰并書。將仕郎晋寧路趙城縣主簿崔有聞題額。

廣勝寺尊宿勝提點住持春講主宝嚴寺尚座行開。

登仕郎晋寧路洪洞縣主簿刘思孝，晋寧路洪洞縣尉賈邦傑，典史郭景行。晋寧路趙城縣尉許諒，典史田廣，司吏趙宇、王通、馮居孝。將仕郎晋寧路趙城縣主簿崔友聞。承事郎晋寧路趙城縣尹兼管本縣諸軍奧魯勸農事王剌哈剌。從仕郎前晋寧路趙城縣達魯花赤兼管本縣諸軍奧魯勸農事麦力吉沙。

本縣孔村下郭信。男。郭玟瑛刊。北霍渠長高仲信、渠司翟天錫、水巡孔興，南霍渠長許亨、王澤、渠司王温立石。

延祐六年八月初六日。

州民景不溥博者與而燃沸流洪浸役邑根葉又同時而語耶南北二渠七之土人相傳此
水怨仰富家弥不敢後其情於上下下特即其使歲中值霖雨泒溢防堨缺壞驗民之實貫三
顯水泒仰富豪弥不敢後其情以上下下特即其使往罷絕秀非大雄能樓此乎殿
一字戈泉之北古建大利精藍揭名曰度勝不虛興耳視其
帝御袋佛之舍利思賜藏經在焉乃為
所由右松杉怪異花竹參差左小邑重而基峻崇栋令煙珠箔散曰璚珸
度其境真降神之神語北方尽祈福之地惟王濟來元之利大也非營不可居根家國之功
以今即為期適當群卉含英粲倫攸叙時也遠而城鎮近而村落丟者以輪蹄下者以杖屨摯
不幸至大德七年八月初六日夜地震河東本縣尤重雁有寸逝書三火炎崑崗玉石俱焚明翟
曰極其厭飲而後頓瞻戀戀猶忘歸依舊瀧灌至大德九年秋本路万僧都宣差祀香省會亦嘗提點亦嘗
村分計置修造富有者施財貧者出力創起正殿木裝始經営之也時有寺僧聚提點亦嘗
倅李承務縣尹劉承事董其役開淘依舊瀧灌至於再耶
完備南霍渠長王顯許可同心津助及山之僧妙潛添力贊成其事煥然為之一新謗者杜其
激勸於將來府吏段士官廉注意於是一日宰老而德者火注郭景文那翔高仲貴石克明翟
半任殊無異政昔嘗如民於治玠蔬無小補完有愧於同列始習譯字不解作文懇至於再耶
中之鎮其山曰霍德洋所生卷物溥博嶽魏勇泉造浩其淵央
水之逯往古來今地非炎至相彼巨泉非漁即清遠邇
人革刻後繼潤色勝布黃金大殿重簷
登仕即晋寧路眾皆竭力
延祐六年八月初六日北霍渠長高仲信渠司瞿天錫冰巡孔央
洪洞縣 主簿劉思孝

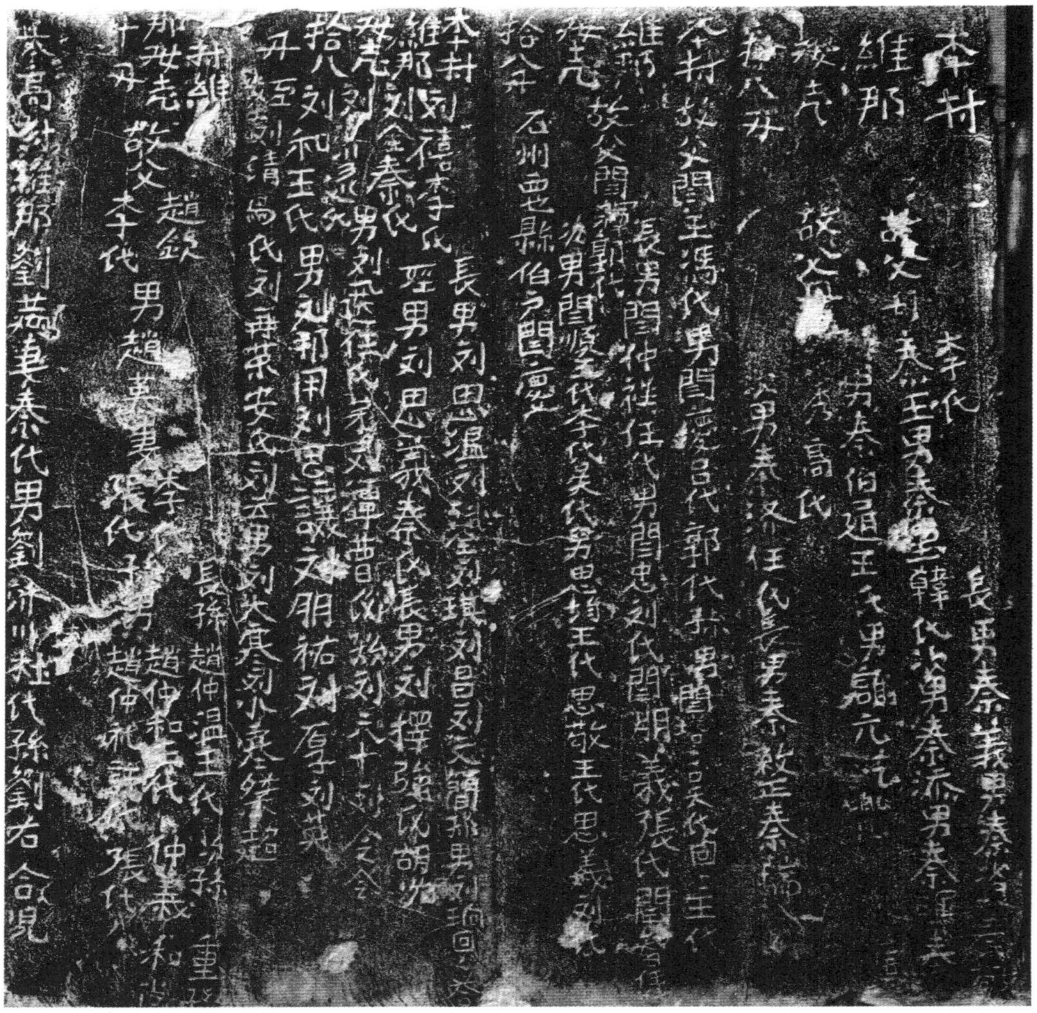

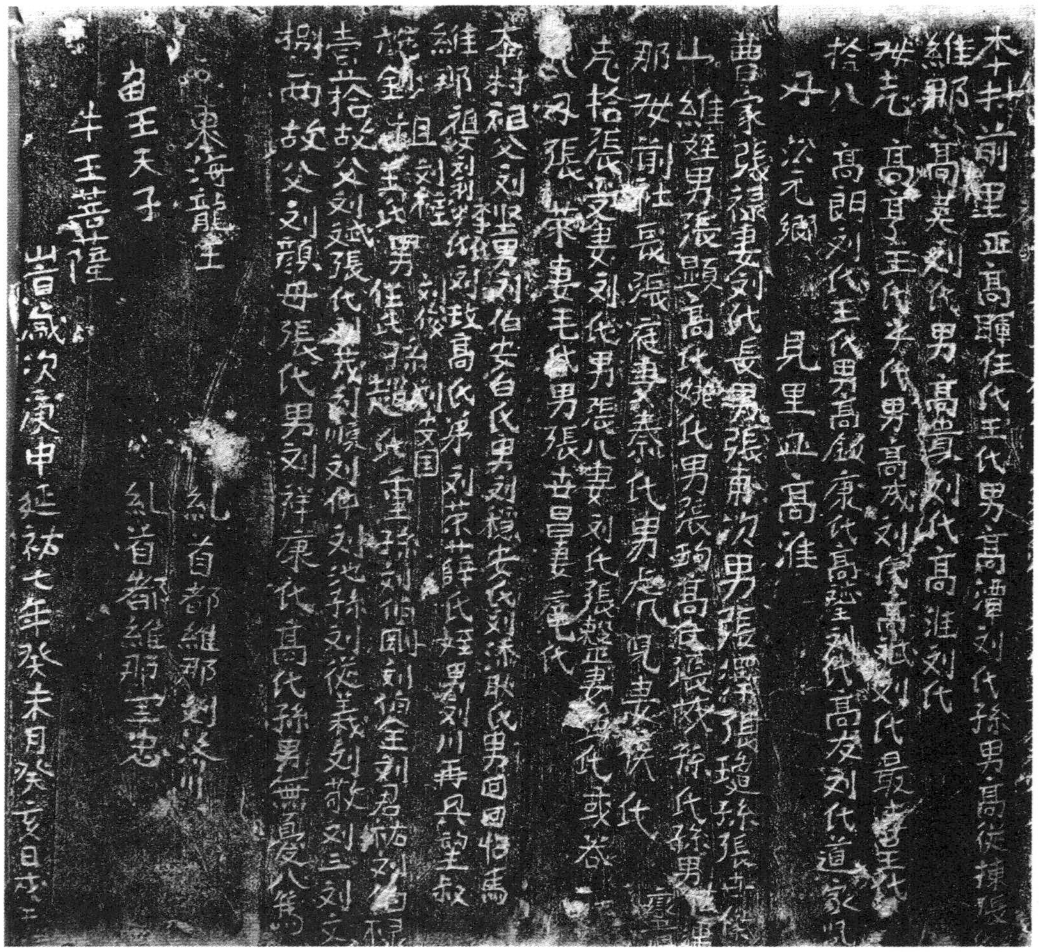

44. 龍門塔龍王廟石幢

立石年代：元延祐七年（1320年）

原石尺寸：高50厘米，八棱面共寬94厘米

石存地點：呂梁市柳林縣柳林鎮龍門塔村

本村維那法老拾八兩。

故父母：秦玉、李氏、男秦重，韓氏、長男秦義、次男秦添，男秦資、秦敬，男秦暉、秦寶。

故父母：秦秀、高氏、男秦伯通，王氏、男謝元、乾兜，次男秦济，任氏，長男秦整、秦瑞。

本村維那法老拾八兩。

故父母閆玉、馮氏、男閆慶，呂氏、郭氏、孫男閆塔塔，吳氏，回回王氏。

故父母閆輝、郭氏、長男閆仲裎，任氏、男閆忠，刘氏、閆朋義，張氏、閆智，任氏、次男閆順，王氏、李氏、吳氏、男思均，王氏、思敬，王氏、思義，劉氏。

石州西也縣伯户閆慶。

本村維那法老拾八兩。

刘禧、李氏、長男刘思温、刘斌、刘琪、刘昌、刘文簡，孫男刘珣、回回答，侄男刘思義，秦氏、長男刘擇、強氏、胡兒、刘全，秦氏、刘济、逯氏、男刘選，任氏、弟刘潭，曹氏、孫刘六十、刘令令、刘和，王氏、男刘邦用、刘思讓、刘朋祐、刘厚、刘英、刘清，馬氏、刘再榮，安氏、刘云、男刘大寒、刘小寒、桀超。

本村維那法老拾兩。

故父：趙欽、李氏、男趙英，妻李氏、張氏、長孫趙仲温，王氏、次孫趙仲和，王氏、仲義、趙仲礼，許氏、張氏、重孫和尚。

長高村維那劉燕、妻秦氏、男劉济川，杜氏、孫劉右、合兒。

本村維那法老拾八兩。

前里正高暉、任氏、王氏、男高潭，刘氏、孫男高從棟，張氏、高英，刘氏、男高貴，刘氏、高淮，刘氏、高亨，王氏、牛氏、男高成，刘氏、高斌，刘氏、最、李，王氏、高朗，刘氏、王氏、男高欽，康氏、高斌，刘氏、高友，刘氏、道家兒。沿元鄉見里正高淮。

曹家山維那法老拾八兩。

張禄、妻刘氏、長男張甫、次男張澤、張瓊、孫張世傑、侄男張顯，高氏、姚氏、男張珣，高氏、張茂，孫氏、男法連、蠻兒。前社長張庭、妻秦氏，男虎兒、妻侯氏，張受、妻刘氏，男張八、妻刘氏，張整、妻強氏，或答、張榮，妻毛氏、男張世昌，妻龐氏。

本村維那施鈔壹拾八兩。

祖父刘堅、男刘伯安、白氏、男刘穩、安氏、刘添、耿氏、男回回、怡馬。祖父劉利、李氏、牛氏、刘玫、高氏、弟刘榮、薛氏、侄男刘川再、興望叔、祖刘桂、王氏、男刘俊、任氏、孫刘安國、趙氏、重孫刘伯剛、刘伯全、刘君祐、刘伯禄。故父刘斌、張氏、刘茂、刘順、刘仲、刘池、孫刘從義、刘敬、刘三、刘文。故父刘顏、母張氏、男刘詳、康氏、高氏、孫男無憂、八篤。

東海龍王、閻王天子、牛王菩薩。糾首都維那刘济川、糾首都維那閆忠。

時歲次庚申延祐七年癸未月癸亥日戊午時。

黄河流域水利碑刻集成·山西卷 一

神廟碑

45. 神廟碑

立石年代：元至治元年（1321 年）
原石尺寸：高 325 厘米，寬 158 厘米
石存地點：運城市鹽湖區池神廟

神廟碑

延祐改元春三月癸亥，皇帝御嘉禧殿，中書省臣言："陝西都轉運鹽使司重修□□□，廟成，當書其事于石。"制曰："可以。"命翰林臣緯，恭承明詔。

竊惟國家生財有道，裕民有制，其於天地□□□□之利，皆所以□國用，□民生，實經世之遠圖也。故《禹貢》之"海濱"，廣斥厥貢□□□。《□範》之"八政"，必先食貨。周制太宰，以九賦斂財賄，九貢致邦國之用，其本蓋有所自矣。謹……池在晋之河東，春秋時爲郇瑕氏之地，以其沃饒近鹽，晋人寶之。《史記》"猗頓以盬鹽□"，□其處也。自秦漢魏晋以降，法之禁弛，鹽之盈縮，因革不同。唐大曆十二年，韓滉判度支……鹽，請置神□，始賜號曰"寶應靈慶池"，其神曰"靈慶公"。宋崇寧四年，封池之神，東曰"資寶□"，西曰"惠康公"，封滄泉之神曰"普濟公"，鹽風之神曰"薦寶侯"。大觀二年，進池神爲王爵……公。我聖朝之開創也，太宗英文皇帝百度肇新，丞相臣耶律楚材以經費……簡爲解鹽使，置司于路村，募亭戶千，爲之商度區畫。自是保聚益繁，商賈益阜，鹺課日益以增，公私以爲便。歲癸丑，憲宗桓肅皇帝以世祖聖德神功文武皇帝介弟之重，西征大理，盡畀……從宜府於京兆，俾右丞臣李德輝領其事。先是，霖潦□□，遣使致禱，併五年之獲，乃建廟于池之北阜，賜額曰"弘濟"。後罷從宜府爲陝西都轉運使□。至元……轉運鹽使司，徙置路村，罷解鹽使司。大德三年秋七月，□課羡□□制詔，加封"資寶王"爲"永澤資寶王"，"惠康王"爲"廣濟惠康王"，"普濟公"曰"□源靈慶公"，仍賜楮幣百……書省歲五月朔遣官致祭。夫鹽在五行爲水，水曰潤下，潤下作鹹，所以供祭祀，備膳羞，資生民之用，蓋不可一日闕也。昔周使周公閱聘，魯□白黑形鹽，辭不敢饗，此……代解鹽，墾畦沃水種之，今則不煩人力而自成，非若青、齊、□、瀛、淮、浙瀕海牢盆煎煮之勞及蜀井穿鑿之艱也。蓋得天地之精英，河山之靈秀，瀦而爲池，廣袤百里，淳蓄……皚皚漫漫，浩無津涯，璀璨晶明，莫可名狀。役夫萬餘，畚□雲集，曾不逾旬，袤如山積，其利甚博，終古不竭，方鹺之□也。條山之下有風谷焉，每夏仲月，應候而至，至則吹沙……隆隆，俗謂之鹽南風。又所謂滄泉者，旁皆斥鹵，惟此甘□。取鹽之際，炎暑蒸鬱，蠲渴救喝，濯煩滌污，惟泉是賴，人□告病。噫！神矣哉！《傳》曰："今夫山□卷石之多，及其廣大，寶……之多，及其不測，貨財殖焉。"其以此歟！凡舟車之運，遍梁、□、陝、洛、河東、河內之境，數千里皆食其利。會其歲之入，以□計者二千萬。至大三年，同知陝□都轉運鹽使司事臣……使司副使臣喬宗亮，以神祠歲久，棟宇傾圮，乃與民商□，欲一新之，衆翕然樂爲資助，終更弗果。皇慶二年，前陝西都轉運鹽使臣阿失鐵木兒、同知都轉運鹽使司事臣……故廟西壖，卜地爽塏，中締正殿，周阿重檐，翼東西廡，前敞□閎，後營寢室。□飛矢棘，階陛峻整，宏達靖深。事將訖□，今陝西都轉運鹽使臣完顏德輝、都轉運鹽司副使臣張忽……至莅職，乃冠大門爲樓扁曰"寶慶"。下瞰鹵澤，面對中條，東□太行，西峙雷□。陰霽朝暮，翕忽變化，千態萬狀，□一□之奇觀也。落成之日，遷"永澤資寶王""廣濟惠康王"于新廟，葺……"成寶公"，率僚屬、士庶、商賈，咸會祠下，鼓舞懌悅，神人於是□□洽矣。仍以□□□于□□□朝，故有

是命。洪惟聖朝富有天下，際天所覆，□地所載，日……臨，雨露之所沾濡，休養生息，自租賦外，雖以鹽課佐經費，□斂不及民而民□足。所謂國不以利爲利，而以□爲利也。是以天下之民安其俗，樂其業，漸仁摩義，熙熙皞皞，比隆……齊管子正鹽策以興展渠之利，漢東郭咸陽、孔僅斡鹽鐵以歸大農，唐之宰□□鹽鐵以判度支，萬萬不侔□！方今聖人在上，參天地□□育，裁成輔相，宜乎地不愛寶，神相……以饒衍是用。昭崇祀事，加錫封號，作新廟貌。勒之金石，祐我皇元億萬年……神亦與享無窮之祀。猗歟盛哉！臣□□□稽首，而系之詩曰：

乾□□□，□爲綱維。萬物并育，孰窺端倪。

□□爲用，水德稱首。作鹹之利，以資富有。

維古郇瑕，□□沃饒。右限大□，南峙中條。

實沉之次，畫□□□。匯而爲池，雲蒸霧歊。

結而爲□，□積嶕嶢。殆出神力，民不告勞。

自唐歷宋，祀事孔昭。於□□□，□□元□。

□有萬國，山川貢珍。□□□□，靈池之産。

歲增萬億，大德□祀。封號加錫，皇慶□□。

御極□□，嘉神之德。乃作新廟，新□奕奕。

于以揭虔，□嚴禮秩。神人浹和，□□□□。

系神之休，國用阜康。□富而教，頌聲洋洋。

比屋可封，□□陶唐。於□斯年，寶曆無疆。

翰林直學士、朝列大夫、知制誥同修國史臣王緯奉敕撰。翰林學士承旨、榮禄□夫、知制誥兼修國史臣劉賡奉敕書。翰林學士承旨、□紫□禄大夫、上柱國、知制誥兼修國史、韓國公、中書平章政事臣李孟奉敕篆額。

至治元年歲在辛酉十□□十有二日辛亥，河東陝西等處都轉運鹽使司臣馬思忽等。

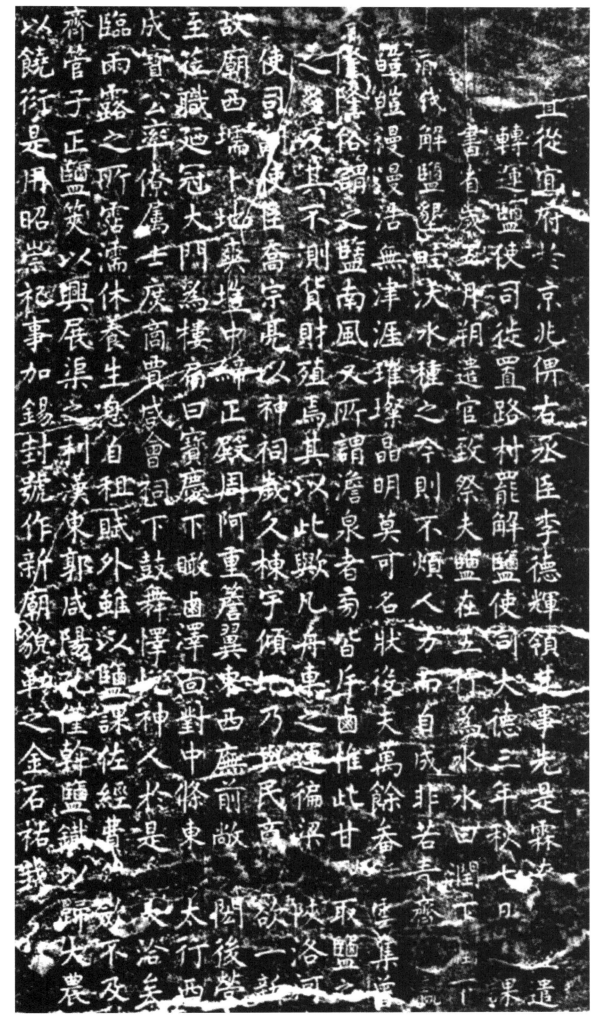

《神廟碑》拓片局部

46. 重修藏山廟記

立石年代：元至治三年（1323年）

原石尺寸：高132厘米，寬75厘米

石存地點：陽泉市盂縣秀水鎮西關大王廟

重修藏山廟記

藏山神者，晋趙孤、程嬰、公孫杵臼也。古盂治之北，遠一舍□，□山曰藏山。溪行數里，林木蔚茂，峰巒岩險，有神祠在焉。考之碑誌，訊諸故老，云昔趙孤匿於此，故名其山曰藏。按遷□□□，趙孤名武，其父朔，娶成公姊曰莊姬。初，靈公之世，大夫屠岸賈有寵，趙穿弑靈公。及景公之世，賈爲司寇，乃治靈公□□，□諸將攻趙氏於下宮，殺朔而滅其族。莊姬有遺腹，匿公宮而生趙孤，賈與諸將又索之。嬰嘗爲朔客，乃與公孫杵臼□□□姓子以示，諸將殺之，杵臼死焉。趙孤獲免於難，嬰持亡匿山中，□十五年。景公有疾，卜之曰：大業之後不遂者爲祟。□□□韓厥，厥知趙孤在，乃曰：大業之後在晋絶祀者，其趙氏乎？公問趙氏子孫，韓厥具以實對。乃召武及嬰，而反其田□□。□□屠岸賈，滅其族。暨長以賢，遂當晋國，没謚曰文。後世於亡匿之所祠而祀之，又建別祠於城右，以便祈禱。二祠之建□□□稽邑人傳云：雖五季兵紛，祀未嘗廢。侯爵之贈，程曰忠智，公孫曰成信，爰自宋始。噫！三神之靈，廟食兹土，其來遠矣。□□□之功之大者其祀遠，德之厚者其報豐。此天理之當然，而人情之必然者也。夫民而非神，孰其佑之；神而非民，孰其□□。□□與人實相依庇。若夫水旱疾疫，神任其責，犧牲粢盛，民共其事，是故民之所聚必有神焉。且以文子之賢，忠智之□，□□□義，宜享祀於無窮。至於歲之水旱，人之疾疫，凡有所祈，應速桴鼓。《祭法》所謂法施於民，以死勤事，以勞定國，與夫□□災、捍大患者，三神俱有焉。蓋神之精爽在天，功德在人，而犧牲粢盛，綿祀不絶，是亦天理之當然，而人情之必然者□，夫豈有所强而爲之哉？城右之祠僅存梁紀，則重建於金，源之承安五年，迨今百有餘年矣。歲月滋久，風雨弗蔽，邑人李□等，好事者也，見而興嘆曰：祠之若是，胡可以肅祀而妥神？遂庀工藏財，以修以飾，計其工程、瓦甓、餱糧、藻繢之費，凡用□□二千餘緡，廟宇神像易舊而新之。工作於四月十八日，落成於八月十五日。百役既卒，欲求志入石，以傳不朽。乃致懇□□州忠翊公、州尹奉政公來謂予曰：藏山之神，民所仰也，廟貌嚴矣，敢托記於予。數請而意愈篤。辭不獲已，因摭其實，并□夫歲月云。

賜同進士出身將仕郎□州判官蒲機撰。

離石縣儒學教諭呼延鳳舉。

國子伴讀掌儀鄉貢進□吕思誠篆并書。

定襄縣儒學教諭李復禮。

石匠提控權忠友刊，門人婿秦思□。

吏目王德輝、司吏□彧、戴覆禮、馬思禮、李彬、牛惠、潘桂、楊榮祖、許世英。

將仕郎盂州判官蒲機，保義校尉同知盂州事那懷。

奉政大夫盂州知州兼□□州諸軍奧□勸農事張思義。

忠翊校尉盂州達魯花□□管本州諸軍奧魯勸農事塔海。

泥匠：韓旺、劉世忠。

鐵匠：提控張文。

木匠：提控張山。

待詔：賈善夫。

至治三年八月十五口，鹽官李簡同董彥友立石。

黄河流域水利碑刻集成 · 山西卷 一

《重修藏山廟記》拓片局部

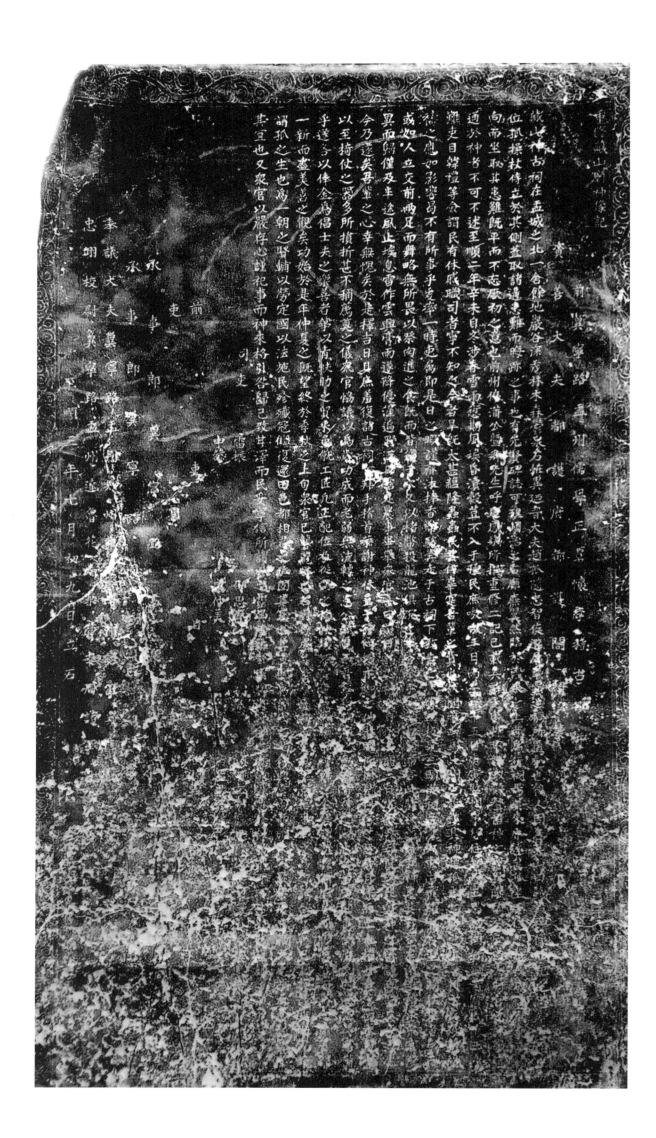

47. 重修藏山廟神像記

立石年代：元至順三年（1332 年）
原石尺寸：高 145 厘米，寬 84 厘米
石存地點：陽泉市盂縣秀水鎮西關大王廟

重修藏山廟神像記

藏山神古祠在盂城之北一舍餘地。岩谷深秀，林木森鬱，泉石怪异，乃晋大夫趙孤隨忠智侯避屠岸賈……位孤操杖侍立於其側。蓋取諸遭患難而晦迹之事也，有先賢碑誌可考。州治之右，廊廡翼然臨於……向而坐，取其患難既平而不忘厥初之意也。前州倅蒲公暨鄉先生呼延鳳舉所撰重修二記，已載其詳……通於神者，不可不述。至順二年辛未，自冬涉春，雪雨愆期，風埃昏瀆，穀豆不入于種，民庶嗷嗷。三月丙子朔十五……難，吏目韓禮等僉謂：民有休戚，職司者寧不知之！今者旱既太甚，蘊隆蟲蟲，民其何辜，實吾輩之責也。……禱之應如影響，曷不有所事乎？爰率一時吏屬，即是日之暇，謹齋沐捧香□駿奔走于古祠下，致告之……或如人立，交前兩足而舞，略無所畏以祭肉進之食，既而皆復於穴，又以楮幣投龍池，俱沉之。……异而歸。僅及半途，風止埃息，雷作雲興，膏雨遂降，優渥遍野，□□沾足農事。畢舉，衆官……今乃遂矣，吾輩之心幸無愧矣。於是擇吉日具庶羞復詣古祠下，拜手稽首，恭謝神休。至于行祠……以至椅仗之器多所損折，甚不稱薦奠之儀。衆官協議，以爲歲功成而老弱無流轉之……乎！遂各以俸金爲倡。士夫之樂善者，第以青蚨，助之貿米，色就工匠，凡正配位及……一新，而盡美善之觀矣。功始於是年仲夏之既望，終於季秋之上旬。衆官已……謂孤之生也，爲一朝之賢輔，以勞定國、以法施民，殄殲寇讎，復還田邑都，相君之□，固其宜也。……其宜也。又衆官以嚴存心，謹祀事而神來格，引咎歸己，致甘澤而民妥寧，信所謂□□靈……

司吏雷振、邵思□、□□、申恭、□仲美、□□。

前吏目……吏目……

承事郎冀寧路……承事郎冀寧路……

資善大夫都護府都護閣……奉議大夫冀寧路盂州知州……忠翊校尉冀寧路盂州達魯花赤兼管本州諸……

前冀寧路盂州儒學正覃懷李稽古撰并書。

至順三年七月初九日立石。

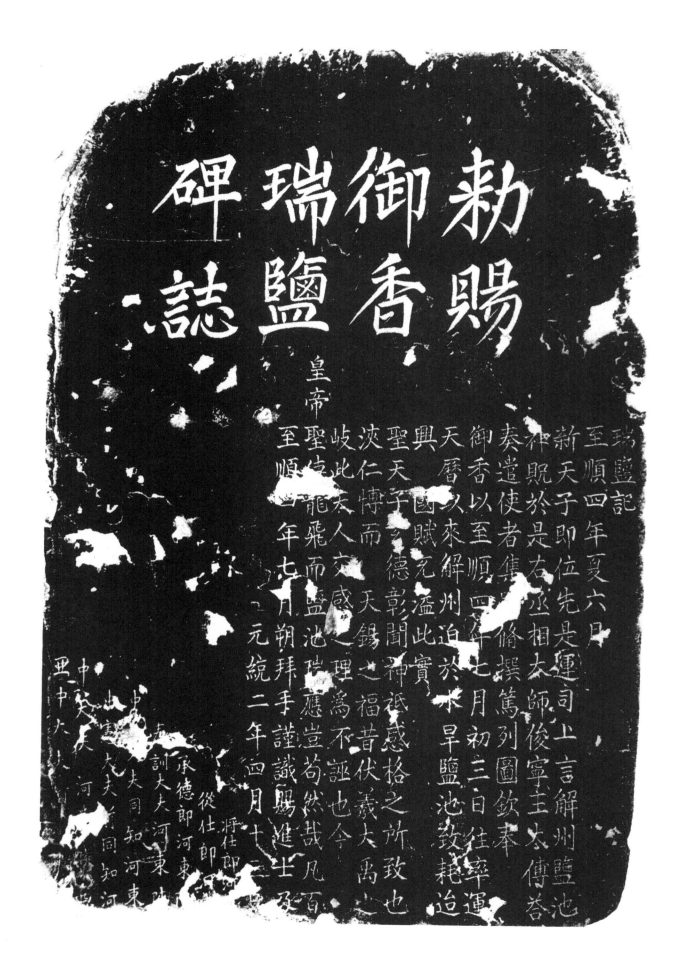

勅賜御香瑞鹽碑誌

皇帝

瑞鹽記

至順四年夏六月

勅天子即位先是運司上言解州鹽池

神既於是右丞相太師後寧王太傅咨

奏遣使者脩撰篤列圖欽奉

御香以至解州迫於水旱鹽池致耗迫

天曆以來鹽兄溢此實

興天子國賦神祇感格之所致也

聖天子仁博而德彰聞之理為不誣也今天錫之福昔伏羲大禹之

岐此太人交感

至聖皇龍飛而鹽池瑞應豈苟然哉几百

順四年七月朔拜手謹識賜進士及

元統二年四月十二

承德郎河東

訓大夫河東

從仕郎

將仕郎

中憲大夫同知河東

48. 瑞鹽記

立石年代：元元統二年（1334 年）
原石尺寸：殘高 76 厘米，寬 52 厘米
石存地點：運城市鹽湖區鹽池神廟

〔碑額〕：敕賜御香瑞鹽碑誌

瑞鹽記

至順四年夏六月，新天子即位。先是，運司上言："解州鹽池……神貺。"於是右丞相、太師俊寧，王太傅答……奏，遣使者集□修撰篤列圖，欽奉御香，以至順四年七月初三日往，率運……天曆以來，解州迫於水旱，鹽池致耗，迨……興，國賦充溢，此實聖天子玄德彰聞，神祇感格之所致也。"……浹仁博，而天錫之福。昔伏羲、大禹之……岐，此天人交感之理，爲不誣也。今皇帝聖德龍飛，而鹽池瑞應，豈苟然哉！凡百……至順四年七月朔拜手謹識，賜進士及……

將仕郎河……從仕郎河……承德郎河東……奉訓大夫河東陝……中□大夫同知河東……中憲大夫前同知河……中大夫河……亞中大夫河……

元統二年四月十三日……

49. 重修南關觀音堂遺迹感應記

立石年代：元至元二年（1336 年）
原石尺寸：高 140 厘米，寬 74 厘米
石存地點：晉城市青蓮寺福岩禪院

重修南關觀音堂遺迹感應記

粵觀音堂在澤城南門外偏左。白雲北際偏右，舊有基堎，前抵道路，北迆濠水，西近城門，東圍垣墻。前代已經兵燹蕩平，視若僻隙廉隅之地也。大宋崇寧間，僅有本州青蓮寺長老鑒巒重舉功力、木料磚甓，起立觀音堂殿三間，周延四阿，環以廊舍，及構前殿三間。俱有佛像，甚相具焉，安慰僧衆。凡遇雨暘逾度，捍禦灾祥，無求不獲，無願不從，當爲祝嵩嶽之壽也。歷代燈傳，輝映雲集。時至元二年八月初旬，殿后水發，滃渀衝流，將南關居民房舍渰傾，官民憂懼。業得郡守達魯花赤忽都魯海牙親率官僚耆老人等，恭謁觀音堂所祝禱祭祀，遂感波息水止。蒙郡守達魯花赤台旨，給俸米鈔貫，敦請青蓮長老福裕重修，殿堂一新，永爲本寺僧衆嘉閟。觀音靈感洪誓之願，特酬潮水消釋，官民渴仰□樂慈良，遵行善俗。古有諺語云："下有海眼，不可瀆犯。"從善之士有能求無生之生者，知舟筏存歟！斯徵是言，使觀者起信焉。

澤州鄉士賀禄述并書。

奉議大夫晋寧路澤州知州兼管本州諸軍奧魯勸農事翟光祖校正。奉議大夫晋寧路澤州達魯花赤兼管本州諸軍勸農事忽都魯海牙，中奉大夫察罕腦兒等處宣慰使都元帥何淵同施功德。

青蓮寺募緣住持沙門福裕立石，石匠王志信刊。

時大元至元二年中秋八月上旬吉日。

北齊唐宋金元

50. 修渠灌溉規條碑

立石年代：元至元三年（1337 年）

原石尺寸：高 124 厘米，寬 65 厘米

石存地點：晋城市沁水縣嘉峰鎮嘉峰村

……於泰定四年興……渠取水施到……十□有余，又開黄……間爲見沁河夆發，□壞□道。於至順三年又十一月，内佺再行呼集大小人名，一同商議，有……供到地畝，興功開取上下渠引水通行。上至□庄沁河□傾□，下至村□閏家溝退水。中間若有差遣不到，□□□□□人，每一功各人自情願帖□□粮□五斤、米一斗，與衆人食用，□詞。如後□水澆灌地土時，照依各人工力，將水從下使用上輪，下次迴而復始。不得不施工力之人，偷水澆灌地土，罰燒銀一十兩。其各人并不得倒等澆灌其餘地土。如有轉行人情，將水與别人使用，罰燒銀五兩，□□□依元立文字使用。如有不依之人，將水□不得使用，無詞。先於□泰定四年、天曆元年、二年，施到人工柒百五十工有余。又開黄沙石一百八十步。次後再於至順三年七月内，爲□□集衆人□□到人工一千一百工有余。再起黄沙石崖一百八十步，又□沙崖一百五十步。今開各人元供地畝，開具□□。

一甲何佺二分半，一甲李天秀二分二厘，一甲何亨二分，一甲何真二厘，何順二厘半，何清二厘半，上何海二厘半，□倚五一厘，刁元古二厘半，李清字文秀一厘，李十五二厘，何世通一厘，□□佺五毫，何伯誠一厘半，一甲賈思一厘，□□一厘，賈世通一厘，賈八一厘，張德林一厘半，一甲何□二厘半，馬貴一厘……馬六五毫，張仲禄八毫，馮十三二厘，王子秀一厘，……厘半。

至元三年三月十一日工畢。

51. 重修懿济夫人廟記

立石年代：元至元五年（1339年）

原石尺寸：高239厘米，寬119厘米

石存地點：晋中市和順縣平松鄉合山村聖母廟

重修懿濟夫人廟記

梁餘邑之東南距城四十里，有里曰合山。里之南三百□□□山之陰，林木薈蔚，水泉沸涌，有古祠焉，曰懿濟夫人。夫人之弟曰顯澤侯，并有靈應。每遇旱暵，四國禱之，□□□□石，需澤周被，靡不答其所求。賴神……予竊考之古碑，參以民傳，以爲夫人蓋樞姑氏之女也，世代□詳，□究其實。夫人有柔懿之德，歿而爲神，暨……致雨，澤潤生民。按《祭法》有曰：以勞定國則祀之，能禦大災則祀之，能捍大患則祀之，有功於民則祀之。二神蓋有功於民者也，血食於斯，世享其祭，不亦宜乎？其爵秩祝號封自宋朝，逮至金室，廟毀於兵。劫火之……因故基構庫宇，粗置神位，扁曰聖母，曰顯澤王。厥後，有經略使張公，始治而侈之，迄今十餘紀矣。風檐雨壁，歲久朽□，宋桷毀墜，幾爲荒……本廟道士白道榮，自幼出家，賦性純謹，心志於道。及成童，勇於爲義。其事神接人，無不推□□敬。居十餘歲……其視頹圮軫念不置。於是□木傚功，累歲修理，厥有成績。始於至治二年五月，撤新□□；泰定四年八月，□□顯澤□□周，磨礱瓴甋，東砌花臺二座。工程其巧，曲有妙致。天曆改元，補葺東雲堂二十楹；至順元年，重建太尉堂一十二楹。□□□像，完舊益新，赫赫巍巍，儼然可畏。至順三年秋，□□舊制，創蓋神門，兼營東雲堂三間，而□其制。元統二年，以夫人之□□陋無足快目，復革故改作，反宇翬飛，四榮跂翼。至元四年，重修龍王堂一十二楹。前後興造，□□然歷十餘載而始□□。經營之間，厥亦勞矣，而道榮曾不以勞爲少懈，可謂强毅其力，堅忍其性者矣。嗚呼！有志者事成竟，豈不信哉！落成之日，黃髮者艾、野夫版尹，來會祠下。觀其廟舍峻整，階序廓大，棟宇軒翔，金碧輝映，抃蹈歡躍，咸相謂曰："今神□能對於禱祝，又俾有憑□而宣其烈也。微我道榮，其曷能然？"於是傾囊倒篋，以佐其費，協力率衆，以贊其功。人事既備，神用時若。予適以公事□□餘驛，道榮持酒來謁，屬予文以記歲月。予視夫官府造作，刑驅勢逼，尚有不克完者，今道榮無刑勢之驅逼，而人趨事□功，樂爲之助，卒底於成，世亦罕矣。以其事功周密詳備，是不可以不志。

元晋寧路沁州儒學正古韓……，□□郎前和順縣達魯花赤中男……

合山廟住持净明大師白道荣。

真定路元氏縣石匠提控盧思聰，弟思温、思□、思□，男仲賢、仲禮。

至元五年歲次己卯正月庚申朔二十八日丁亥。

52. 清源王廟碑

立石年代：元至正二年（1342 年）

原石尺寸：高 155 厘米，寬 75 厘米

石存地點：臨汾市曲沃縣曲沃中學

清源王廟碑

《王制》曰：天子祭天下名山大川，五嶽視三公，四瀆視諸侯。蓋天下重鎮莫大於嶽瀆，國家重事莫大於祭祀。嶽瀆乃四方之維也，而萬世之攸崇；祭祀乃四時之禮也，而百王之常□。□天子與祭不容□□僭差也。欽□有元，聖聖相承，□□虞夏，車書混同，祀事靡不畢舉。以嶽瀆之重鎮，歲時遣使祀之，其有不逮者，□詔天下嶽鎮海瀆名山大川，有司之在其地者，□潔致祭。□時守令□承聖意，克勤乃職者，惟邑令張公，蓋其人歟！公諱思禮，冀寧人，要居□秩，器宇弘深，持己以廉，奉上以恭，處事明吏，爲眾□□□守是邑。下車之……醉之奉，左右莫之知，遍詣境內祠廟，引咎自責以禱。詣濟瀆廟庭，致禱已竟，顧殿室摧圮，神像凋落，奮然有修復之志。乃忝□于神曰：于時方旱，饑饉薦臻，拯民之艱□，乃神速報效。既而天雨滂沱，闔境民聲歡洽，訢然相告曰：非邑令至誠感神，安能致之？厥後屢禱輒應，鄰境亦爲被澤。公割俸金以爲廟宇之需……偕作，如子□□□神像廟宇輪奐一新，不旬日以落成矣。時惟朔望，祀事之勤終始如一。里之耆舊私相語曰：是廟也，二百有餘歲，□□□新修復……將刻石以頌其德，庶傳不朽。僉曰：可。於是靳智、王思仁并眾社人等來詢文。予以懇請堅數辭不獲已，乃原其所自以告之。嶽瀆之……《書》曰"望秩于山川"，其謂是歟？何山川之望，申言之以天下之重鎮也？及巡守所至又望焉，此國家之重祭也。三代以降，禪受征伐之……川嶽瀆爲重，乃先告而後行，此萬世攸崇，百王常法者也。或以《禮》書之所載，嶽瀆所視所秩者，三公諸侯而已。今乃封王，以王者禮祀。與古禮不……時也。二者世世而封崇之，固有不同也。且忠臣列士或公或王尚封之，況嶽瀆之重鎮乎？不得不然也。或曰：聖制以嶽鎮海瀆有司在其地者，以時奉祀，然此非濟之源，是非其地也。朔望禮奠，是非其時也。抑以□金繪飾增崇之，非□□□曰：是不然。夫神之在……隨□□□在也。先儒所謂鑿井得泉，而理豈專在是哉？且百神離宮盈天下，天下之人祀之，神無不格也。然祀神之禮，有其誠則有其神……其上，如在左右。孔子祭神如在，吾不與祭如不祭是已。然臣奉君命以祀而不欲疏，故□□□之也。其旱祈雨應，年穀豐登，宜增崇其殿宇……功也。若大廟□神上旨以行其禮祀，謂之□□可乎？由是觀之非諂也。已仍嘉其張公修復祀事之勤，感神護民之善，其應蓋不期然而然者。故叙其行實，以爲來哲……以銘曰：

維嶽有五，岱居厥綱；維瀆有四，濟鎮厥方。萬世禋祀，百王□章。既崇即封，……加以旒冕，賜以□璋，瞻彼行廟，乃古乃荒。惟時賢令，□增□□。誠之祈禱，□□□□。曰雨則雨，曰暘則暘。德洽黎庶，政寅循良。□銘於石，永□不忘。

晋寧路絳州曲沃縣尉劉若泉撰。太中大夫懷慶路總管靳用男忠顯校尉致仕解州同知事靳德政長孫靳奉御符嗣書。正議大夫上輕車都尉户部尚書□忠肅李謙亨孫承事郎猗氏縣尹李汝弼篆。

李達、李謙、郭誠、薛寬、盧羽、賈恭、賈忠、李貴、王伯、常□眾社下人等立石。

徵事郎曲沃縣達□花赤楊唐兀、承事郎曲沃縣尹張思禮、保義副尉曲沃縣主簿段克仁、曲沃縣尉楊守仁、曲沃……

大元至正二年二月十八日。

53. 紫柏龍神醮臺記

立石年代：元至正二年（1342 年）

原石尺寸：高 65 厘米，寬 105 厘米

石存地點：陽泉市盂縣萇池鎮芝角村紫柏龍神廟

紫柏龍神醮臺記

觀夫紫神者，其年綿遠，其趣幽微，蓋不能考其詳。今□碑文之贊，工人之傳，其隱顯之情倏爾，造化之□□□。大則雷轟電掣而□天，小則淤潜□文而……測其有無之驗哉。實能使人□志謇謇……稽顙而敬祀者衆矣。一日，鄉賢好事者禮仁劉公，□□長子信太，生前嘗謂其父曰：是以聖像殿宇邁然煥□而既完矣，宜□諸石以傳不湮之固，可乎？父曰：諾。其子不幸而早世。寬曰：噫！伊雖命已，余聞諸古賢云，許人□諾，不能以信，尚不可也，況於神乎？……心，以實前言之不謬。斯乃施錢合工，輦石立斯□□紫柏龍神前。願祈應侯之甘霖，善佑王畿之永慶，愍降休祥，仰垂□□。

晋陽後進王善□撰并書。

助緣人：溫忠信、社長趙德全、趙德元、趙德禄，廟主里正韓友美、劉濟川、蘇友、李泰、趙子實、張寬、蘇順卿、鄭德才、趙良甫、郄仲元、趙良友、趙子成、李從政、蘇友才、溫厚、鄭德友、侯伯英、蘇聚、肖德寶、蘇元、蘇清甫。

曾祖劉成、張氏，祖父劉德、冉氏、閆氏，男劉仲寬、妻胡氏，男信義、蘇氏，女子□嬌、伯林、伯英，信太、張氏、王氏，孫男世才、世忠，信友、周氏，孫男世英、女子菅見。

（以下碑文漫漶不清，略而不錄）

時至正二年歲次壬午四月吉日，劉仲寬立石。

54. 創建天龍廟碑

立石年代：元至正四年（1344 年）
原石尺寸：高 163 厘米，寬 79 厘米
石存地點：呂梁市方山縣北武當鎮廟底村

創建天龍廟碑

大元至正，歲在□逢涒灘，中秋穀旦，余將攀龍鱗，拊鳳翼。適友人白君子實以書至，懇告余□：吾邑離石之北，東距邑百里而遙，有山曰"郭子"，即古之呂梁也。山形寵嵸，石壁崇□，上矗霄漢，旁薄霧雲。蓋有神龍潛伏其中，而其靈异胡可測哉！其前後并左方諸山，皆不能及於懷抱，況敢與之爭高耶。獨右挾一山，形勢爽塏，岩岫環含，草木蓊鬱，松林陰翳，俗因名之曰"萬松"，實呂梁之脉絡支山也。噫嘻！此山雖不能與呂梁仿佛其高下，而亦神龍潛隱之鄉也。半當山腰有古廟焉，里俗相傳，自唐始立，歷金大安初重修廟宇，創建碣銘，乃并西之狀〔壯〕觀，離石之勝景也。迄今廟貌尚在，碑銘迥存。觀其神龍之變化不測，能大能小，是以興雲致雨，顯其靈异。而濟物之功，豈可一二而枚數耶。厥或雲漢示變，旱魃爲灾，其民輒禱，其雨輒應，猶桴鼓之捷於影響矣。去年大同、冀寧二路亢旱，赤地千里，如惔如焚，黍稷俱槁，饑饉薦臻。其民之老羸者輾轉餓死於溝壑，而少狀〔壯〕者散而之四方者，幾千人矣。獨此一方，秋夏大熟，其民安業樂生，不聞有啼飢叫餓而流移於异土者，是皆神龍之所護應也。奈何神□卑狹，地勢險阻，里民歲時奉祠，衆不能容。有家兄諱子英、子柔者，與鄉耆僉議，於此山之下，逾澗北濱，度平曠之地，創構龍堂并兩廊三門，粲然一新。觀其大勢嚴正，如人之竦立，而其恭翼翼也；其廡隅整飭，如矢之急而直也；其棟宇峻起，如鳥之警而革也；其□□□彩而軒翔，如翬之飛而矯其翼也。言其堂之美如是，而爲神龍之居也，詎不稱哉！訖今歲落成之際，余亦與焉。於是衆耆集議，鳩金樹石，以紀其成功，敢請銘之。余讀書畢，則嘆其言之懇至而有理，是以不敢固辭，而原其始終，以銘之云：

離石北東，呂梁之峰，右挾一山，俗名萬松。

林木盛茂，神龍之鄉。禱雨隨應，溥濟一方。

一方之民，歲時祭奉。地形險隘，難容人衆，

□君□□，與鄉□議，廣厥神居，構於平地。

跂翼矢棘，鳥革翬飛。堂美如是，神靈示威。

吾友子實，求余作銘，輝輝金石，永觀厥成。

河東鄉貢進士張周衙撰，位下總官□子柔書，位下長官白子實篆。

本路石匠提控安信、男安存敬刊。

立石耆老人等，玉亭隱士白子讓、白子英、白子柔、白敬祖、白彥通、白惟敏、李慶和、刘思忠、刘思通、賈智、□文美、李彥揮、呂彤、張得欽、曹邦吉，化緣僧講經律論賜紅沙門玄□。

至正四年歲次甲申孟冬吉日記。

55. 水神山詩碣

立石年代：元至正四年（1344 年）
原石尺寸：高 30 厘米，寬 37 厘米
石存地點：陽泉市盂縣水神山烈女祠

亂山深處有靈湫，三載傳聞志未酬。
今日敬焚香一炷，松風十里水神頭。
至正甲申九月既望敬謁。
靈祠俚詩一絕，同行幕客李良佐。
□教浩克敬權州張准一、□州事程明德□□。

北齊唐宋金元

56. 重修黃龍廟記

立石年代：元至正五年（1345 年）

原石尺寸：高 188 厘米，寬 72 厘米

石存地點：陽泉市盂縣西烟鎮黃龍凹村黃龍廟

〔碑額〕：黄龍廟

重修黃龍廟記

業有創於始而成於終，事由晦於前而顯於後，皆莫能逃乎！數仇由……九龍。山上建黃龍祠，□久弊漏，上□傍風，幾毀神像。□□□之……黃龍聖駕者，即郡民之主也。神之靈驗，主風主雨主雷主□，歲有大旱，禱則甘霖……孰乃亦有秋，豈可坐視其祠宇爲風雨之所頹剝，而不爲營葺乎？遂舍己……宏壯門軒陛阤，以大其功，扉隅整飾，棟宇翬飛，金容聖像，兩壁盡皆丹臒……乃五龍之總廟，西望九龍山，即重建之祠也，南暨□山，北連三像，四面……其□日春風烟嵐晚翬，而山水之秀如對畫屏，乃一川之佳景，四時之美麗也。……觀於此，莫不眷□停息而不舍也。其地土厚水深，民□稠密，無饒沃之利，故風俗□厚□□□穡，士風盛，人物美，而多嚮義之民，乃古盂之秀地也。其功自至正乙酉夏五月壬午……八月既望有四日告成。落而慶之，禮也。求僕文以記。僕曰：文則吾不能。請紀其實而……夫事久則弊，必待能者革而新之，以成其美。余故曰：創於始而成於終，晦於前□□□□□，以此□！其郭公世全篤於誠敬之至，經營構締之勞有足紀者，故□書之，□得不……而記之也。

四川省敘□宣撫司長寧州儒學正高守誠撰并書……

省差吏目牛惠吏，將士郎盂州判官□□，承事郎同知盂州事也先怙才□。

奉儀大夫盂州知州兼管本州諸軍奧魯勸農事孟崇祖，忠翊校尉盂州達魯花赤兼管本州諸軍奧魯勸農事阿哈□。

石匠提控呂世恩，男思忠、□思敬□。

至正五年秋八月乙酉廿日辛未，社長郭□全立石。

57. 重修藏山神祠記

立石年代：元至正五年（1345 年）

原石尺寸：高 132 厘米，寬 80 厘米

石存地點：陽泉市盂縣秀水鎮西關大王廟

重修藏山神祠記

盂，古仇由地也。城之右有藏山神祠，山則去城三十里，亦有祠在焉。至治三年，余爲書州判官□公所作碑而至祠下，□□具載藏山神之顛末暨建祠之由。近因考《左氏傳》，以爲用莊姬之譖而族趙氏，遷《史》以爲治靈公之賊而與誅，俱以韓厥之□□復其爵邑。晋之六卿，柄有晋政，卒□三家，蓋三家之連合也久矣！惟趙氏代有死士，故趙氏能與韓、魏并立也。夫子作□□，大桓文之功，而亦首桓文之罪。自是而後，諸侯連合，禮樂征伐，積習之漸，陪臣執命，列國不知有□□之□，客卿不知有□國之親。故齊有田氏之奪，晋有三家之分。夫子之作《春秋》也，尊周而親魯，將以撥亂反之正，救其弊也。晋自文公始□，趙□初政河陽之狩，《春秋》深隱之。大夫效尤，一再傳之，後乃有靈公之禍。夫子從董狐之筆，趙盾膺首惡之罪。屠岸賈之舉大事也，何《春秋》不書？公孫杵臼、程嬰何愧董安于乎？左氏不紀豫讓之烈，方之二公有間也，子朱子何遺焉不取？宋以能存趙氏之孤，封公孫曰成信侯，程曰忠知侯，董安于嘗廟食于趙宗而不見封于宋，抑又何哉？趙孤名武，謚曰文子，朔之子，□□□也。雖然，公孫之死，程之忠，盡心所事，千古之下血食不既，豈無其報哉？彼偷竊富貴，入而恐不納，出而恐相浼，終□□□□其醜而禍敗以從者，誠有愧於斯也。祠在至治間葺，今且三十年矣！風雨摧敗，達魯花赤塔失帖木兒與邦人義士祁仲□、□□、武從礼、李文亨復易舊爲新，做之者甚衆。達魯花赤等之心，邦之義士，夫何愧于明神哉！已爲之記，仍作迎送神詞二章，□歌以祀。詞曰：

山之下兮水之滸，神有祠兮在茲土。

神之來兮如有睹，風滿旗兮聲震鼓。

肴羞俎兮酒盈瓶，汾前□兮我歌以舞。

祠可居兮山可藏，雜蔬肴兮奠彼酒漿。

雷電合兮風雨相將，神之去兮邈其何方？

瞻望弗及兮山高水長。

中奉大夫湖廣等處行中書省參知政事呂思誠撰，承事郎□州路總管府經歷楊佐書，文林郎御史臺管勾葛裡篆。

重修造主承事郎前冀寧路盂州達魯花赤兼管本州諸軍奧魯、勸農事塔失帖木兒、祁仲美、郭彝、武從礼、李文亨立石。

石匠提控權德用、男思敬刊。

司吏耿庸、温載、姬從周、趙奉先、李從周、安權甫，吏目牛惠，儒學正浩允恭，税務提領張惟一，務使韓居吉，務副張繼先，將事郎冀寧路盂州判官任藏晦，承事郎冀寧路同知盂州事也先帖木兒，奉議大夫冀寧路盂州知州兼管本州諸軍奧魯、勸農事孟崇祖，忠翊校尉冀寧路盂州達魯花赤兼管本州諸軍奧魯、勸農事阿哈麻，至正五年□月□日立。

太守路福嶒字鍇段卣撰并書丹

霍州支孫九迪泉胡□

聖于一堂是神有此依人爾無憾之苦老咸此其言安道率領里人興

廟未完三人相繼離世其廟歲久浸值風雨歲推喬然敬夫本縣人也平

理忽然一旦攜子遷共故莊喬家坡隱居發農一日過於廟前見其不□

荊棘莽然諮于眾曰聖王願者石石壁之勝鳥五蓮木朝夕勤勞越明年為

里人欣然而助枌槍是慨然捐功首率其眾鳩五連木朝夕勤勞越明年為

大殿三間門牆垣墻燦然一新供卓門牌無一不備繪塑湯王佛氏老君

儼然可敬觀夫地勢之雄前臨寒泉後倚峻壁左接山原右連溪水若夫

登四顧有山川之美園林景翳禽鳥為時鳴寒幽人之所居也往來游覽觀

咸曰今乃百慶俱與果遂其頤何不泯其華而刻于石欽為操運遠山之

磨平直無此一日欽直謂属子乃固辭不免是以叙其本末可誌令

人立之欲乃惠病而謝世欽之子叔巳共里中諧老李弥崔用李顯寺續其

邊緣得以乖于後世記其歲月云

大元至正五年歲次丙戌九月吉日立石

山陝分河西段村

58. 湯王廟碑記

立石年代：元至正六年（1346 年）
原石尺寸：高 100 厘米，寬 60 厘米
石存地點：臨汾市浮山縣天壇鎮河底村湯王廟

……廟記

……乃三代聖德之君，諺曰聖王也。湯有七年之旱，太史卜曰：當以人禱。湯乃……自爲犧牲禱于桑林之社而雨大足。諸侯感服，湯乃踐天子位。民懷其德……血食而無窮也。浮山邑之東二十里，有里曰石壁，民居五口。曰：上下賢要……河底、喬家坡、筆林溝，總名曰石壁。自天曆元年口之大旱口中耆老謹奉香……嶺山聖王祠，虔心禱祀，其雨大降。耆老曰："聖王之靈，生則澤被於民，死……神禱而感應，何以報焉？"意欲建立行祠，奈無廟基。李安、梁進答曰："河底東……君故廟殿宇口殘，基址猶存，地形廣袤，於此廟後創建湯王廟行祠，置聖王……塑于一堂，故是神有口依，人亦無憾也。"耆老咸口其言。安、進率領里人興……廟未完，二人相繼辭世。其廟歲久，復值風雨崩摧。喬欽敬夫，本縣人也，平……理，忽然一旦，携其妻子遷於故庄喬家坡，隱居務農。一日過於廟前，見其……荊棘莽然，諮于衆曰："聖王廟者，乃石壁之勝概，奈何坐視不爲？我則爲之。"……里人欣然而助。於是慨然興功，首率其衆，鳩工運木，朝夕勤勞。越明年而……大殿三間，門牖垣墻燦然一新，供桌門牌無一不備，繪塑湯王、佛氏、老君……儼然可敬。觀夫地勢之雄，前臨寒泉，後倚峻壁，左接山原，右連溪水。若夫……望，四顧有山川之美，園林景翳禽鳥時鳴，實幽人之所居也。往來游覽觀……人咸曰："今乃百廢俱興，果遂其願。何不紀其事而刻于石？"欽乃采運堯山之……琢磨平直無玷。一日欽則來謁，属予誌之。予乃固辞不免，是以敘其本末云。……欽乃患病而謝世。欽之子叔巳共里中耆老李珍、霍用、李顯等續其前功，命……立之，然後得以垂于後世，記其歲月云。

太寧路儒學録段訥撰并書丹，霍州吏孫允迪篆額。

石匠臨汾河西段村……

大元至正六年歲次丙戌九月吉日立石。

59. 禱鹽池記

立石年代：元至正七年（1347 年）
原石尺寸：高 186 厘米，寬 68 厘米
石存地點：運城市鹽池神廟

〔碑額〕：鹽池神御香記

禱鹽池記

……下，利生民者莫鹽若也。鹽之出於天下者有數，皆費國本而勞民力。若解州之鹽，特天產焉，不費□□□□，古人亦曰“解鹽可食天下”。所以見……王端居□□□生民之血食，受盛世之元勳，澤被生民久矣。列聖歲頒御香，答神休也。神享聖德，歲課有增。今年五月，上遣翰林學士暗都剌，奉香禱於祠下。於是司厥司者牲牢醴幣，惟嚴惟敬，涓潔致祭。三獻禮畢，神其有靈。荷聖壽之無疆，永利生民。猗歟盛哉！運使鄭衍謹記。

（以下碑文漫漶不清，略而不錄）

至正七年八月□日立石。

60. 顯聖應雨大王廟碑

立石年代：元至正七年（1347 年）
原石尺寸：高 102 厘米，寬 54 厘米
石存地點：呂梁市柳林縣李家灣鄉王家山村應雨大王廟

〔碑額〕：顯聖應雨大王

本里糾首……通自發虔誠。古廟霖霆，丹青遺落，乞正當里衆社人等，謁命良工成造磚瓦，自至正陸祀興工重建廟宇，結究束砌撚玉，至正柒年夷則月工畢。選取美石鐫石而成，豎於廟前。越古超今雖小道，心有可觀可者焉。竊以洞古神靈，有千秋之聖水，興雲施雨，自萬載之□山。甘澍依時，居民潤澤。茲者應雨龍王之廟，歲月采深，丹青剝落，棟梁磚瓦摧頹，廊廡根基費壞。今有本社糾首李瑛、張甫等，持發誠心，謹爲此設，自備囊篋之資，重建應雨龍王之廟。伏願仁聖惟持，國朝治泰，托風雨之時和，賴神明之護祐。欲成勝事，社衆扶持，敬携短疏，謹請芳名，伏乞良疏。

忠翊校尉冀寧路石州達魯花赤兼管本州諸軍奧魯勸農事也先，奉議大夫冀寧路石州知州兼管本州諸軍奧魯勸農事王，忠翊校尉冀寧路同知石州事普顏怗木兒，從仕郎冀寧路石州判官董，省差吏目胡。

北齊唐宋金元

奠寧監郡朝列公禱雨感應頌

奠寧路儒學正張務本撰

中順大夫叅議樞密院事內臺監察御史部□書

武德將軍奠寧路總管晉府治中相哥篆

皇元至正之年有若朝列公以英濟侯祠下有禱輒應焉知縣之者三載矣粵夫山川之靈固以稟實扦患為功而吏之守斯民者先以民之天為重也神之功效必因人而現人心之誠又可以顯有應驗也幽明感通之妙非知道者孰與扵斯乎公諱塔海帖木兒族出阿剌兀兒義氏盍跡王邸侍従浮尚王為駙馬積勞載功俾監汾州再陞監都朝列大夫公之在官也以仁惠為心以勤恪為務下車之初辰在丙戍夏五旱公諧祠行雪禱澤以降歲為之熱明季夏大旱公渡至神祠而如前禮且奉靈泉朝夕拜祝不旬浹獲霖雨之應者境内賴以治又明辛其時恒暘禮晉澤以降歲之熟明季夏大旱公携而易者嗟夫是則公之昭格于神也神之下猶能神之德芳何偉而公之德芳尤何其迨可知也郡之人霑被殿以思所以不忘也相與言曰實大古之賢人也其死也孔子惜之今其遺憾餘百世之下猶能祚我晉土然則人為之者名致狹泠冷者安可以求盍于神哉今者人為善豈不可以取必扵神也以是感之神以應之坐明矣間和氣流行嘉穀實實而民人畜神之德亦盛矣郡神神之福我者由公有以盍之也遂鑱堅石于祠作詩以頌之其詩曰

神德芳何偉而公之德芳何其

太原之田雨愆期禾苗將枯民告饑我公監治為憂之省躬自責情傷悲北望列石佳且奇山之祠芳有靈祇

奠邑酒芳為犧犧乜誠有感不可欺幽明相道理无疑靈其奮芳歧龍馳雷為車芳雲為旗

靈雲千年各不墮天瓢一瀉莫莫遺妖氣滌去人熙熙我稼旣可甦餓羸我庾又足供明粢陰陽燮化乩能知

天瓢油然達四垂密雲油然達四垂作衡芔玉劉德山之祠芳有靈祇

公之德芳何偉而公作詩銘頌祠前碑至正八年歲次戊子秋八月廿有三吉日立石

承事郎奠寧路總管晉府判官李克讓當里耆老等康海喬澄

承直郎奠寧路總管晉府推官賈輔臣王吉傅无敬居豐趙義中葵武諱楊□里

武德將軍奠寧路總管晉府經歷盧孟秀府吏張淼劉吉長白世根傳訥智王思耳聑思聽楊克里

武德將軍奠寧路總管晉府同知中相哥

奠寧路總管晉府治中相哥

奠寧路總管晉府知事章□□都社長楊恩訢重脊廟道士牛惠成

奠寧路總管晉府提控案牘魚磨劉俊德古豐安信男張恩

張誠許居敬楊克明許東磊陳波□劉德楊克榮

蔡神恩應川于寬陳勝張世□張良甫喬卿譲道士牛惠成

府史張淼劉吉長白世根傳訥

61. 冀寧監郡朝列公禱雨感應頌

立石年代：元至正八年（1348年）

原石尺寸：高230厘米，寬88厘米

石存地點：太原市尖草坪區竇大夫祠

　　皇元至正之年，有若朝列公以必里傑帖木兒大王之邸駙馬貴臣監牧于冀寧，每值時暵，必躬至英濟侯祠下，有禱輒應焉，如是者三載矣。粵夫山川之靈固以禦災扞患爲功，而吏之守斯民者，尤以民之天爲重也。神之功效，因人而現，人心之誠，又可以顯有應驗也。幽明感通之妙，非知道者孰能與於斯乎。公諱塔海帖木兒，族出阿剌元義氏，爰繇王邸侍從，得尚主爲駙馬，積勞較功，俾監汾州，再陞監郡，階朝列大夫。公之在官也，以仁惠爲心，以勤恪爲務。下車之初，辰在丙戌，夏五旱，公詣祠行雩禱禮，膏澤以降，歲爲之熟。明年夏大旱，公復至祠，所如前禮，且奉靈泉朝夕拜祝。不旬浹獲霖雨之應，境內賴以活。又明年其時，恒暘稍愆，公告焉，雨之至若取攜而易者。嗟夫！是則公之昭格于神也，神且弗違迹，其有感于民者從可知也。郡之人沾被既久，思所以不忘也，相與言曰：竇大夫，古之賢人也，其死也，孔子惜之。今其遺德餘烈，百世之下猶能祚我晋土，然則人爲之不善而召致殃沴者，安可以求望于神哉？今者人爲之善，豈不可以取必於神也？人以是感之，神以是應之。幽明無間，和氣流行，嘉穀實而民人育，神之德至矣，公之德亦盛矣。抑神之福我者，由公有以致之也。遂鑿石于祠，作詩以頌之。其詩曰：

　　太原之田雨愆期，禾苗將枯民告饑。我公監治爲憂之，省躬自責情傷悲。北望列石佳且奇，山之祠兮有靈祇。竇侯千年名不墮，奠酋酒兮薦牷犧。至誠有感不可欺，幽明相通理無疑。靈其奮兮蛟龍馳，雷爲車兮電爲旗。密雲油然達四垂，天瓢一瀉舉莫遺。妖氛滌去人熙熙，我稼既可蘇餓羸。我庾又足供明粢，陰陽變化孰能知。神之德兮何偉而，公之德兮尤何其，作詩銘頌祠前碑。

　　冀寧路儒學正張務本撰，中順大夫參議樞密院事內臺監察御史郭老亨書，武德將軍冀寧路總管府治中相哥篆。

　　中順大夫冀寧路總管府達魯花赤兼本路諸軍奧魯總管府達魯花赤管內勸農事忙哥帖木兒，佐衙薛玉、劉德，通事賽福丁，知印王恕，譯史不花，書寫王也速答兒，顯武將軍同知冀寧路總管府事兀突歹，府吏張汝霖、劉士良、白世讓、傅訥、智明、武諒、李克遜、衡守中，武德將軍冀寧路總管府治中相哥、王述古、傅居敬、居世通、趙義、申獒、王思仁、聶思明、楊壁，承德郎冀寧路總管府判官賈輔臣、張誠、許居敬、楊叔昭、許秉彝、陳汝賢、劉遜志、楊克勤，承直郎冀寧路總管府推官李克讓，當里耆老等，康海、喬□書、柳甫、于辰、史宋、張文寬、康□廣，承事郎冀寧路總管府經歷盧文秀、喬仲恩、康巨川、于寬、陳勝、張世英、樊得濟、喬巨卿、張良甫，將仕郎冀寧路總管府知事白善長，都社長楊思讓、于忠。

　　看廟道士牛忠茂，冀寧路總管府提控案牘兼照磨劉俊德。古豐安信男（安）從政、解居实、張恩刊。

　　至正八年歲次戊子秋八月廿有三吉日立石。

62. 縣尹常公興水利記

立石年代：元至正九年（1349 年）
原石尺寸：高 134 厘米，寬 66 厘米
石存地點：晉城市沁水縣嘉峰鎮嘉峰村

〔碑額〕：縣尹常公興水利記

世祖皇帝，龍飛九五，詔天下學校、農桑、水利之於民，列聖相承，已嘗詔旨。我今上皇帝，飛龍在天，頒降圖本，諄諄勉厲。擢廣平……有如時雨化之也。勸農桑木，道乃行，興水利。詢案到賈……舊於殷溪之上達於沁爲傾口，閏溪之下復於沁爲……上甲，封南河之南爲下甲，南河之北、北河之南爲中甲……以中二甲之地，人均輸用力於中甲之渠，以下甲之地，人均輸用……從民便，增其舊制，成渠流水通乎□，□□三甲之地，不必爲……力於地，地得盡利於民，雖經旱饉之際，庶免飢寒之憂。民曰："聖天子臨御天下，賢相宰職見在田，常公德施普也。"期月有……咏歌之不足，囑余作文以誌之。余忻然欲爲，忘其固陋，有不得……王政之所先也，天下之所歸也，古今之所尚也，聖賢之所樂也……嘯，淵明弃職，子房歸道，山水之樂，古今同好。達則兼善，窮則……

渠長：李天秀、何佺、賈士元、刁二中……

至正九年四月□日平封野人……

63. 重修普應康澤王廟廡記

立石年代：元至正九年（1349年）
原石尺寸：高161厘米，寬72厘米
石存地點：臨汾市堯都區金殿鎮龍祠村龍子祠

〔碑額〕：重修普應康澤王廟廡記

重修普應康澤王廟廡記

《易》首以龍爲乾卦之象，六爻發揮，曲盡其義，是則龍之有神也宜矣，龍之爲德也大矣。其潛而在下也，或宅于□窟，或躍于淵，潤及乎一方；其飛而在上也，呼吸而雲烟興，吹噓而雷雨作，澤被於萬物，屈伸與天地同流，豈小補哉！晋寧壺口之陽有泉出焉，溉沃民田周圍六七成。其泉汹涌旁午，若神相之，故居人建廟于其上，以龍神爲主而祠之，亦收合誠敬之事也。若泉之沿革，廟之廢興，代歷綿邈，皆不可稽，自唐宋而下，有碑徵焉。迨我皇元車書混一，肇舉盛禮，大享天下山川之神，故加封神爲普應康澤王，而其廟制愈廣矣。夫神之澤膏潤一方，一方士庶咸賴其利。户豐家給，戴白之叟，吻黄之倪，含哺而嬉，鼓腹而樂。雖不知力□之何有，然神之澤不能忘也。是以歲時簫鼓弗絶，仰答靈貺，亦可謂知報本之道者矣。豈若江淮間好淫祀者所視也。以其泉之蜂沸泛濫，派爲十有二渠，渠各有號，其序自北而南。惟廟後小渠爲之冠，比他渠最秀。自山麓憧憧來，右則竇廡塼而入，貫穿廟庭，匯池爲二。澄而可鑒，泠而可掬。池圍怪木□護，人弗敢褻。池滿復流，左則竇廡塼而出，溉田上下七八里。至正丙戌春，渠長下當里申恭、席坊里賈和，瞻其廟廡有腐壞者，感而相謂曰："我等受神之福不爲淺矣，安忍坐視其圮而不爲之葺理耶！"遂乃捐資鳩工，復營繕焉。於是，傾者扶之以朱楹，覆之以碧瓦；摧者基之以瓴甋，塗之以丹臒。風雨攸除，鳥鼠攸去，檐楹繪彩，焕然一新。功既畢，前平遥務提領段庸，下當里人也，偕申、賈二渠長囑文於余以記之。余讓曰："若夫廟貌之尊雄，山水之勝概，先儒文章形容悉矣。余小子復何言哉！"然以諸公勤勞之績，固不可以不録，況此里密通廟宇者乎？凡開闔廟門楗鑰之具，段氏宗族世掌焉，而他姓不得與，以廟地爲其先祖所施故也。因敘袟以述其梗概云。

襄陵後學陳克敬撰，保義副尉前冀寧路平遥縣酒税醋務提領段庸書并篆。

渠長申恭、賈和立石，徐柔刊。

至正九年歲在己丑秋八月吉日。

就谷里檀庐焚献记

就公住院重修行跡記

敬授金寶令旨住持古绛城右月基禪院雪齋祥
晉山堀圍國師院楊蒙村弥陀院講經律論賜紅沙門建偉書
前集賢大學士榮祿大夫馮思溫篆額

古井西北乾方相離五十余里山村名窨谷地面枕汾泉巔峯秀嶅中間山岫陽坡掌嶋有古
梵利一區名曰文殊吉祥院乃曼殊五髻王之窟宅也殿宇午深隆朽祇園久廢殘佛像龍
神摧壞堂廊厨庫頹頓鄉賢耆老登臨觀之血不嗟嘆惜守一方勝景敝僧補葺修緣景華議
曰堪召選請有德緇流重光此寺若何乘皆欽然翻嘷諾諸老陳仲張仲議
寶華數十余人共同議曰此趙上院堀圍多福寺有一名德信人就公講堂乃陽典絲咩延里
貴并洲行業清高道風淳古由是鄉賢耆老陳仲張仲寶華平議其趾茶詢礼請永遠佳持作
人也俗姓張氏之子騰公之門人斯僧自幼文禪受其別多遂舉薦席志氣明敏季通三藏懇諸
主任從超度門人幸蒙欽然翻嘷壹志矢就公講堂乃陽典絲咩延里
苦未反敢載梵利重興松園再整殿宇光輝聖驅捕徧創營厨庫鼎建僧堂歷盈水陸園圓供養
器聖牌重製鈴板瞻僧置貫田圍創建河神堂一所塆栽完備如此重先梵利燦然
一新行跡超群功勤越象鄉民悉皆讚美士庶曹美弘揚檀信欽崇隣峯頂仰有門人曰泉曰
晏日友曰依互相謂曰我師院門如此勤勞諸人皆然翻嘷讚栽等豈不立金石三復圍碑不免就虎添班盜添足
時昆仲皆喜此言甚當令予請求文記承塗愧無才不能三復圍碑不免就虎添班盜添足
玉同未古并始矢行跡曰復創金石永遠不朽之記
直述僧廢仝與始矢行跡至正十二年閏三月吉日門人福泉福晟福友福依立石石匠王仲和趙泉列

64. 就公住院重修行迹記

立石年代：元至正十二年（1352 年）
原石尺寸：高 131 厘米，寬 61 厘米
石存地點：太原市尖草坪區吉祥寺

〔碑額〕：就公住院重修行迹記
就公住院重修行迹記

古并西北乾方，相離五十余里山村，名窟谷地。面枕汾泉，巔峰秀峪，中間山岫，陽坡掌內有古梵剎一區，名曰文殊吉祥院，乃曼殊五龍王之窟宅也。殿宇年深摧朽，祇園久廢荒殘，佛像龍神損壞，堂廊厨庫荒顛。鄉賢耆老登臨觀之，無不嗟嘆。惜乎一方勝概，缺僧補茸修緣。衆皆議曰："堪宜選請有德緇流，重光此寺，若何？"衆皆欣然嚮諾："斯言美矣。"一日，有鄉賢耆老陳仲、張仲寶等數十余人共同議曰：此處上院崛圍多福寺，有一名德僧人就公講主，乃陽曲縣呼延里人也，俗姓張氏之子，勝公之門人。斯僧自幼入釋，受具足戒，多游講席，志氣明敏。學通三藏，德貫并州，行業清高，道風淳古。由是鄉賢耆老陳仲、張仲寶等衆議具疏，恭詣礼請永遠住持作主，任從設度門人。幸蒙欣然允諾，領徒杖錫登臨入院。經之營之，終朝恪志興工，旦夕不辭勞苦。未及數載，梵剎重興，祇園再整。殿宇光輝，聖軀補備，創營厨庫，鼎建僧堂，壁畫水陸，周圓供器，聖牌重製，警衆鑄添鍾板，贍僧置買田園，創建河神堂一所，素妝完備。如此重光梵剎，燦然一新，形迹超群，功勤越衆。鄉民悉皆贊美，士庶普羨弘揚，檀信欽崇，鄰峰頂仰。有門人曰泉、曰昇、曰友、曰祚，互相謂曰："我師院門如此勤迹勞苦，諸人皆然嚮贊，我等豈不立銘弘師之譽？"斯時昆仲皆喜："此言甚當。今者各□衣盂，共立金石可以。"一日，有門人福泉、福昇與鄰峰偉公論主同來古并城右，命予請求文記。予深愧無才不能，三復固辭不已。不免就虎添班，畫蛇添足，直述舊廢今興始末行迹，重營復創金石，永遠不朽之記。

敬授金寶令旨住持古并城右月臺禪院雪□□吉祥撰，晋山崛圍下院楊家村弥陀院講經律論賜紅沙門文倖書，前集賢大學士榮禄大夫馮思温篆額。

石匠王仲和、趙泉刊。

至正十二年閏三月吉日，門人福泉、福昇、福友、福祚立石。

65. 楊俊民覽園池詩

立石年代：元至正十二年（1352 年）
原石尺寸：高 41 厘米，寬 42.5 厘米
石存地點：運城市新絳縣絳守居園池

至正十二年十一月，真定楊俊民字士傑，按部至絳州，周覽園池，詩以志之。
步錦修亭樂歲豐，筆端如畫憶樊公。
門從坤入驚玄豹，水自乾來貫玉虹。
槐幄早涼雲隔日，梨園夕景雪回風。
歲寒桃李渾無迹，獨有蒼官與昔同。
書吏邢友諒，字彥誠。安處仁，字然靜。

北齊唐宋金元

66. 重修壽陽縣北山龍王廟記

立石年代：元至正十四年（1354年）
原石尺寸：高164厘米，寬79厘米
石存地點：晉中市壽陽縣雙鳳山

重修壽陽縣北山龍王廟記

壽陽之爲郡，在太行之陰，其四面亂山環□□回望之，突然而起……相連者，曰北山也，雙鳳山也。其雙鳳山之東偏，約三千餘武，有一像廟而祭之，曰龍王廟也。其廟乃□□代而立焉。至大元至元八年歲次辛未，本縣官吏士庶，實爲□廷督……者不召而從，不鳩而集。富者輸其財，貧者竭其力，不日而告成。自是來祭者益多也。歲有水旱疾病，祈無不應。□□郡殊方實□□□，不爲不多□。祠之東，有聖水井焉，綠湛玻璃，香浮蘭麝。左領桃溪，右襟松嶺。冬翠春紅，互相掩映，是□□之萃也。祠之南，□□數千尺，擲□猛，□長蛇□猿，□唳鶴聲，蒼蒼然石崖也。有時雲霞出沒，或□或黃，頃聚頃散。其神物游觀之所也。祠之傍，靠一雨師廟焉。若遇春夏之時，電掣雷□，天□□□，其雨師常與神物結□之地也。祠之下，富有□村焉。周迴布列一曰西張村，二曰范村，三曰下周村，四曰東光村。而其人□天道分地理能謹□，能節用，乃備龍祠□時告報，不絕血食也。至元二十六年五月十五日，亢陽爲沴，范村元庭、下周張興，特發虔衷，詣於斯廟，乃卜之吉，得取水於聖井中。不移時，水乃自入其瓶矣。元庭、張興□謝而歸，至於西張村崗上，敬爲壇場。越二日，雰霮而雨，足□□□□鄉中耆老社直□送其水。鑼鼓喧天，柳花蔽日，用四人□聖水倚欲復其□，其聖水倚俄爾升空，仿佛丈餘，巍然不下，□□□□再拜。□□□□，嘻！龍之爲靈也，變化不測，神妙無方，信不虛矣。河東道……斯事來告余，欲立其石，以代……儒，行簡而□□□而通行，必合於義，□□不悖其理。其肯誣神、誣於人、誣於心乎？余□文理訛謬，願筆其事，當以其……

太行橫秀，雙鳳山巔。中有神□，□□若遷。誰其配者，乃雨師焉。霞□雲□，芝芳蕙研。願秘聖井，湛然綠泉。每遇旱歲，祈禱綿綿。滂沱一溉，槁苗浡然。乃興祠廟，血食永年。恩沾庶姓，靈聞九□。

承事郎前晉寧路垣曲縣尹顧士安撰，平江路嘉定州蒙古學教授郝蔚篆額，承事郎□寧路壽陽□□李道隆書丹。

……智男彥英、彥祥、彥良、彥中刊，壽陽縣儒士閻庸重書。

壽陽縣典史王禎，司吏王祧、王□、白邦杰、張直臣、賈□，承仕郎壽陽主簿劉榮祖，壽陽縣□蔡成，承事郎壽陽縣尹兼管諸軍奧魯勸農事李道隆，壽陽縣達魯花赤兼管諸軍奧魯勸農事鐵里不花。

時大元至正歲次甲午孟夏己巳癸巳朔吉日立。

夫九凰凰山乃黄帝之別舘赤松子煉丹之处師謂袋曰此间山勢如凰之翼其山之上後有一名凰凰　九凰山颜建醮盆碑欽之之

胸為洞山之嶓謂丹曰望九山相朝势如凰翼此後凰乃九凰碑之業盛喜

名自何而得象莫能對師云此间山勢如凰之嶓謂丹曰望九山相朝恣如凰翼此後凰乃九凰碑之業盛喜

謝以詩記云果發人間不継年落此方水恨空傅惟有九凰碑

滿洞天今有西南谷好事輩流前石州「東守寘寫本觀道士玉従道同

發虔心耝造醮盆碑銘永副凰山之祈求　桉洞天龍去洪流之東汾分之

西南徹雷首此接雯難石東山多美玉中有玉霄洞天其洞天信閣上依

罣丁通渊溟皆仙聖所居之境洞之間閣有自來羙思頂刀玉五人語仙谷

輦乃五方神龍奉　上帝命佐師行道汲救眷生有名如意言記而隱昌仕民約日共諱

五方神龍預報之事非我所有於是境内豊饒民得安慰

晉髙祖遇旱得之雨天福改元朙而儀頌之給村洞之周匝方去洞與民田

護国渊淋山正姓揚名玄蓮十五月初八壬辰勅枢蜜使棄惟翰書額宋太中

元年詔天下名山福地悉歸道門　風調雨順国泰民安二灿有诸同答道岸

土木相接之餞忿為　仙玉香火之賛賜額曰　玉寓石利石匠扳扰高恵仁男禹顯

玉霄天景宮詔士方羽王居之　伏願　鼐理男范選

本州羙我居村父　　朙道大師玉従道　同

　　　　　　凰山居士李寘　立

至正十五乙未歳辛巳月十有七日　重橡門戶立盆碑

　　明道大師玉従道同立盆碑

道文常虚中穆

67. 九鳳山創建醮盆碑銘之文

立石年代：元至正十五年（1355 年）
原石尺寸：高 60 厘米，寬 60 厘米
石存地點：呂梁市離石區吳城鎮洞溝村

九鳳山創建醮盆碑銘之文

夫九鳳山，乃黃帝之別館，赤松子煉丹之處。師謂眾曰：此鳳凰之名，自何而得？眾莫能對。師云：此洞山勢如鳳之翼，其山之上，復有一山，□名鳳凰。此獨爲洞山之稱。謂眾曰：望九山相朝，悉如鳳翼，此後宜以九鳳稱之。眾皆喜謝，以詩記云：興廢人間不繼年，落花□水恨空傳。唯有九鳳山頭月，依舊清光滿洞天。今有西南谷土著好事賢流，前石州司吏李寔與本觀道士王從道，同發虔心，打造醮盆碑銘，永副鳳山之祈求。按《洞天記》云：洪流之東，汾水之西，南徹雷首，北接雲□难石，東山多美玉，中有玉霄洞天。其洞天宮闕，上極圓羅，下通淵漠，皆仙聖所居之境。洞之開闔，有自來矣。忽有力士五人語仙人曰：吾輩乃五方神龍，奉上帝命，佐師行道，以救蒼生，有□如意。言訖而隱。翌日，仕民約日共謝。仙人曰：此五方神龍預報之事，非我所有。於是境內豐饒，民得安慰。晋高祖遇旱，禱之即雨。天福改元，詔封護國淵济仙王，姓楊名玄達。十二月初八日生辰，敕樞密〔密〕使桑惟翰書額。宋大中祥符元年，詔天下名山福地悉歸道門要儀領之，給付洞之周匝□方，去洞与民田土木相接之饒，悉爲仙王香火之費，賜額曰“玉霄天景宮”。詔十方羽士居之，伏願風調雨順，國泰民安，一切有情，同登道岸。

道人常虛中撰。本州義居村父范珪、男范選書丹。

玉亭石村石匠板控高思仁、男高顯。

至正十五乙未歲辛巳月十有七日，鳳山居士李寔、明道大師王從道同立。

淵真一景最戡題，九鳳山臨聖景奇。年代廟中丹青落，重修門户立盆碑。

68. 石州禱雨靈應之碑

立石年代：元至正二十年（1360 年）
原石尺寸：高 156 厘米，寬 74 厘米
石存地點：呂梁市方山縣北武當鎮暖泉會村萬松山清涼寺遺址

〔碑額〕：禱雨靈應之碑

石州禱雨灵應之碑

夫神者，天地之灵，而雨者，山澤之氣。人能致氣和，則山川吐灵，雨暘惟若。故禱桑林而雨降，迎東郊而返風。有傷和氣，則陰陽否塞，故婦冤而旱，夫屈而霜。且禱者悔過遷善以祈神之祐也，能致其祐，則変灾作祥，轉旱爲雨矣。恭惟大元至正庚子，自春徂夏，陽亢陰否，九旬不雨，而早苗宿麦半枯半槁。利耜覃耰，式停式輟；民庶督督，傷声遍野。郡守尹公乃屬其僚佐而喻之曰："久旱若斯，寧無禱于天，誄於神，以舒民望？且聞孔子谷萬松山有神，名曰八部龍神，廟貌巍然，大有灵驗。去歲請禱，香烋而雨霈，逾日而止。"於是同僚佐同知張珪等齊沐，躬詣祠所。香畢，輦像以歸，降神黑龍廟，陳設禱器。誄未畢，嶺雲四出，障日弥天。俄爾雷霆大震，溟霧交加，澍雨莫止。始則雲靁，繼而霧霈，田野沮洳，咸稱飽足。而石郡之民，愁鎖一開，歡聲四起，蘇苗騰勃然之興，慰民快秋成之望。尹曰："有神若斯，灵應若斯，當勒諸石以酬神之惠。"俾余誌之。余曰："昔人塗牛背瀆龍穴者，莫不灵應。而灵應之妙，不可誣也。"《詩》曰：神之格思，不可度思，矧可斁思。□□斫徽珉，鏤其本末，以彰灵應之妙，俾後之遇旱者有所依歸。故余有所不辞，而爲之記云：

維神厥灵，挈雨孚雲。幽不可測，妙不可陳。
雷水式化，雲雷散□。醞釀一酌，天瓢若傾。
沃渥禾稼，洗滌埃氛。去否開泰，轉膌爲春。
人懷神惠，神洞人心。暵不過炅，雨不及淫。
厥惠惟何，山高水深。勒石刻珉，亘古亘今。

賜同進士將仕郎河南江北等處行中書省照磨兀魯從龍撰文，河南江北等處行中書省都事達儒丁篆額，河東鄉貢進士興州判官白大有書丹。

武略將軍冀寧路石州知州兼管諸軍奧魯防禦事尹炳文煥章立。

至正庚子仲夏吉日立。

69. 前上黨縣達魯花赤忽都帖木兒德政記

立石年代：元至正二十一年（1361 年）
原石尺寸：高 145 厘米，寬 71 厘米
石存地點：長治市博物館

〔碑額〕：監縣公德政記
前上黨縣達魯花赤忽都帖木兒德政記

德之孚於民者有徵，誠之格於天者無間，固理勢之自然，乃人事之明驗者也。初，上黨監縣忽都帖木兒正卿公，以剸繁治劇之才，膺選用守令之職。下車之始，興廢補弊，一以愛民爲心。時當□□殘毀之餘，成野瀟然，民無寧日。公招來撫綏，諭以團結自保之法，仍勵耕桑以足衣食，興學校以立名教，民咸按□而免流離之患。時河南行省平章榮祿野庵公，奉詔保衛關陝，撫安晉冀，便宜行事。分遣大帥，關保懷遠，守把太行關隘。潞爲晉之東藩，倚重尤劇，而有司供億，科徵無法。公下令曰："國以民爲本，民以食爲天。若征斂暴橫，是速民於亂。"乃括量民田，分山野水陸之利，驗肥饒多寡之數，著爲籍額。餉悉升合，努計斤兩，貧富無不均之嘆。於是軍民怗然，上下舉安，一縣稱治，鄰境取法焉。加以號令嚴明，信賞必罰，鄉村絕胥徒之擾，將士無闕餉之憂。非幹濟通敏之才，能若是乎？至正己亥，自春徂夏，雨暘不時。公齋沐積誠，□天禱神，往復露跣，晝夜數請，城南五龍祠下哀泣叩頭，至於出血。天憫其衷，澍雨大降，秋成雖晚，而民無饑色，軍食且足。縣治西八村民有□夢神人語之曰："今一方大旱，爾於縣廨拜求聖水，雨必降矣。"民寤即往。公謂之曰："吾爲生人，安降聖水？"縣尹李公時敏曰："暵乾如此，姑盡民意。"於是民皆稽首至地者數四，而聖水果降二瓶。官民驚愕，捧戴而去。越翼日，雷夙不興，霖霖沾足。先是六月初旬，山東飛蝗越太行而西，禾黍多被嚙害。始至潞境，公輟政致禱，罪躬自歸，令民捕逐，蝗遂越境而逝，終不爲害。非誠與天通，德洽蠢動者，惡足以及此乎？《書》曰："至誠感神。"《易》曰："信及豚魚。"蓋天地以無私而覆載，造化以無私而運用，人於其間，得理氣之清且正而爲司牧者，至公無私，德化及民，以之格天地、事鬼神，誠意交孚，無有遠邇之間。今正卿公自縣而陞爲監郡，則一郡蒙其福；自州而陞路治中，則一路被其澤。治民事神，皆盡其道，所謂良有司者，舍公其誰歟？邑民郭溫諒等徵文刻石，以示將來。故勉爲之記。

河東鄉貢進士上黨晉鵬撰文，郡人李宗器書，河東鄉貢進士壺林杜敏學篆。

至正廿一年三月吉日，耆老忠翊校尉千戶楊太亨，儒學教諭李珪，管軍民長官安玉、路德用、劉仲寅、韓英、李克信、路道寧、靳思誠、張仲祿、王溫、石彥明、□溫諒等立石，廟司楊紹光、玉工王溫刊。

祭霍山廣勝寺明應王祈雨文

維大元至正二十七年歲次丁未五月丙子朔越廿

一日丙戌本路諸軍興魯總管管内勸農防禦知渠堰

事熊載謹以少牢清酌之奠致祭于

明應王神位前惟神以聰明正直德既聖且賢主

典靈源之水溉兩邑之田歲有豐凶神寔與焉今

也閟四月而不雨民嗷泣于旻天百穀未種人心懸

懸載寶

天子命吏固不得辭其愆然饑饉荐臻老幼轉于溝壑

者誠亦可憐神其有靈寧不惕然願于一勺之水

施利澤於無邊大慰望霓之心憂災異為有年血食

久間奚啻兩縣而神之休亦無窮而綿綿矣

霍山山頭滕寺一泒飛泉碎玉琴嵓虎撼狀風

凛凛潭龍行雨霧沉沉寶瓶舍利光明藏身業金

經自在心今衣老僧方丈宿乱鬝唘唎樹陰森

是年夏六月吉日立石

孟匠鄭汝梁鐫

晉寧路趙城縣儒學教諭郭子閈書

晉寧路趙城縣尉韓天祐

進義副尉晉寧路趙城縣主簿只兒忽又

徒祀人員

晉寧路趙城縣尹鄭榮

晉寧路趙

70. 祭霍山廣勝寺明應王祈雨文

立石年代：元至正二十七年（1367 年）
原石尺寸：高 61 厘米，寬 69 厘米
石存地點：臨汾市洪洞縣廣勝寺鎮廣勝寺

祭霍山廣勝寺明應王祈雨文

維大元至正二十七年歲次丁未，五月丙子朔越十一日丙戌，中奉大夫、中書刑部尚書、行晋寧路總管兼府尹、本路諸軍奧魯總管、管内勸農防禦知渠堰事熊載，謹以少牢清酌之奠，致祭于明應王神位前。

惟神以聰明正直之德，既聖且賢，主典靈源之水，灌溉兩邑之田，歲有豐凶，神實與焉。今也閲四月而不雨，民號泣于旻天，百穀未種，人心懸懸。載實天子命，吏固不得辭其愆。然饑饉薦臻，老幼轉于溝壑者，誠亦可憐。神其有靈，寧不惕然。願分一勺之水，施利澤於無邊。大慰望霓之心，變灾異爲有年。血食人間，奚啻兩縣，而神之休亦無窮而綿綿矣。

游廣勝寺觀玻璃瓶舍利子：

霍山山頭廣勝寺，一派飛泉碎玉琴。岩虎撼林風凛凛，潭龍行雨霧沉沉。寶瓶舍利光明藏，貝葉金經自在心。今夜老僧方丈宿，亂禽嘲哳樹陰森。

晋寧路趙城縣儒學教諭郭子開書。

從祀人員：晋寧路趙城縣尉韓天祐，進義副尉晋寧路趙城縣主簿只兒瓦兀，晋寧路趙城縣尹鄭孚。

石匠鄭汝梁鎸。

是年夏六月吉日立石。

北齊唐宋金元

明（一）

71. 重修顯澤侯廟碑

立石年代：明洪武三年（1370 年）
原石尺寸：高 244 厘米，寬 104 厘米
石存地點：晋中市和順縣平松鄉合山村

〔碑額〕：重修顯澤侯廟碑

重修顯澤侯廟碑

盖聞神之祐乎人者，施大惠而禦大患；人之敬乎神者，行大礼而祭大牲。神非人無以祀享，人非神無□瞻仰。人神之理，有感必應。伏惟懿濟夫人、顯澤侯，姊弟也。生而英明，正以無曲，人所敬也。没後顯應□□有驗，人所祀也。昭昭之迹，遠迩孰不欽崇。故考之漢班固曰：夫人者，昔樞姑氏之女也，□弟爲神，發□□誠，無有不應。旱暵祈之有潤澤，灾害禱之得安痊。雖懵懵無知者皆知敬祀，豈特耆宿士夫哉？故宋□□美之號，有前代敕修之迹。雖經風摧雨敗，故斯民屢修而無傾頹也。逮戊戌歲，兵革擾攘，夫人之廟□□然無損，止毁聖像。侯之祠，一火俱焚，陵夷蕭條，唯堨存焉。於是里之耆李思忠等曰：“世之寺觀皆有僧……焉。且夕洒掃，朔望焚香，當使清净修整而奉之，勿令俗子之褻也。”具由書疏懇請：玄空寺僧李福望……行之潔，年德之稱，可爲廟主。福望難捐諸士之懇誠，始以就廟居焉。僧曰：“夫人聖像已毁者，昔日予繪……而完。今兹工多費廣。□曰：高堂大廈，須資良匠而成，美迹盛事，必賴英賢而就。料予一貧僧，力□未……能成其盛事哉？當申請於官。”是歲洪武春，主簿鎦公宗理来莅是縣。下車之始，首以愛民爲先，敬神……見境内當祀之神經殘毁者，且曰：“神無所栖，民無所仰，居位者寧不惻然。”切意將廟貌稍存形……之，全無者創建之，粲然無有不可觀者焉。公之治民之政，奚聲枚举，敬神之誠，笔□难尽。此公之忠……空言也，恒有是心。復聽僧之請，忻然曰：“神無祀享，民有塗炭，吾輩之責也。”於是丁寧諭曰：“不妨……不成，民樂從之，何神不享？”聞此之諭，民争趨向。瓴瓵板棧，榱桷棟梁，或多或寡，輻輳而至。材木不可……工食亦有豐焉。復曰：“稔聞張公守信者，素有齒德之稱，循良之譽，人所敬服，可偕福望协力贊助，共……事，不亦可乎？”於是督工殷勤，夙夜匪懈。經始於乙酉夏，落成於冬。藹矣可觀，粲然一新。越明年庚戌……俱完。僧懼後來泯其迹，故俾予以作文。予愧以匪士，不能纪其事，辭既不獲，遂爲之記。贊曰：

鎦公敬謹，僧亦誠虔。重修盛事，繼志前賢。

山掩地秀，神喜栖然。參差松柏，迢遞温泉。

巍巍殿宇，粲粲功全。美迹不朽，千載流傳。綿綿祀享，萬億斯年。

大同儒人王魯瞻撰文，石匠盧文誠刊字。

大明洪武三年秋八月既望日，焚修僧李福望立石。

72. 庫拔村水利碑

立石年代：明洪武三年（1370年）
原石尺寸：高100厘米，寬65厘米
石存地點：臨汾市霍州市三教鄉庫拔村

〔碑額〕：水利之碑

平陽府霍州據楊子忠狀告，年四十六歲，無病，係庫拔村軍户，伏爲狀告：在前年分，有本村東舊有古渠水一道，積年自五月初一日爲始，庫拔村與三教村行使渠水，每五日一次，輪流用水澆溉田禾。至七月初六日，係該庫拔村使水日期，不期有三教村渠長范子文，倚恃凶頑，率領人衆，強行前來當攔，不令子忠等澆灌地土。爲見各人強惡，不敢爲爭，以此迴還。若不狀告，有此情理難容。告乞，詳狀事，得此勾責。得三教村渠長賀寬、范子文狀結：本村東舊有古渠水一道，自中統四年五月初一日爲頭，本村與庫拔村每五日一次用水，輪流澆灌地土，至七月初一日住罷，見有渠約文字爲照。所供是實得此。上項事理，不見使水渠道所灌地土處，難使施行。擬合委官体覆定奪，爲本州止有判官朱独員署事，行委吏目秦昭執行，親詣彼□，呼集不干碍社分耆宿人等，訪問三教與庫拔二村用水日期分數，澆溉田禾緣由，從公定擬明白，呈州。仍下不干碍大張、靳圣二社里長体勘，去後回拟。吏目秦昭呈奉，親詣北張、靳圣二社，呼集到耆宿張潤等，訪問得靳圣、北侯、石鼻、范村四村所使水利，積年以一十二分爲則，四月一日行溝，至八月一日住罷，靳圣、北侯二村使水六分，石鼻、范村二村使水六分；至八月已後雨水泛漲，靳圣、石鼻二村一溝分作二渠，雨停使用。參詳即與庫拔見告三教水利渠條相同，理合依上定擬。爲此，今將責到靳圣、北張二村耆宿人等甘結文狀，隨呈繳連九照詳，得此施行。間蒙山西等提刑按察司平陽等處分司按治到州，有楊子忠、張全，又復陳告。蒙呼喚當該首□□吏，□將被告三教村□寬押赴□當，引審明白。省會仰本州依上，將"庫拔、三教二村五月壹日行溝，至九月一日住罷，五日一次輪流使水。已後雨水泛漲，將水分作二渠，雨停使用"。仍仰各村寫立□約，就仰本州出給文憑，各令依期使水，毋致□悮農务。蒙此，使州合下仰照驗依上施行。因引惹□錯，須至□輝。

准此。

右下庫拔村社里長。楊子忠告水利。張全。

本州石匠賀義。

洪武三年七□□日押。

重脩靈澤王廟記

當謂祭祀百神本以為民也古者先成民而後致
力於神蓋以民為神之主也若奪民力以建淫祠歟
公忠臣也元勳偉蹟著在信史兹不庸錄有功於
民載諸祀典故歷代加封享祀不絕廟之經營莫於
究伊始前代至元年間里人梁彦交塑飾神像以
衛碧集春宿以事神思豈為民祈福之道歟大唐李衛士
易剝木神主載灌兵袈殿宇額毀廊廡圮壞里士

靈澤王神流通霄壤或值早乾每橋必應禦災捍患
功不可擧廢宇無賺陶甍革瓦折棟易楹祈之以豐歲
日命予為記予惟祭法曰以死勤事則祀之以勞定
國則祀之以禦大災則祀之以捍大患則祀之
金碧焜耀過者惟敬而賞莘素以落成之以代青簡以為
流定芳定國章故不諫而率眾皆悅服奉之以代

時助香緣老人楊仲玉
本縣儒學教諭米臣川撰
斜谷楊林書

衛世祖　衛世能
韓希原　　衛時榮中　　衛世成
　　　　　衛時進　　　　　韓恭原
衛景春　　　　　衛伯祿　　衛開
　　　　衛仲良　　衛進祖
　　　　衛仲温　　　衛仲　　衛宁戈
　　　　　　　　衛思仁　　衛思用
韓宗武　　　　　趙仲友　　衛善喜
趙時習　　衛思質　　衛宝
　　衛時建　　衛思孝　　李英
侯士忠　　衛士章　衛圓
　　　　　　衛士原　衛可禮
白立石　辛伯　曹懷鄉　衛忠禄

洪武七年七月　　日

73. 重修靈澤王廟記

立石年代：明洪武七年（1374 年）

原石尺寸：高 56 厘米，寬 76 厘米

石存地點：長治市襄垣縣古韓鎮北里信村

重修靈澤王廟記

嘗謂：祭祀百神，本以爲民也。古者先成民而後致力於神，蓋以民爲神之主也。若奪民力以建淫祠，竭民財以事神鬼，豈爲民祈福之道歟？大唐李衛公，忠臣也。元勛偉迹著在信史，兹不庸録。有功於民，載諸祀典，故歷代加封享祀不絶。廟之經营，莫究伊始。前代至元年間，里人梁彥文塑飾神像，以易刻木神主。載罹兵燹，殿宇頹毀，廊廡圮壞。里士衛磐集耆宿以謂之曰："國家崇祀報功，祈祐斯民，德至渥也。矧靈澤王神流通霄壤，或值旱乾，每禱必應。禦灾捍患，功不可掩。廟宇頹廢，寧無修完者乎？"衆皆悅服，各捐己財，鳩工市木，輦石陶甓。革故易新，棟宇翬飛，金碧焜耀。過者爲之起敬，而瞻者聳觀焉。落成之日，命予爲記。予惟《祭法》曰："有功於民，則祀之；以劳定國，則祀之。"公爲國爲民之功，輝映青簡，萬代流芳，彰彰然膾炙人口，宜乎使人畏敬，奉承以盖時祭也。故不讓而樂爲之書。

本縣儒學教諭米巨川撰。

香老：衛仲玉、衛世能。糾首：衛磐。助緣人：楊祐、衛開、楊林、衛衡、袁迪、衛世成、衛伯禄、衛時用、衛思善、李春、韓榮祖、衛仲良、衛思仁、衛仲宝、王荣、衛時中、韓恭祖、衛守成、衛思孝、李剛、衛時進、衛進成、趙時習、衛友質、衛仙、衛希原、衛友亨、衛士達、衛士原、衛可礼、韓景春、趙仲温、衛希冉、衛希尹、衛士章、衛宗一、衛彥礼、侯從礼。泥匠：曹懷卿。辛伯荣，男德禄。

洪武七年七月　日立石。

74. 重修九天聖母正殿記

立石年代：明洪武十一年（1378 年）
原石尺寸：高 70 厘米，寬 70 厘米
石存地點：長治市平順縣北社鄉東河村九天聖母廟

重修九天聖母正殿記

嘗謂經營創建，固賴乎前人之功，修殘補壞，尤賴乎後人之力。蓋口人既興功成造於前，而後人不能葺理補後，則前人之功亦徒然口已矣。然肯念前人之功者，寧有幾人耶？東谷里舊有九天聖母祠一所，歷年既深，安能如故。里人秦公良弼乃一鄉之賢夫也，嘗有修理之志，奈時不偶，公於洪武辛亥以閑良起取赴京，省府較口材口任用，蓋委寧海州取勘田粮，小試其事而事治，將欲量才授職。忽風疾舉口，省府告准，放迴鄉里。异日謁廟，復見棟宇傾側，基址殘缺，上濕下漏，風雨不庇。公惻然有興修之志，曰："吾一方之地，實賴神靈保護，禱雨而雨沛然，祈晴而晴開霽，禦灾扞患，禱無不應。今廟貌若是，安忍坐視而不理乎？"歸而謀諸衆子，衆子曰："諾。"隨議輸己之資，用己之力，計材木，度廢用，即日命工修理。不數月之間，傾者固，缺者完，垣墻科桷，煥然一新。爲一方之勝事，作百年之壯觀，於以見秦公不忘前人之功而事神之誠不可誣也。是以落成之日，踵門而謁予曰："吾欲命工刻諸石，汝肯爲我記其迹乎？"予度不才，固辭不獲。予惟不費己之財，不勞己之力，而糾率鄉人成之者易；輸己之財，費己之力，而自能成之者口。今公不費衆人之財力，而惟輸一己之資以成焉者，可見不吝其有，而能敬供神明，則神陰報之福，豈可測哉？將見子孫賢德而家門永昌矣。故予不避鄙陋而勉爲之記焉。

前原義兵萬户季受忠顯校尉趙州同知秦良弼并男秦福、秦振、秦潔、秦凈立石。

助功人：本村牛福、秦瑄、常忠、秦仲實、秦彦廣、秦伯川、馬伯祥、秦祐誠、秦仲義、馬昇、賈和鄉、秦宗禮。

木匠：本縣翟店王都料、本村王都料。泥匠：壺關縣劉都科、東邑李友諒。金工：潞州局作頭三池張明、武安縣趙從禮。玉工：本里寓居南溪靳松年刊。

大明洪武十一年歲次戊午季夏下旬吉日誌。

明（一）

75. 新修華池神行祠記

立石年代：明洪武十五年（1382 年）

原石尺寸：高 123 厘米，寬 81 厘米

石存地點：臨汾市堯都區縣底鎮畛北角村

〔碑額〕：華池行祠之碑

新修華池神□□□

平陽東七十里……兩峰東西對峙。東峰之□有池曰華，圍二丈，□□□□，冬夏恒不涸……池之主。西峰亦有山神祠，山北下三里有老君□，乃唐□□武德三年所建，即晋州人吉善行見老子之處。歷代相傳，遂爲勝境。□聖□□有天下，洪武九年令郡縣采貢圖志，此山之迹實列其中，今……神甚有威靈，旱而禱雨輒應，故土人咸祀之。其行祠暨西峰神、老君廟在漫天□□□□□山東西相距三十里，地屬臨汾縣趙亢等村。其廟宇自前代至今，累□兵□，……十四年春夏，旱久不雨，百穀未種，農民憂懣無慀。有趙村衆耆老等齋沐叩……澍雨大作，沾足優渥，稼穡成，遂轉成有秋。於是里人愈謂神之惠澤不可不報，乃相與鳩材庀工，新其祠宇，并獻亭、樂亭、東西兩廊，復建柱廊三楹於中，以通往來。功既落成，衆□□□議刻石紀其事，乃偕鄉士郭彥淳、劉克聞來謁文。余按《祭法》曰：山林、川谷、□□，能出雲，爲風雨，見怪物，皆曰神；能禦大災，能捍大患，則祀之。惟華池神者，實能興雲雨……靈顯赫，如此則廟而祀之者宜也。況載之圖□，紀之祀典，是尤宜致虔以奉之。或有□□□敬，欲毀其祠宇者，寧不懼乎！爰作祀神樂章，俾主祭者歲時歌以祝之。□□□：

　　神無方兮窅難觀，神有德兮仁爲主。

　　靈之來兮威不怒，乘蒼龍兮叱鬼旅。

　　□□□□□□□，扇和風兮沛甘雨。

　　驅旱魃兮澤下土，育人民兮茂禾黍。

　　奉我牲兮□□觴。雜肴羞兮□□□。

　　鳴簫鼓兮協樂章，酬景貺兮昭休光。

　　靈歆享兮樂洋洋，樂洋洋兮福穰穰。

　　□□□□□□□，千秋萬祀撰兮長降康。

□仕佐郎前□國子助教張昌撰文并書丹。

衆管耆老□立石。

洪武十五年十二月望日。

76. 重修靈湫廟碑記

立石年代：明洪武二十年（1387 年）
原石尺寸：高 85 厘米，寬 76 厘米
石存地點：長治市長子縣靈湫廟

　　……典，□□隆矣，宜神靈之所□托，以垂陰祐者焉。靈湫神祠乃……以篤□聖人，……以孚祐於無窮。故無祈不應，有感必通。其……靈驗叵測。閱世既遠，廢□不一，歷代重修，碑銘疊見。祠下有泉，乃衡……因號泉神，遂爲□□之常所。逮宋政和間，有司以感應事聞。……太常定議，敕賜靈湫，神异已彰，福祐綿延，威光靈惠，衣被是邦者，迄今藹然。……豆麥將槁，禾麻未播，官民愁苦，舉無聊賴，遍禱諸祠，一無應驗。縣丞馮公惻……靈□昭著，异既孚宣，盍往禱焉？公然其言。遂齋袚一心，越三日己未，率僚屬……三日，俄頃，雲行雨施，如天瓢之霈焉。闔境沾足，官民交慶。越七日乙丑，復詣……有興修之志，諭衆曰："廟貌如此，何不仍故而作新，以成盛觀？"衆乃欣然從之。於……之營之，不日而成。重修正殿六楹，周檐迴廊暨神門一所。又增左右兩廡各四楹。嚴嚴……既落成矣，方屬予爲記。

　　馮公適應命赴……公來宰是邑，值天微旱，躬禱祠下，大雨三日，遠近優霑。竊謂水澇旱乾，實人……祐其能濟乎？興言靈异，莫知紀極，憫碑石之未建，遂輟己俸豎立蒼珉，紀神功於不朽云。

　　……按察司僉事陳伯揖撰。……篆額，河東趙熙書。

　　……知縣張巨禮，縣丞宋孟仁，馮道古教諭索冲。□□宋願，□□白驥。遞運所大使劉文彬，陰陽訓術程道中，醫學訓科常大用，僧會司張滿金，道會司李仲玉，惠民藥局醫士宋友諒，司吏王子秀，典史吳宗道，宋仁義□。

　　時洪武二十年歲在丁卯夏六月吉日記。

重脩海
壹廟
記

77. 重修海瀆廟記

立石年代：明洪武二十六年（1393 年）

原石尺寸：高 105 厘米，寬 65 厘米

石存地點：長治市武鄉縣南神山八角聖井南五米處

〔碑額〕：重修海瀆廟記

聖人之制祭祀也，法施於民則祀之，以死勤事則祀之，以勞定國則祀之，能禦災捍患則祀之，凡有功於民者則祀之，無非所以酬功而報德，此古今不易之確論，萬世經國之常典也。武邑之南十里有焦氏海瀆神之故墟，東南五里有是神之廟祠。其神之靈，水旱所禱，無不獲其應焉。時洪武壬申，武邑大尹王□思禮適冠蓋下車之初，值天不雨，民心皇皇。大尹遂感於衷而有憂民之心，慮恐玷於飢□之□，□□□滌慮，恭誠淵默，祈禱於海瀆之神。梵香□祝，遂感厥神。即日沛然，甘澤大足，潤土□□，禾苗復□，民心大悦。是雨也，乃大尹精誠之所致也。非爲一家之惠，實爲萬民之福也。其格神之誠，感應之效，□斯則□□政事施爲之際，可得而知矣。嗟夫！是神之靈，禱無不應，雖曰神靈，亦待乎人之精誠，而後□□顯□也。□武邑之士民仰賴於神，而神之所以利澤於一邑之人民者，殆亦多矣。故享神之祀，累代血食□延而不絶者，豈不宜哉！大尹既有所感，每□廟祠之舊陋，神像之摧菱，輒啓憂心，願施天禄，庸工修理。□工之□其事者，嚴督恪勤，不□月間，功成告畢，廟貌幡然爲之一新，則大尹奉神之心至矣，報神之道盡矣。而神之所以感於大尹，致甘澤之降者，豈虛其應哉！於是在城耆士刘琰等，與余同有獎勸將來爲善之心，因沾是神之惠，感大尹福民之心，偕進而謁予於黌堂，曰："願請先生以述其詞，勒之於石，以彰神明顯靈之驗，頌咏大尹精誠格神之效，豈不偉哉！"予於是而爲之記。

趙賫書。

重修海瀆廟功德主：承事郎武鄉縣知縣王思禮，迪功郎武鄉縣縣丞刘德順，撰修廟記儒學教諭趙讓字公遜，訓導胡嘉字章□，稅課局大使盧春，陰陽訓術陳弼，儒學訓科霍敬光，□會司僧會楊洪闊，道會司道會高善通。

大明洪武貳拾陸年歲次癸酉叁月丙辰貳拾有肆日立。

78. 寺常住水改地玉銘

立石年代：明洪武年間

原石尺寸：高 63 厘米，寬 34 厘米

石存地點：原存運城市新絳縣三泉鎮北平原村（現已佚）

〔碑額〕：地土

寺常住水改地玉銘

一、石橋□水澆麻地二段，東二南北畛不等，通計地二畝五分。東至河，南至道，西北至崖。

一、石橋□水澆麻地一所，東西南北畛不等，又葦地，通計地壹拾肆畝，東北至石橋，東南至□□□，西至崖，西地至鹽李大，北至□道。

一、寺北官平旱地一段，南地畛計地壹拾陸畝，東南至李□□□□□常十八地……

一、寺南東□地一所，東西南畛不等，通計地捌拾畝，東至……三林北面□西……

一、寺東旱地一所，□□□計地壹拾□畝，東□□榮南……

一、寺南嶺上旱地十□，東西畛計地三拾貳畝，東至……

一、院地一所，通計地肆畝三分，西至堐……

一、北地三所，……傅堂□計……

□□□門……

……渠南至……

明（一）

173

黄河流域水利碑刻集成·山西卷 一

79. 重修湯帝廟記

立石年代：明永樂五年（1407年）

原石尺寸：高44厘米，寬67厘米

石存地點：晋城市高平市馬村鎮西周村湯帝廟

□□湯□廟記

蓋聞天地氣分清濁，上覆四時日月，下載山川社□。□□廣大至聖之尊，而能生成萬物，亦掌世間風俗□□，通于神明，光于四海。神靈感格，無形與聲，弗見弗聞，體物不可遺，誠之不可掩。夫天地鬼神之道，幽明雖殊，其實皆一理也。嗚呼！成湯盤銘，日新而又新。不爾聲色，不殖貨利，戰夏桀鳴條之野，征葛伯暴乱之城，祐賢輔德，顯忠遂良，見炎天大旱之灾，夬桑林剪瓜之志，傳後世無窮之美，顯中興有德之功。夫爾丘陵，極于太行，東接懸壺，西連空倉，盛如吴山之巉，巍巍数仞，可侵雲□，以□四方于後世之可觀。神靈之所鑒，□□以□美哉！

時大明國洪武歲次乙卯，本縣又於洪武歲次丙辰季秋戊戌月壬子日，衆仕耆老人等從新建立正殿伍間。維那頭：朱思恭、王克敬、王唐輕。梓匠：周□中社武□子賀。□殿維那頭：王克己、張可道、王□先。墁□維那頭：張忠學。坫瓦匠：周纂東、趙朋峯。

洪武歲次□□仲夏丙午月□申日，建立西挾殿并西廊。維那頭：張秀輕、張仕昌、朱均實、張可□、朱思恭、王繼先、王奉先、朱九□。□匠：周□中社武彬、馮廣。

……孟秋戊申月乙酉日，□□□挾殿并東廊。維那頭：朱九州，梓匠：中社武守道、武彬。□□挾殿維那頭：刑榮。坫瓦匠：東社趙敬臣。

□□□□乙酉仲夏壬午月，因爲□□□，衆社耆老人等，謹請鳳……聖降□□，□立神馬范九，神首：刑榮、王恕、張毅、王□、刑憲、張著、牛益、王景。□□□□神馬刑益，神首：王繼先、王宣、朱文美、王□、朱□、王魯、張禮、□福。

……癸卯月，……聖降座殿二處，神首：張岩、張剛、張謙、王□、朱九霄、王麟、王琰、朱旺。

80. 重修靈湫廟記

立石年代：明永樂十八年（1420 年）
原石尺寸：高 130 厘米，寬 50 厘米
石存地點：長治市長子縣靈湫廟

〔碑額〕：重修靈湫廟記
重修靈湫□□

……環城皆山，□□□□巒卓秀，林木茂盛，望之若龍盤虎踞者，發鳩也。源泉清冽，石甃方迴，蜿蜒注流而合□清漳者，靈□□。□□巍峨，丹青輝煥，三聖公主神之宮也。粵嘗稽諸傳記，神實炎帝之聖女，生有聖德，祭而靈顯，膺封□□□。是山之源，著顯仁藏用之功，昭威聲赫靈之迹，福庇一方，為官民祈禱之所，故遠邇莫不欽崇焉。余□□林，以內艱歸大庚，制終承乏，來典是庠。凡春秋禮祀，旱澇祈禱，嘗從邑侯致祭于祠，輒獲感應，因得睹□靈异。然其廟宇，歲深月久，風摧雨圮，棟宇傾欹，椽檩朽腐，弗足以稱觀瞻，眾咸惜之。願營葺其弊，以妥神□。邑宰王侯欣從眾議，遂與僚屬俱出俸廩，倡眾以成其事。復勸民助其費，於是富者捐廩捐金，貧者掄材□力，命工撤舊而營葺之。故昔之頹者，今則從之以正；昔之腐者，今則易之□□。殿堂門廡，黝堊丹漆，比舊貌□□為之一新。僉請礱珉刻文以永其傳。王侯嘗囑余為文以記其歲月。余愚，不足以記其實。嘗聞德之□□，其慶遠；功之懋者，其源長。思昔炎帝繼伏羲氏而皇，觀其嘗百穀，民遂粒食之樂，免茹毛飲血阻飢之□□；□百草為醫樂，民免疾疫夭殂之患。其功與德，萬世永賴。是以歷代報祀，與天地相為攸久也。而公主亦□□無窮者，豈不本於慶源深厚而致之歟？且神靈功偉烈，前人載錄詳矣，余不復議。遂書其神之顯應及□□之勝，興修之由為記，仍係之辭，俾民春秋享祀而歌之焉：

聖□□極風俗淳，教民粒食暨道仁。

篤生聖女淑德貞，褒封顯號源泉神。

威□□兮赫厥靈，雨暘時若恩普均。

春秋禮祀誠意勤，永祈福我漳之民。

……翰林院孔目調長子邑庠教諭丁彥信撰。本縣醫者……

承事郎長子縣知縣王榮，陝西漢中府□縣人。迪功郎縣丞陳坦，長沙府茶陵人。□仕郎主簿何庸，金華府東陽人。長子縣典史張庸，順天府東安人。儒學訓道張敏，南陽府內鄉人。杜特中，南京府建昌人。韓春，東昌府范縣人。陶羲，開封府祥符人。龐襄，貞定府深州人。丁晶，貞定府晉州人。孫士達，河南府登封人。稅課局大使党浩，西安府□□人。漳澤驛丞卜智，□□府丹□人。遞運所大使鄧秀，西安府興平人。

董工老人、在城常文舉、刁黃、馮士成，□匠王義，瓦匠張著，畫匠洪貴同、□洪玉、王礼，鐵匠……立石。

大明永樂十八年□□庚子季春上旬吉日。

81. 水利争訟斷案碑

立石年代：明宣德二年（1427年）
原石尺寸：高212厘米，寬88厘米
石存地點：運城市新絳縣北張鄉北董村

平陽府襄陵縣知縣張□，爲強侵水利事，蒙巡按山西鑒察御史吕批，據本職呈前事批，依擬行令絳州稷山縣兩處俱在觀音堂下停分使水，毋得□奪。仍仰刊刻石碣，印刷給□各告，永爲遵守，免致後詞，取實收繳。蒙此案照先，蒙本院批，據絳州北董里甯從義、稷山縣范家莊彭温各告前事蒙批。仰襄陵縣張知縣親詣甯從義等□告□水，即從公踏勘明白，已經取供具招，呈詳去後。今蒙前因，除將各犯發落外，合行帖。仰北董里告人甯從（義）、稷山縣彭温等，但遇馬壁峪雷鳴水泛於觀音堂下，兩澗停分使水，毋分彼此。仍仰各告刊立石碣，印刷□執，永爲遵守，毋得違錯。取罪未便，須至帖者。

宣德二年八月十六日立。

原碑前立州衙二門下。乾隆四十三年，恐年遠有朽，謹奉盛憲大老爺飭命，將碑文録載本庄關帝廟古水圖碑内，即仍將二門下碑移立工房内南間，永遠爲據。

東一澗澆北董等一十八庄。

82. 重修嵐王廟記

立石年代：明宣德八年（1433年）
原石尺寸：高124厘米，寬67厘米
石存地點：忻州市岢嵐縣嵐山嵐王廟

〔碑額〕：重修嵐王廟記
重修嵐王廟記

夫"山不在高，有仙則名"，古有是言也。盖山之徒高而無仙，亦曰山而已，其何以顯名於世而傳於永久也。矧夫高而且异，异而又靈，不謂之名山大川可乎？黎城之西去縣十餘里，有山曰嵐山。山之高聳，四顧回旋，峰巒潤壑，左右盤轉，渾若嵐之形勢，故名嵐山，取其相山之巍□者然也。有神曰嵐山之神，生居東海之龍宮，道隱西山爲尊神，成仙於玉洞之中，顯聖於金鑾之下，受朝廷之褒封，享血食於古今，故號嵐山之神，取其顯化於此山者然也。然而，山曰嵐山不徒曰嵐，必其有神者居焉。觀其高大則上聳碧漢，下隱龍穴，東有仙人之洞，瑞靄氤氳；西鄰王□之山，慶雲駢集；龍巒鳳嶺，環拱于南，穴通漳水之秀；潤墟靈臺，旋繞於北，峻接隴阜之高。山中喬木槎枒巍峨，風生琳琅；嶺潤葩草參差茂盛，雨過氣輝。祥烟罩而瑞氣濃，輕霧覆而丹霞影，非人間之私景，實神仙所居之宮府也。神曰嵐神，不徒曰神，必其有山者應焉。觀其顯化，默佑乾坤，靈變莫測。歲旱禱雨，能興雲霧於傾刻；沉疴求助，善使灾消而福降。福善者得沾濡利益之恩，禍淫者有飛雹疾風之報。福善禍淫，捷如影響，神道有感而有應，境內累求而累驗，其顯化也若是。宜乎！山因神而名，神以山而顯，所以錫爵於累朝而垂聖化於無窮也。世尋神祚，莫知來矣，觀其碑文，有可徵驗。□大元至治壬戌褒崇爲嵐王，立石封偉。正殿三楹，廊廡兩翼，龍君、聖母、風雨、主山，像儀儼然，創始之功，悉皆古有也。我國朝創業以來，神之衛國庇民，累有其功，因改封爲嵐山之神，仍命所司，春秋奉祀。歲月既久，廟宇稍損，廊榭亦傾。知黎城縣事、知縣司誠等各施俸穀，命匠重修。今厥工告成，復立石而名之曰"重修嵐王之神廟記"，所以襲前賢之善迹而傳之於永久也。

儒學訓導光州胡志高撰，生員靳祺書。

典史高準貫陝西西安朝邑創建門樓壹座，戒宿房陸間。

吾兒峪巡檢司巡檢芊昇、阮琮。

僧會司僧會劉鸞，道會司護印道士苗雲海，陰陽護印生王浩，醫學護印生溫學。

生員：喬克恭、郭玘、馮琦、劉鐸、董□民、□□、李□、常顯、劉潘、徐利、楊進、王純、靳學、王貴、張□、□經、王巽、劉俊、劉瑜、申錫、孫敬、郭瑄。

司典：田政、王永、楊彬、王舉、□福、□清、張闓、魏整、杜殷、王戒、張和、劉榮、□□、程毅、李翔、李□、朱潔、□□、楊禮、王聞、李浩、梁資、□璧、石庸、盧巽、賈有。

潞州黎城縣知縣司誠貫河南開封通許、縣丞楊仕純貫浙江台州臨海、主簿楊整貫山東濟南長清、周嗣業貫山東登州蓬萊、陳彥貫交址奉化美禄，同立石。

宣德八年歲次癸丑季夏月上澣吉日。

列石祠祈雨感應碑

嘉議

大夫行在兵部右侍郎錢塘于謙譔
中奉大夫山西等處承宣布政使司左布政使雲間馬璘書丹
中順大夫山西等處提刑按察司副使金華嚴繼先篆額

陰陽不測之謂神真實無妄之謂誠誠之為神也實體神之妙用故有其誠則有其神無其誠則無其神斷斷乎其不可誣也然神之靈不一有因山
川毓秀人心景慕而靈者名山大川能出雲雨以利天下者是已有生之名節死事忠義而卒者古之忠臣烈士載在祀典而能利國庇民者亦莫非
神以憑之者當致禱之初靈風振衣微露觸石而光景為之漸伏神之聽之若響若答此旋車而雲陰四兵雷電交作甘霖誕降若六丁挽天瓢而下注
之沛然莫之能禦於是焦者以起尾皆之憔悴而輝蕤穢依欣然而有喜色矣是雖神之靈亦載意之所感也諸公將立石以昭神貺會余
命出撫河南山西而駐節太原遂屬半牧余惟神之遺烈載在信史而無庸贅惟
聖朝深惟恤民隱故居官者咸以救菑恤患為務匪神之靈亦安能轉元旱而為豐穰也弍受神之賜班于石以報之禮也方著其感應而復為之銘曰
有翼者祠崒于西北厥神之靈既顯而赫生著英烈死亡早民憂菜色有嘉間即時用惕惻詞諜僉同皇司方伯齋沐致虔固不精白祇
禱于神神應靡感如問而得玄雲擁陰爰降甘澤老閭士女以滋稼穡病者以甦愁者以懌降福禳禳昌其有極神不我遺敢稽報德樹石
廟門表表英英自今伊始神人咸適歲從豐穰民遂生頃祭盛潔以享以格永戴神休萬茹無斁

大明正統元年龍集丙辰閏六月吉旦

黄鎮守山西特進光祿大夫土柱國左都督孝謙
山西等處承宣布政使司布政使□鎮
山西□□□司都指揮使司都指揮使宮得 右參政楊罪
□□□監察御史张謐 左參政李東
□□□御□□都蒴稙同知貴 都指揮何
州僉事司按察使張延
副使林文煥

陽曲縣知縣張道

明□□□□□□□十三月□甲巳

立石
刊石
古幷歐永

83. 列石祠祈雨感應碑

立石年代：明正統元年（1436年）

原石尺寸：高205厘米，寬89厘米

石存地點：太原市尖草坪區竇大夫祠

列石祠祈雨感應碑

陰陽不測之謂神，真實無妄之謂誠。誠爲神之實體，神爲誠之妙用。故有其誠則有其神，無其誠則無其神，斷斷乎其不可誣也。然神之靈不一，有因山川毓秀，人心景慕而靈者，名山大川能出雲雨以利天下者是已；有生立名節，死享血食而靈者，古之忠臣烈士載在祀典而能利國庇民者是已。要皆以誠感之而後有以致其靈，不然則幽顯之間漠然而不相通矣。宣德癸丑歲，自春徂夏，山西闔境不雨，衆咸以歲事爲憂。欽差鎮守山西都督李公謙詢於部使者及藩臬諸公，若郡邑吏，涓吉備禮，齋沐致禱於郡城西北之列石祠。祠爲趙簡子臣竇鳴犢血食之所，屢著靈驗，而爲郡人所宗。其地山川環抱，樹木薈鬱，朝雲暮靄，恒出於檐楹棟宇間。祠之右有池，靈源浚發，澄波混漾，穹甲臣麟，出没於天光雲影中，隱顯恍惚，若有神以憑之者。當致禱之初，靈風振衣，微靄觸石，而光景爲之漸伏，神之聽之，若響若答。比旋車而雲陰四垂，雷電交作，甘霖誕降，若六丁挽天瓢而下注之，沛然莫之能禦。於是焦者以沃，仆者以起，凡昔之憔悴而顰蹙者，舉欣欣然而有喜色矣。是雖神之靈，亦誠意之所感也！諸公將立石以昭神貺，會余奉命出撫河南、山西而弭節太原，遂屬筆於余。余惟神之遺烈載在信史而無庸書，惟聖朝深恤民隱，故居官者咸以救菑恤患爲務，匪神之靈，亦安能轉亢旱而爲豐穰也哉！受神之賜，旌于石以報之，禮也，乃著其感應而後爲之銘。

銘曰：

有翼者祠，峙于西北，厥神之靈，既顯而赫。生著英烈，死享廟食。歲惟亢旱，民憂菜色。有嘉閫帥，時用憫惻，詞謀僉同，臬司方伯，齋沐致虔，罔不精白。祇禱於神，神應靡忒，如問而答，如求而得。玄雲構陰，爰降甘澤，以慰士女，以滋稼穡。病者以蘇，愁者以懌，降福穰穰，曷其有極！神不我違，敢稽報德，樹石廟門，表表奕奕！自今伊始，神人咸適，歲獲豐穰，民遂生殖。粢盛修潔，以享以格，永戴神休，萬古無斁！

嘉議大夫行在兵部右侍郎錢塘于謙撰，中奉大夫山西等處承宣布政司使左布政使雲間馬璘書丹，中順大夫山西等處提刑按察司副使金華嚴繼先篆額。

欽差鎮守山西特進光祿大夫上柱國左都督李謙。巡按山西監察御史張謙。山西都指揮使司都指揮使宮得、都指揮同知馬貴、都指揮僉事陳亨。山西等處承宣布政使司右布政使樊鎮，左參政王來、祝銘，左參議王綱，右參政楊鼎，右參議扈卣、劉孔宗。山西等處提刑按察司按察使徐永達，副使林文秩，僉事□□、□□巢安陳□。太原府知府戴新、葉俊，陽曲縣知縣張道。立石。

古并歐永刊石。

大明正統元年龍集丙辰閏六月吉日。

84. 創塑崦山白龍潭神太子神像記

立石年代：明正統十一年（1446年）
原石尺寸：高120厘米，寬60厘米
石存地點：晋城市陽城縣町店鎮崦山

〔碑額〕：創塑白龍太子神像記

創塑崦山白龍潭神太子神像記

陽城縣北四十里，嶄然高偉，陊然剞施，名曰崦山，而有白龍潭神。盖神龍所栖不於海壑，而於滄淵，其於廟貌之建亦不遠乎水府之側也。而白龍之祠，翼然巍然栖於崦山之巔者，盖欲興雲雨、阜民財、捍大灾、禦大患，惟以育養生靈爲任也。《易》曰：見龍在田，德施普也。斯神之謂欤？故堪輿之内，自名山大川、五嶽九鎮以降，而能國家尊崇之，褒受烝民無窮之祀，其惟是神乎！且若神之事，肇興於唐之長壽元年，逮中宗之巳間，其神□迹，遣重臣降香賜服爲，封爲應聖侯，後昭宗時封普濟王。至五季之末，神既屢著，封賜累彰。迨夫宋之太宗，封顯聖王。自宋以來，數百餘年，流布恩威。四方之民無間遐迩，凡丁灾旱，隨禱即應，其於靈异昭著，弗可枚舉。□惟我朝洪武三年，感其靈驗，遂封爲崦山白龍潭之神，敕有司每歲四月三日備牲醴致祭焉。正統八年□□□□，縣尹黃岡劉侯暨僚屬告祀□廟。視其□廊垣壁歷歲滋久，榱桷剥落，遂與同寅協心出資，掄材命工，□耆老劉鐸、白晃旺等以董葺之。於是摧朽者易以堅良，剥落者施以塗墍，不逾歲而門廊垣壁岑峨炳耀矣。至十年夏，劉侯等思神殿左有□數間，名曰太子殿，而無神像以祀之；廟外厠所傾頹已久，□無物料以理之。□是捐俸資、備顏料，而耆老劉、白等体諸公之心，慨然亦施己資，率工妝塑以修治焉。今正□十一年夏，前事□成。劉鐸、白晃旺等謁文以紀盛□。予不敢違，宜述其實以紀之。夫天之愛民，恒欲厚其生，神□之佑民，惟欲遂其生。然劉侯等偕心修理以妥是神之靈者，非徼一己之福，實爲生民之造福也。造福而有爲於生民，則不惟有合於天心，尤有合於是神佑民之心焉。神人一心，則雨暘時若，民安物阜，而咸獲和平之福者容有已乎？嗚□！凡牧民之職而能若是者，可謂知愛民之先務矣。故謹書其所見，俾載之於永久焉。

本縣儒學訓導前鄉貢進士彭城劉琰撰，廩膳生析城魚□書篆。

文林郎知縣：劉以文。迪功郎縣丞：楊純、郭智、雷顯。將仕郎主簿：王文貴。蓮幕典史：馬遵。

儒學教諭：李順。訓導：王英。致仕教諭：孔希、孔哲。監生：張棟、郭偉、王良。訓術：李蕃。

醫官：崔拳。董工耆老：劉鐸、白□。羊羔泉……

丹青：王交、王暹。塑匠：喬方、喬贄。梓匠：武義。

同立石。

正統十一年歲在丙寅夏六月中浣吉日。

大明景泰五年歲次甲戌五月初四日

85. 增修五龍廟神器誌

立石年代：明景泰五年（1454年）

原石尺寸：高100厘米，寬60厘米

石存地點：長治市襄垣縣五龍廟

增修五龍廟神器誌

人之生於戴履間，莫先於敬神而已。蓋人能敬乎神，則家道安和、子孫昌盛，而神必陰佑之矣；不能敬乎神，則災害日至、禍亂□□，何以獲福於神哉？襄垣城北，其形勝之地，實栖神之所。舊建五龍王廟，創造不知始於何時，歲久圮壞。近年以來，邑之碩德耆士，損資命匠，修飾勝前。殿宇森嚴，丹艧炳耀，塑繪威容，儼然□□。爲一邑之觀瞻，乃□人之仰賴。市鄉居民罔不欽崇而敬禮者也。然則廟固美矣，而神器猶多缺□。於是，關厢善士王復新等共發虔心，各備己資，命匠鳩工，增置諸神牌位三十二座、神龕一座、供卓五張、香卓一張，彩飾咸臻，炫然耀目。又□□盆一個，設於廟中以奉其神。或恐久而損缺，無憑稽考，今欲立石以紀其歲月。奈乏文爲之耳，願徵先生一言以誌之，幸毋靳焉。辭之弗獲，遂爲之言曰：

神者，人之司命；人者，神之依歸。人神相依，其來尚矣。矧五龍廟者，此間號稱靈神。每遇旱乾亢陽不雨，民皆驚惶，無所控訴。於是奔走於廟，致禱神前。俄而雲興，霈然下雨。苗稼滋榮，民獲豐穰。其所以庇蔭於斯邑者大矣！不特此也，又能禦災捍患，福善禍淫，功德浩大，靈應無窮，宜乎民皆欽敬崇奉莫敢慢也。今爾等發心捐財、增置神器，是豈求媚于神而冀神之貺也？不過盡其在己敬神之心而已。然己德既修，則雖無心於求福，而自無不至矣。故《易》曰“積善之家，必有餘慶”，《書》曰“作善降之百祥”，《詩》曰“永言配命，自求多福”，此之謂歟！然則神之默佑也，匪獨已之蒙其福蔭；將見斯邑之中民安物阜，雨順風調，歲獲豐登，而咸享太平之世矣。後之致敬於神者，當體前人之心，時加緝治，俾勿壞焉！可也！因其請，遂書此以誌之。

鄉貢進士、致仕教諭、邑人劉端撰，襄垣縣北關寄居善士崔子政書。

本縣官迪功郎、縣丞：封貴、周善，將仕郎、主簿程鐸，典史李綏。

施工人常鐩，男常文繪、常文選刊。

北關東厢信善人王昇，男王復新、王復原，孫男王宣，立石。

大明景泰五年歲次甲戌五月初四日。

黄河流域水利碑刻集成·山西卷 一

188

新建藏山大王靈應碑記

孟縣儒學教諭江浙馬能撰并書

其皇趙原襄額

蓋聞一氣未分神道妙於無迹二儀既判神道顯於有形吉凶禍福之昭然者神之感也災異禎祥之必應知之

伏者祥之力也變化莫測此足以為天地之綱維雲感靈童明則足以為人物之主宰禱之必應知之

必通豈細故哉按誌藏山在縣之北神祠在山之中泰秋時間賈遵惠于後故趙武匿于斯柞曰婁

趙武而先沒程嬰報祚藏之慈上以縣之顧後武之尹覺而立為之尹遂遷廟於原隱之所

其村則村無不雨經其鄉則鄉無不雷驚泰甲戌歲大尹清死仔可以一二舉也景余惟一已之蕷史

望徐恭政之後遁值亢陽之既暴復聖水大降而霖苗禾洋然若死者魅故

藏滋茂之後遁值亢陽之既暴復聖水大降而霖苗禾洋然若死者魅故

於己巳歲二尹崇信李本利肥鄉李崑餘姚袁得暨慕長沙高漢聰蓽詣學宮與文以記之

山神貪李之於旌速地傾刻中除雲密布條忽間大雨淋漓兒三日而後息俾枯者榮死者魅故

致仕官郎中劉淵承護劉甚縣丞

孟縣知縣蔣寬

大明景泰六年龍集乙亥三月丙午朔越十六日辛

典史高漢聰立石

日墨場東至嘉腳墓六院幅南軍廣百泉北果西墨廟祥名麗王龍神崖頭

生員張睿重書篆 生員張文義

蘔石匠閆會趙異

蘔石匠柴博呂公能

86. 新建藏山大王靈應碑記

立石年代：明景泰六年（1455年）

原石尺寸：高150厘米，寬80厘米

石存地點：陽泉市盂縣藏山祠

〔碑額〕：新建藏山大王靈應記

新建藏山大王靈應碑記

　　蓋聞一氣未分，神道妙於無迹；二儀既判，神道顯於有形。吉凶禍福之昭然者，神之威也；灾异禎祥之煥然者，神之力也。變化莫測，幽則足以爲天地之網維；靈感莫量，明則足以爲人物之主宰。禱之必應，扣之必通，豈細故哉？按誌，藏山在縣之北，神祠在山之中。春秋時，因岸賈構患于彼，故趙武隱匿于斯。杵臼護趙武而先没，程嬰報杵臼而後亡。厥後武比地而立爲之君，逮薨而封爲之神，鄉人遂建廟於原隱之所，塑像於舊藏之基。上生龍洞，下有仙池，顯化百端，靈異萬狀，不可以一二籌也。景泰甲戌祀，大尹清苑蔣寬莅政之後，適值亢陽之愆，躬拜雨澤之貺，果獲聖水，大降甘霖，苗禾浡然，麥豆若然。非惟一邑之蒙其獲佑，抑且四方之慕其靈通。乃者太原守、陽曲令命民耆、遣信士越境而來，潛影而入，竊負聖像而去之。過其村則村無不雨，經其鄉則鄉無不雷，見之無不恐怖，聞之無不驚惶。藩府爲之遠接，臬司爲之近迎，□□震天，旌旗連地。頃刻中陰雲密布，倏忽間大雨淋漓，竟三日而後息，俾枯者榮、死者蘇，故特報之於□□。□之於司府，奉之以袍，贈之以傘，列之以儀仗，造之以龕宇，送往以還之。寬迎迓時，感之不勝，敬之不已。乃偕二尹崇信李本、判簿肥鄉李曇、餘姚袁得暨蓮幕長沙高漢聰輩，詣諸學宮，丐文以記。余惟藏山神發踪之實不必備論也，多靈之驗不必贅言也。然以天神而較之，亦有寒暑之偏，以地祇而方之，亦有感格之僻。今武既冠而立其位，既逝而封其神，俾斯邑之旱無大旱，潦無大潦，田無不收，民無不給，故得廟□無窮，血食無限，豈他神之可擬哉！能典教既久，感神亦深，故因其請乃書以銘之。是爲記。

　　盂縣儒學教諭江浙馬能撰并書。訓導□皇趙原篆額。生員張睿重書篆。

　　四至山場，東至赤脚崖六師洼東嶺，南至嶺百泉之界，西至程嬰、杵臼之地，北至龍霧崖頭。

　　致仕官郎中劉淵，參議劉整，經歷李倫、□□、榮貴，巡檢張文義。

　　監生劉昱、□□、張□、張□、郭恭、儒士閆文輔。

　　僧人志意、洪喜、舍人張經。

　　礱石匠閆倉、趙昇，鑴石匠柴積、呂公能。

　　盂縣知縣蔣寬、縣丞李本、主簿李□、袁□、典史高漢聰立石。

　　時大明景泰六年龍集乙亥三月丙午朔越二十一日。

87. 重建東嶽一廟三神記

立石年代：明天順元年（1457年）

原石尺寸：高109厘米，寬60厘米

石存地點：陽泉市盂縣北下莊泰山廟

重建東嶽一廟三神記

盖聞天地覆載，福萬民於無聲無臭者乃神也。陰陽交迭，萬物於不睹不聞者亦神矣。惟神有……祐，亙古皆然，逮今咸若。按誌，石臼村風俗仁美，聖帝廟威靈烜赫。矧刺悋大王同祀於□，五方龍王□□於中。凡誥春告秋報，禍福判於須吏，夏禱冬祈，吉凶斷於俄傾，遠近無不驚懼，大小無悚惶［？］，此皆神之明而不昧，公而不私也。天順丁丑祀，居民趙德勝詣余館，告余曰："昔日厥祖趙公拳作念，欲豎其碑以酬神德。因其有稽，乃逝冥府。厥父趙旭發心欲立其石，以答神恩，因其有□，乃□陰司，俾一家之……人之慊慊於已。茲欲補於前願，以禳後愆。礱石已完，乞文以記。" 余惟東嶽聖帝，總七十四司，掌百千萬人，生者無不由此而出，死者無不經此而過矣。刺悋大王適丁晉時，蛇精興怪，取宮主以爲妻，化神道以藏洞，興風作雨，惑世誑民。賽之以童男童女，煉之以寶馬金錢，妖氣□合，踪迹無尋。幸石刺諧王嘔擔，揭榜以斬其邪妖，捐身以救其宮主。果能發箭以中蛇目，用劍□其□□刺悋引宮主而□歸。晉王□以宮主配刺悋，封以大王，錫之以爵位。顯應莫量，靈通莫測焉。五方龍王出入天門，主司洞府，時雲則雲，時雨則雨，俾枯者榮，死者蘇也。噫！一廟分列三神，同福一邑，是則德澤普滿十方，恩波遍周三界，豈可簡略於礼，慢怠於誠哉？今趙得勝之虔心若此，可謂超於祖也；至意如此，可謂邁於父也。苟不增修其前不足，檢較其所未及，則必不能傳之悠久，流之於遐遠矣。故必供養於□□之間，頂礼於日夕之際，清心寡欲，始終無替，端平澄源，後先無荒。如此，則神威之垂，世世無劣；聖力之布，生生不滅。將見身而家，家而閭，海宇奠安，皆樂於春風和煦之中；父而子，子而孫，人物熙阜，共囿於光天化日之下，何啻於淺近者哉？余典教盂庠，亦獲以蒙其休，賜其福，故因其請書，乃以記之。是爲記。

太山之代嶽，水浴號清靈。罡惟鎮三界，統御万灵神。

人心虧已訴，天地雷一声。修福起寺廟，無顧不存心。

性相無牙道，空界有禱靈。

本縣儒學教諭江游馬□□，訓導贊皇趙原書。

本都石佃村丹青、張文重書。

山西太原府盂縣承仕郎知蔣，將仕郎縣丞，迪功郎主簿袁、姚，典史高，石匠柴世榮、侄柴昶刊。

大明天順元年歲次丁丑九月庚戌壬戌朔壬午日丙午，時信士女胡氏，男趙得勝，弟趙得全、趙得興、趙榮、趙得敬同立石。

88. 重建藏山大王殿記

立石年代：明天順四年（1460年）

原石尺寸：高168厘米，寬67厘米

石存地點：陽泉市盂縣秀水鎮西關村大王廟

〔碑額〕：重建藏山大王殿記

重建藏山大王殿記

《祭義》云："德被生民、澤及當世者則祀之。"此古今之通義，不易之定論也。夫德莫盛於藏山之神之德，澤莫過於藏山之神之澤。自春秋之世以迄于今，蓋三千年有奇於此矣。盂之縣治之西，藏山行祠在焉，未詳肇始。然考其德澤之所建，萬世衣被而不能違，則有土有民者，亦何時而不可祀耶？矧藏山之神禦災捍患，保障斯民，其有功於斯民最大，苟拘於今而不以時祀之，又豈人心之所安哉？故自漢、唐、宋、元以來，邑人皆以祀藏山之神爲事，至今尤謹，以至邑令謁見之禮、祭祀之儀，在於他神之右。夫風雲雷雨、山川社稷之神，雖皆可尊，特以令式從事。至於祈禳報賽，獨藏山之神而已，其禮顧不重耶？藏山古迹，去縣一舍許，巔崖削壁，其高摩天，叢峰列戟，危岫穿雲，嘉趣萬狀，美景清幽，過者莫不股栗而心掉焉！此特其行祠耳。向者邑令清苑蔣公文裕下車之初，挈諸僚佐，□若貳令崇信李公宗道，判簿餘姚袁公得祥，幕賓長沙高公克明，洎鄉耆等來謁祠下。顧其殿宇褊狹，門盈朽敝，愀然久之，謂諸僚佐云："予聞藏山乃邑之大藩，其神趙武主之，而邑人報賽特重。今其殿宇如是，門楣如是，何以稱邑人報賽特重之意歟？盍更新而增築之乎！"一時僚佐、鄉耆悉□懼忭，樂從其言。由是涓卜良辰，鳩諸工人，敦諸匠氏，取材於山，甓瓦於陶，親董其事者則蔣公文裕焉。已而，貳令李公宗道，判簿袁公得祥各解任而去。繼其事者，若貳令同州蒙公養正，判簿文登宮公志廣諸人也。經營於景泰丙子之菊月，落成於天順己卯之中秋。於是殿宇雄深，輪焉奐焉；寢廓高竦，巍然蔚然；金碧相輝，光采射目；塑像設衛，赫然動人；視之向日，殆猶霄壤矣。以日計之，幾於千日，以工計之，幾用千工，以財費計之，幾用千緡；夫延日之久如是，用工之多如是，而用財費之□又如是。然而，鄉村里社之民不覺其勞，不知其費者以其財割己俸，而工用在官之人故也。若蔣公文裕諸人，可謂成人之所不能成，爲人之所不能爲者矣，可不與哉！殿成，屬予爲文以紀其實。予惟禮不必皆出於古，求諸義而稱，揆諸心而安，皆可行也。故古人食稻而祭先嗇，衣帛而祭先蠶，□而祭先酒，畜而祭先牧，猶以爲未，以至百爾日用、起居之所賴者皆祭焉，若祭門、祭竈、祭中霤之類是已。今藏山之神德被群生，澤及當世，爲祠祀之禮所當然，宜盂民報賽之重，千載猶一日也。若夫神之始末之事，出處之由，已有先正筆之於文，予不復贅言。後之有民社之寄仕於茲土者，將必有事於神而□之，祭之者荆［？］當思其神之所嗜好可也。然神之所以爲神，惟其正直，其所嗜好亦正直也。苟能以正直而事神，則雖沼沚之蘋藻，行潦之饎饎，而亦足以格夫神矣。不然，則雖辟牡既備，清酒既載，則是求媚以徼福也，豈不與神正直之意而异耶？予因其言之所及，故記之。以此不惟可以勵於己，而亦可以勵於人；不惟可以勵於斯世，而亦可以勵於後世，以及於無窮矣。時天順四年庚辰歲四月六日壬子記。

太原府盂縣儒學訓導庚午鄉貢進士贊皇趙原撰，并書丹篆額。

盂縣知縣蔣寬、縣丞蒙端、主簿宮寬、典史高漢聰立石。

董工老人張拱、趙友、王真。

前知縣張通，縣丞張誼，典史李建，芹泉驛丞艾昌寧，僧會司僧志意、洪喜，廟戶李能、男李通、李達儒學前考□教諭馬能，訓導崔孜，致仕鄉官劉恕、劉整、閻亨、韓傑、榮貴、程翰、武麒、高曇、劉慶、呂九臬、趙克明、馮春，□□監生劉昱、郭恭、張睿、張廣、楊暢、張憲、閻文輔、李誠。

施梁人趙信、劉伯良。

本縣石匠：呂振、男呂公義、王智、□□、趙福榮、男趙寬、□□、柴昶、趙昇、閻倉、□□。

《重建藏山大王殿記》拓片局部

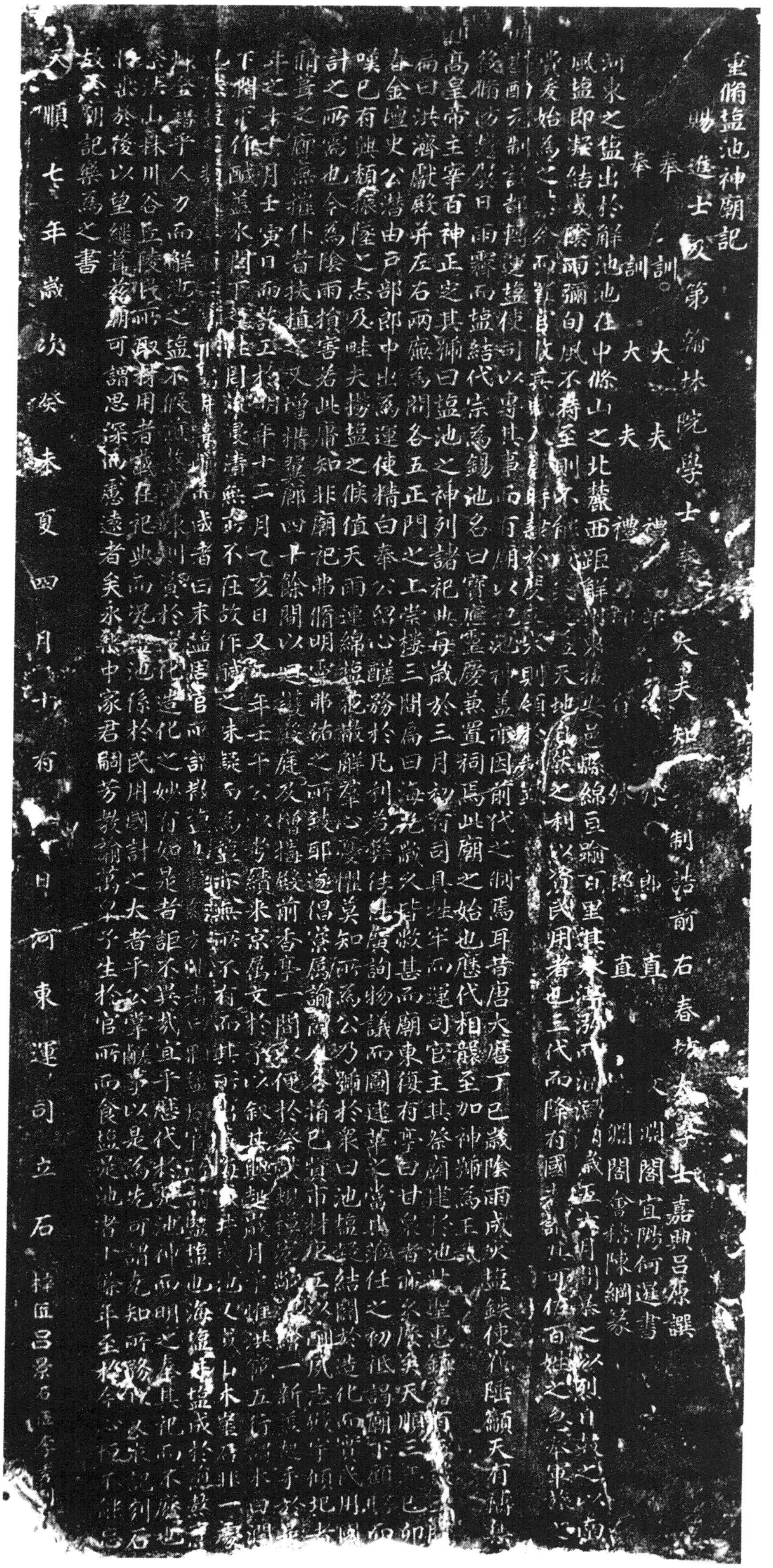
重脩鹽池神廟記
天順七年歲次癸未夏四月

89. 重修鹽池神廟記

立石年代：明天順七年（1463 年）
原石尺寸：高 172 厘米，寬 80 厘米
石存地點：運城市鹽湖區鹽池神廟

重修鹽池神廟記

河東之鹽，出於解池。池在中條山之北麓，西距解州，東接安邑縣，綿亘逾百里。其水淳泓而涌瀉，□歲五六月間，暴之以烈日，鼓之以南風，鹽即凝結。或陰雨彌旬，風不時至，則不能成矣。是蓋天地自然之利，以資民用者也。三代而降，有國者謀其可佐百姓之急，奉軍旅之費，爰始爲之禁令而置官，收其賦入。唐時隸於度支，宋則領於制置。□明斟酌元制，設都轉運鹽使司以專其事，而有廟以祀池神，蓋亦因前代之制焉耳。昔唐大曆丁巳歲，陰雨成災，鹽鐵使崔陲籲天有禱，集役修防。越翼日，雨霽而鹽結，代宗爲錫池名曰"寶應靈慶"，兼置祠焉，此廟之始也。歷代相襲，至加神號爲王。我□□高皇帝主宰百神，正定其號曰"鹽池之神"，列諸祀典，每歲於三月初，有司具牲牢而運司官主其祭。廟建於池北聖惠鎮，舊有□□□間，扁曰"洪濟"。獻殿并左右兩廡爲間各五，正門之上崇樓三間，扁曰"海光"，歲久皆敝甚。而廟東復有亭曰"甘泉"者，亦久廢矣。天順三年己卯春，金壇史公潛由戶部郎中出爲運使，精白奉公，留心醯務，於凡利若弊往往廣詢物議，而圖建革之。當其蒞任之初，祇謁廟下，顧瞻而嘆，已有興頹振墜之志。及畦夫撈鹽之候，值天雨連綿，鹽花散解，群心憂懼，莫知所爲。公乃號於衆曰："池鹽凝結，關於造化，而實民用國計之所需也。今爲陰雨損害若此，庸知非廟祀弗修，明靈弗佑之所致耶？"遂倡寮屬，諭商人，各捐己資，市材庀工，以酬夙志。殿宇傾圮者修葺之，廊廡摧仆者扶植之，又增構翼廊四十餘間，以迴護殿庭，及增構殿前香亭一間，以便於祭獻。規模宏敞，□繪一新。蓋起手於是年之十一月壬寅日，而訖工於明年十二月乙亥日。又二年壬午，公以考績來京，屬文於予，以敘其興起歲月。予惟《洪範·五行》謂"水曰潤下，潤下作醎"，蓋水潤下之性，周流浸漬，無所不在。故作醎之味凝而爲鹽，亦無所不有。而其所出，或海或井或池，又或山木崖石，非一處也。然……而成者曰"末鹽"，《周官》所謂"散鹽"也；□□□□者曰"顆鹽"，《周官》所謂"鹽鹽"也。海鹽、井鹽成於煎熬烹煉，全藉乎人力；而解池之鹽不假煎熬烹煉，則資於造化。造化之妙有如是者，詎不异哉？宜乎歷代於是池神而明之，奉其祀而不廢也。《祭法》山林、川谷、丘陵，民所取材用者載在祀典，而況鹽池係於民用國計之大者乎？公掌醝事，以是爲先，可謂克知所務，且又求記刻石，將垂於後，以望繼葺茲廟，可謂思深而慮遠者矣！永樂中，家君嗣芳教諭萬泉，予生於官所，而食鹽是池者十餘年。至於今，心恒不能忘，故於廟記樂爲之書。

賜進士及第翰林院學士奉□大夫知制誥前右春坊大學士嘉興呂原撰，奉訓大夫禮部員外郎直文淵閣宜陽何遷書，奉訓大夫禮部員外郎直文淵閣會稽陳綱篆。

天順七年歲次癸未夏四月十有一日，河東運司立石，梓匠呂景、石匠李秀刊。

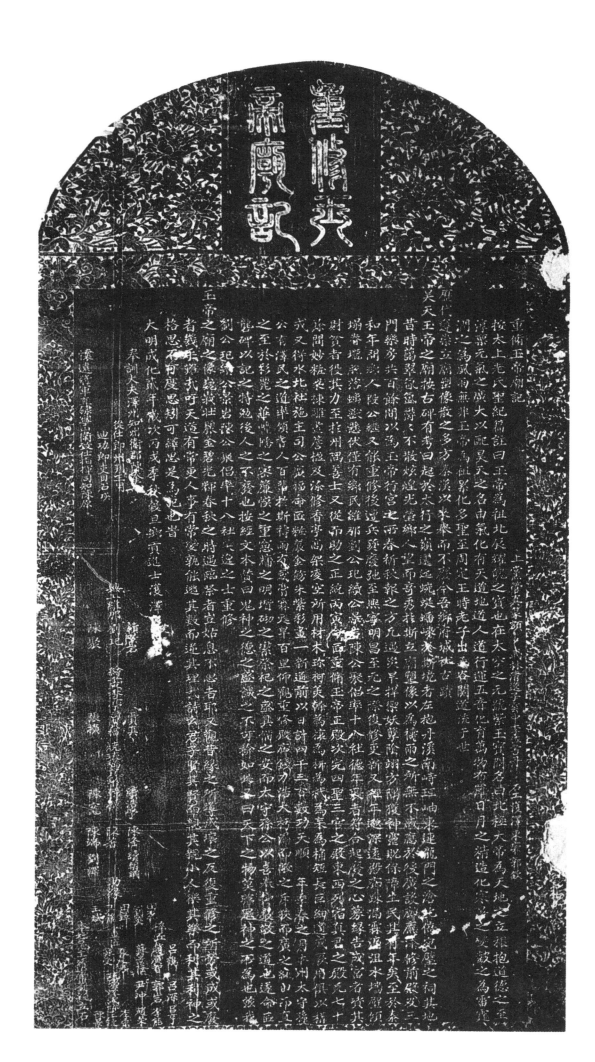

90. 重修玉帝廟記

立石年代：明成化二年（1466 年）
原石尺寸：高 180 厘米，寬 81 厘米
石存地點：晉城市澤州縣金村鎮府城村玉皇廟

〔碑額〕：重修玉帝廟記
重修玉帝廟記

按太上老氏《聖紀篇》注曰：玉帝爲祖北辰耀魄之寶也，在太空之元，號紫玉寶□，名曰北極大帝。爲天地之立根，抱道德之至淳，稟元氣之廣大，以配昊天之名。由氣化有，天道地道人道，行運五音，化育萬物。布羅日月之精，造化寒暑之變，鼓之爲雷霆，潤之爲風雨，無非玉帝爲祖，累化多聖。至周定王時，老子出函谷關，道流于世，歷代遵崇，立廟塑像，散之多方。秦漢以來，舉而不廢。今吾鄉府城社古迹昊天玉帝之廟，按古碑有考曰起於太行之巔，透迤蜿蜒，蟠崍於斯境者。左抱丹溪，南峙珏岫，東連龍門之滄，北倚宛璧之祠。其地昔時藹罩氤氳，鬱久不散，炫煌光瑩。鄉人望而奇秀，於斯立廟塑像，以爲禱雨之所，無不感應。於後，廣設廊廡，添修前殿及三門樂房共百餘間，以爲玉帝行宮之所，春祈秋報之方。凡遇灾旱，捍禦妖孽，陰翊方隅，獲神靈眖，保障生民，其有年矣。至於泰和年間，鄉人段公繼又能重修，後遭兵燹廢弛。至熙寧、明昌、至元之際，復修更新。又經年邈深遠，殿廊疏漏，霖滴沮水，墻壁傾塌，脊墻脫落，螭獸懸伏。僅有鄉民維那劉公玘、續公景岩、陳公聚倡率十八社德年長者，符合起廢之心，募緣告成。富者資其財，貧者役其力，至於州隅善士又從而助之。正統丙寅，命匠重修玉帝正殿，次完四聖三官之殿、東西列宿真君之殿，凡七十餘間，妙妝梁棟，雕畫檐楹。及添修香亭，高架凌空，所用材木，珍柯美幹，爲榱爲枅、爲杙爲桼爲楀，短長巨細，適成厥用，俱以構成。又得水北社施主司公廣福，命匠妝嚴，金飾朱紫，彩畫一新。通前以日計，四千三百數功。天順年季春之月，本州太守孫公有澤民之道，率領者人百輩於斯禱雨，有感膏霖蘇旱，百里仰觀，重修殿廊，錢力浩大，朽漏而敞之，斥狹而廣之，□曲而直之，至於彩麗之華、幢幡之密、簾幌之重、窗牖之明、堦砌之潔、祭祀之盛、具備之安。而太守孫公以喜奉神嚴敬之道也，遂命匠礱碑以記之，特勉後人之不廢也。按經文本贊曰："鬼神之德之盛，誠之不可以揜如此。"又曰："天下之物，莫非鬼神之所爲也。"

兹我劉公玘、續公景岩、陳公聚，倡率十八社英逸之士，重修玉帝之廟之像，巍峨壯麗，金碧光輝。春秋之時，遇臨祭者豈姑息不思者耶？又觀昔緣之所導，成壞之反復，重修之所勞，或成或廢者，幾乎？難哉！吁！天道有常更，人事有常變，孰能逃其數而逆其理哉？《詩》云："君子賢其賢而親其親，小人樂其樂而利其利。"神之格思，不可度思，矧可繹思。是爲記也。

上黨管真篆額，武林清逸子雲中李佐書丹，鄉貢進士滹澤□□撰。

奉訓大夫澤州知州衛郡陳奎，從仕郎州判王用，迪功郎吏目石瑛，懷遠將軍直隸寧山衛致仕指揮同知陳原。

興工維那：續景岩、劉玘、陳聚。繪畫香亭：賈真、司貴福、張禎。燒琉璃供桌：續浩學、韓□、陳寬、陳隆、陳著、陳端、續朝綱、劉深。助緣：田奈、劉英、田鐸、尹□、王斌。梓匠：吕□、趙廣智、蘇景隆、吕深、郭岩、尹冲、吕亨、李能、趙榮。畫匠：張廷秀、蘇受。琉璃匠：修武縣李宗、王璉、陳景。石工滹澤東廓郭欽。

本社施主：續□、劉□，立石。

時大明成化貳年歲次丙戌季秋穀旦。

91. 重修玉帝行宮碑

立石年代：明成化七年（1471 年）
原石尺寸：高 140 厘米，寬 59 厘米
石存地點：晋城市陵川縣潞城鎮郊底村白玉宮

〔碑額〕：重修玉皇天宮福廟碑

重修玉□行宮碑

盖聞妙体隱於無相，大用發於無爲。無相無爲而造化無窮者，天也。夫天也者，至□□無涯，至明無始，至靈無□，至妙無爲，寂然不動，謂之玉帝，無變易也。又曰：無極虛明之中，靈妙將發，謂之太極。靈妙發矣，一氣盛矣，謂之太初。一氣轉旋，謂之太始。靈妙純真，謂之太素。□氣判，清濁分，謂之兩儀，氣□而上者謂之陽，氣濁而下者謂之陰，陽体剛陰体柔，陽剛曰乾，陰柔曰坤，乾坤具而五行生乎其中矣。上帝二儀分兮，待我而取象；四象生兮，從吾而發輝。陰陽因此以迭代，寒暑由斯而運行。有霜露之殺兮，從其斟酌；有雷霆之威兮，定其震發。聚乎大也，化成象於山川；散彼小焉，育流形於草木。休化淵宗，遐彰妙旨。執古御今兮廣矣大矣，見素抱樸兮自然而然。豈不以天長地久，法衆妙以無方；日往月來，茂强名而不泯。示乃率性清虛，希聲真宰。上撫天庭，總百神而有倫有要；下臨宇宙，育倍姓而無黨無偏。亦田道本中，化教由外興肇百綱於厚載之中。曲盡其妙，興三教於秉陽之上。無得而逾于見動植存□，我則作變化咸亨之主，于以見胎卵湿化，我則作發生庶類之源，咸敷大一之靈，定降時萬之福，稽諸妙有不可殫論。今乃太行之北，澤郡之東，地分龍王，境居陵川。今有下郊里居人李旺等，初爲旱一時，農傷百穀，祈禱上蒼，遂降甘雨，翌日霧沾，民得其蘇。由是會里社之衆，卜其吉地，命匠鳩工作役，舉興其事。先構玉皇上帝之靈祠，左右二仙、龍王之殿，蠶官、聖姑之堂，武樓、三門、廊廡等寮，規模宏壮，檐牙啄空。各殿内塑妝聖像，重整神容，一一完美，經營謀度，其用心亦至矣。廟宇勝概，徵其始而莫究，考其終□□□而無窮，必冀永焕神靈，用爲其構，恐蹟盛觀，載續貞珉，俟傳於不朽者耳。

萬松堃衲魯庵撰并篆額，助筆書碑門人道增。

高平縣王報村鑄造匠王舉。

時大明成化七年歲次辛卯三月壬辰十一日甲申吉日立石。

龍頂土地祠記

92. 重修龍天土地廟碑記

立石年代：明成化八年（1472 年）
原石尺寸：高 164 厘米，寬 78 厘米
石存地點：呂梁市汾陽市峪道河鎮後溝村

〔碑額〕：龍天土地廟記
重修龍天土地廟碑記

粵惟廟貌之設，以□其神，古有其制也。此可見地勢雄偉，水秀山明而創立焉。前面終南，後背白彪，左帶汾河，右險金鎖。此地域安神如此。是神也，俾□土之內歲歲豐登，四時順序，人民安樂，此神靈之效驗，官民之趣仰。則凡春秋享献之時，至是而益顯黍稷□馨之祀，由是而益隆，赫赫乎厥声，濯濯乎厥靈，而享應焉。稽諸於古，大元至正二十四年，初創此廟，迄今我朝，歷年永久，廟貌傾頹，遺址尚存。時有慶雲鄉狄谷里蔚晋幹、胡英，吏部聽選官尚福等，願心一發，遂舍己資，嚴精戒行，復有興建。意專心誠，□力化緣，久而不怠，以致四方善士雲集，隨心布施，抑無阻□。於是鳩工……陶瓴甓，具材木。不逾歲而造正殿三間，翼翼然整飾；兩廡三門，鬱鬱然壯□。塑畫聖像儼然，金輝幌耀，奐然一新。俾崇敬者有所瞻仰，工德之大，又何□焉！伏願自兹以往，聖德敷布，神天錫祐，雨暘時若。俾五穀以豐登，灾害不□，躋群黎於□□溥施德惠，利及邦家，以垂萬世不泯焉。於時樂爲之記，俾□諸□石云。

大夏鄉董寺里郭俊、郭泰刊，太學生張達撰文，汾頖生史臣書篆。

都管勾糺首尚文智，男尚福、尚德、尚輔，孫男果奇、熙宁、果興謹誌。

時大明成化捌年歲在壬辰仲春清明前二日立石。

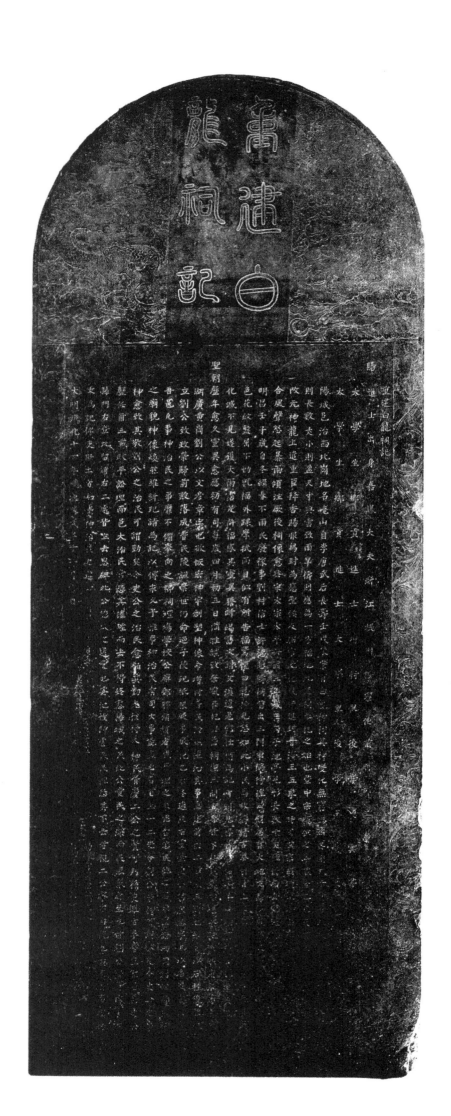

93. 重建白龍祠記

立石年代：明成化十四年（1478 年）
原石尺寸：高 163 厘米，寬 85 厘米
石存地點：晋城市陽城縣町店鎮崦山廟

〔碑額〕：重建白龍祠記
重建白龍祠記

陽城邑治西北崗地名崦山，自李唐武后長壽壬戌歲，肇有白龍神祠。其神變化無……則長數丈，小則盈尺寸，興雲致雨，旱禱則應，爲一方福地。……之始也。暨中宗……改元神龍。上遣重臣降香，賜服焉，封爲應聖侯。及……普濟王。五季之……合，風聲怒起，暴雨傾注，厥後祠像愈興。宋太宗太平興國三年，歲在甲子……明昌壬子歲，自冬經春不雨，民廢稼事。劉村信士許福……色花紋，盤屈不動，就福外踝摩試面目，似有所告。福……化滅不見，遂獲大雨沾足。許福感其靈異，謄斷碣舊文……聖朝，歷年愈久，靈異愈應。敕有司每歲四月初三日，備牲……湖廣黄崗劉公以文，彦章字也，欲恢宏神宇，創塑神像，命增……立。劉公致政榮歸。前殿落成，耆民陵謙弃世。仍命乃子陵圮……吾邑，凡事神治民之事，靡不備舉。向之神祠、壇場、學校、公廨、郵……之廟貌神像，焕然維新。□請爲記，以傳永久。予惟事神治……神愈致其敬；劉公之治民可謂勤矣，今史公之治民愈……歷任甫三載，政平訟理而邑大治，民……縣門右暨北留鋪右二處皆立去思碑……末爲記……

賜進士出身嘉議大夫浙江提刑按察使前刑部……太學生鄉貢進士增村里後學□□□□，太學生鄉貢進士大寧里後學□□□□。

大明成化十……

賜靈湫
保告
福文

維成化十四年歲次戊戌十月己丑朔越初三日
辛卯潞州長子縣知縣易熊敢昭告于
神曰惟
神血食兹土盖亦有年濁漳之水
神寔其源鍾德靈長不泆不溢潤澤所加一瀉千里
惟福斯聞於有宋
賜號靈湫
敕車輝快迄我
上命來令是邑夫所专據祀事遠期躬詣靈福以驗其
皇明正顯靈
實有銘有記勒之堅石舉年祀典率遵儀式於敬
捍患禦災厥功懋著鷄欽承
則誠於禋則正伏願
明神享于克誠翊成
皇猷保我民生雨暢時若年各豐登濟利人物永賴其
功赫赫厥靈愈顯愈隆綿綿举祀無斁無斁尚
賜進士文林郎知長子縣事囘陵易熊撰

94. 敕賜祭告靈湫神文

立石年代：明成化十四年（1478 年）

原石尺寸：高 86 厘米，寬 55 厘米

石存地點：長治市長子縣靈湫廟

〔碑額〕：敕賜祭告靈湫神文

維成化十四年歲次戊戌十月己丑朔越初三日辛卯，潞州長子縣知縣易鶚，敢昭告于敕賜靈湫之神曰：

惟神血食茲土，蓋亦有年。濁漳之水，神司其源。鍾德靈長，不泛不溢。潤澤所加，一瀉千里。惟福斯民。闡於有宋，賜號靈湫，龍章輝映；迨我皇明，丕顯靈异，捍患禦灾，厥功懋著。鶚欽承上命，來令是邑。失所考據，祀事違期。躬詣靈祠，以驗其實。有銘有記，勒之堅石。舉行祀典，率遵儀式。於敬則誠，於禮則宜。伏願明神，享于克誠。翊我皇猷，保我民生。雨暘時若，年谷豐登。濟利人物，永賴其功。赫赫厥靈，愈顯愈隆。綿綿祭祀，無斁無窮。尚饗！

賜進士文林郎知長子縣事固陵易鶚撰。

祈雨有感拜記

代州代州代州

武九年歲甲午抵神夏旱魃為虐累月不雨赤地千里草木憔悴禾稼枯槁民方以憂 城守 長貢史工 陽 夫

天司克彰龍神公諸神公勉河南襄城入曲名進士任監察御史歷憲左右方伯而陸今職在有聲大同守安任周怏 賛佐 大郎

山帝命以福斯民之不自以為功然非都憲之德之以拾 祐

墨畫撫定邢遂申惟悯形於色方屬屬憂形於色方 之心為行如念曰是功也伊誰之功與歸之於 神神力表 代縣 諗和 尹道 石

北嶽恒山之神惟 神雄誠一方廟食千古有感必通無微不精慈者自春徂夏兄陽不雨委豆焦枯民食銀阻神主發生我同巡撫既表裏於除陽忽軍民之悲

北嶽恒山神 神宣恩下土禱甘霖於八荒起枯槁於九有惟民受惠載歌載舞于

欽差巡撫大同都察院石副都御史李敬遣山西行都司都指揮僉事王昇大同府道判曹靖謹以牲醴之真敢昭告于

成化十四年歲在戊戌二月辛卯朔越二十八日戊午于克誠通者元陽敬告神前油然作醴雨我公田泰稷既茂乃為有秋匪神之惠孰釋我憂民之憂人

謝雨文

北嶽恒山之神惟 神赫其靈禱之必應芽于克誠通者元陽敬告神前油然作醴雨我公田泰稷既茂乃為有秋匪神之惠孰釋我憂民之憂人

若伏望神遄恩下土禱甘霖 告

天朝成化十五年歲次己亥夏六月吉日渾源州知州附馮珪立石

事宜有報豈非神伊脇伸柰告旳

95. 祈雨有感碑記

立石年代：明成化十五年（1479 年）
原石尺寸：高 164 厘米，寬 90 厘米
石存地點：大同市渾源縣恒山真武廟

祈雨有感碑記

成化戊戌歲，自暮春抵仲夏，旱魃爲虐，累月不雨，赤地千里，草木憔悴，禾稼枯槁，民方以爲憂。

都憲李公奉璽書撫是邦，遇災而懼，憂形於色，乃率属側身修德，以自責曰：酷政虐下，與處事乖方，與律己不廉，有以致之。與冀回天意，而尤叩山川靈祠能興雲致雨者，久之弗獲感應，闔境皇然無措。僉請於公曰：北嶽爲朔方之鎮，素靈異，有求輒應如響。願公精誠以禱之，必獲其報。公遂以身先之。即日薰沐齋戒居外寢，自爲祝詞，遣官齋禮幣詣祠宇，至誠懇禱。須更甘澍隨布，三日乃止，四野沾足，枯者蘇而仆者起，室家胥慶，非惟喜有秋成之望，而尤喜其可足邊餉之供。公之爲民憂國之心爲何如，僉曰：是功也，伊誰之功，與歸之於公。公不自以爲功，歸之於神。神乃奉上帝命以福斯民衆，不自以爲功。然非都憲之德足以格天，曷克臻茲？而都憲卒以功歸諸神。公諱敏，字公勉，河南襄城人，由名進士任監察御史，歷廉憲左右方伯而陞今職，在在有聲。大同守安陸周侯正恐其事久無傳而湮没，遂命知渾源州事懷柔馮君珪，求予文，勒諸堅珉，以紀其勝，并載祝詞於左方云：

維成化十四年歲在戊戌六月辛卯朔越十八日戊申，欽差巡撫大同都察院右副都御史李敏敬遣山西行都司都指揮僉事王昇，大同府通判曹靖，謹以牲醴之奠，敢昭告于北嶽恒山山神。惟神雄鎮一方，廟食千古，有感必通，無微不睹。茲者自春徂夏，亢陽不雨，麥豆焦枯，民食艱阻。神主發生，我司巡撫，既表裏於陰陽，忍軍民之愁苦。伏望尊神宣恩下土，降甘霖於八荒，起枯槁於九有。惟民受惠，載歌載舞，予亦感德，永藏肺腑。謹告。

謝雨文：

維成化十四年歲在戊戌六月辛卯朔越二十八日戊午，欽差巡撫大同都察院右副都御史李敏敬遣山西行都司都指揮僉事王昇、大同府通判曹靖，謹以牲醴之奠敢昭告于北嶽恒山之神。惟神巍巍，其勢赫赫，其靈禱之必應，享于克誠。邇者亢陽，敬告神前，油然作雲雨。我公田黍稷既茂，亦乃有秋匪神之惠，孰釋我憂民無艱。人□宜有報，敬陳菲儀，聊伸祭告。尚享。

代府□城王鳳陽怡庵道人代府右長史奉議大夫泰和尹綸□，代府伴讀登仕佐郎金臺石璇書。

大明成化十五年歲次己亥夏六月吉日渾源州知州馮珪立石。

96. 庫拔等村使水碑記

立石年代：明成化十七年（1481 年）

原石尺寸：高 109 厘米，寬 58 厘米

石存地點：臨汾市霍州市三教鄉庫拔村桑文生舊院

計開各村施水日期開列于后：

主禄村原額水地陸拾玖畝貳分使水叁日整（印）。

下□村原額□□捌拾壹畝伍分使水叁日整（印）。

北張村原額水地玖拾陸畝肆分使水伍日整（印）。

上庄村原額水地捌拾畝捌分□水叁日整（印）。

庫拔村原額水地柒拾畝壹分使水肆日整（印）。

賈孟村原額水地壹百壹拾柒畝伍分使水伍日整（印）。

計開本村溝頭（以下碑文多爲姓氏人名，略而不録）。

成化拾柒年四月初二石帖下白道村□貳圖庫拔村渠長段亲、楊□，准此。

州押。……

明（一）

97. 西溪二仙廟明成化乙巳年詩碑

立石年代：明成化二十一年（1485 年）
原石尺寸：高 62 厘米，寬 95 厘米
石存地點：晋城市陵川縣崇文鎮嶺常村西溪二仙廟

予詢民瘼自河頭抵西溪，顧瞻山之右有龍王祠，左則有二仙廟，且層巒聳翠，澗水流清，樹林陰翳，鳥鳴上下，花卉芬芳，千奇萬异，邑人樵于斯，牧于斯。嘉辰令節，士夫相與咏歌，遨游于斯。時或水旱，吾僚寀亦嘗祈晴禱雨，會集之于斯。噫！斯地也，真延川之勝概，吾民陰受其福之所，故誌曰："西溪春色，良有以夫。"撫景興懷，因書二律于廟壁，以貽後之繼治者有所興慨云爾。

桃夭杏艷滿仙臺，春色偏從此地回。鳳掌烟開山似画，蛟潭日暖水如苔。晴嵐霽靄濃還淡，野鶴閑雲去又來。松吼翠濤風滿壑，不知何處是蓬萊。層層楼閣鎖丹臺，仙子乘鸞去不回。聯錦有詩開翠壁，採芝無迹印蒼苔。栖真洞口雲常在，掬水溪頭月自來。水旱只因遺廟祀，幾時飛佩下蓬萊。中山李澔。

青山綠水擁樓臺，仙駕曾經幾度回。瓦覆鴛鴦於古殿，碑刊科斗鎖蒼苔。王喬有道重游賞，阮肇無緣再往來。歸咏浴沂堪適意，何須海上覓蓬萊。公餘乘興到仙臺，撫景舒情不擬回。凫舄翱翔旋碧樹，馬蹄躞蹀踏蒼苔。白雲滿地人何在，紫鳳從天節自來。有道旌陽由縣令，只今一體上蓬萊。關中陳佑。

西溪山下有仙臺，朝莫游人任往回。四面青松籠古殿，一輪明月照蒼苔。下窺澗底泉遍涌，上拂雲端雨自來。最是仙人瀟散處，也應唤化小蓬萊。關中關釗。

層巒叠障擁楼臺，流水潺湲幾曲回。霽靄和烟遠草樹，松蘿滴翠潤莓苔。人材何幸乘時出，春色無端此地來。却憶采芝人去遠，依然風景似蓬萊。古冀朱幹。

成化乙巳年夏五月端午後二日，庠生徐河立石。

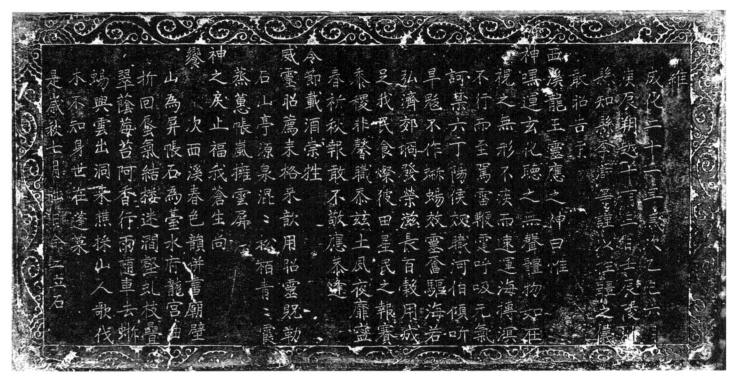

98. 嶺常龍王廟求雨碑

立石年代：明成化二十一年（1485 年）
原石尺寸：高 37 厘米，寬 71 厘米
石存地點：晋城市陵川縣崇文鎮嶺常村龍王廟

維成化二十一年歲次乙巳六月庚辰朔越十有三日壬辰，陵川縣知縣李澍等謹以牲醴之儀敢昭告于西溪龍王靈應之神，曰：惟神嘿運玄化，聽之無聲。體物如在，視之無形。不疾而速，運海搏溟。不行而至，駕雷鞭霆。呼吸元氣，訶禁六丁。陽侯效職，河伯傾听。旱魃不作，蜥蜴效靈。奮驅海若，弘濟郊坰。發榮滋長，百穀用成。足我民食，燦彼田星。民之報賽，黍稷非馨。職忝茲土，夙夜靡寧。春祈秋報，敢不敬應。恭逢令節，載酒崇牲。威靈昭薦，來格來歆。用昭靈貺，勒石山亭。源泉混混，松柏青青。霞蒸蕙帳，嵐擁雲屏。神之戾止，福我蒼生。尚饗！

次西溪春色韻并書廟壁：

山爲屏帳石爲臺，水府龍宮曲折回。蜃氣結楼迷澗壑，虬枝叠翠蔭莓苔。阿香行雨隨車去，蜥蜴興雲出洞來。樵採山人歌伐木，不知身世在蓬萊。

是歲秋七月朏日命工立石。

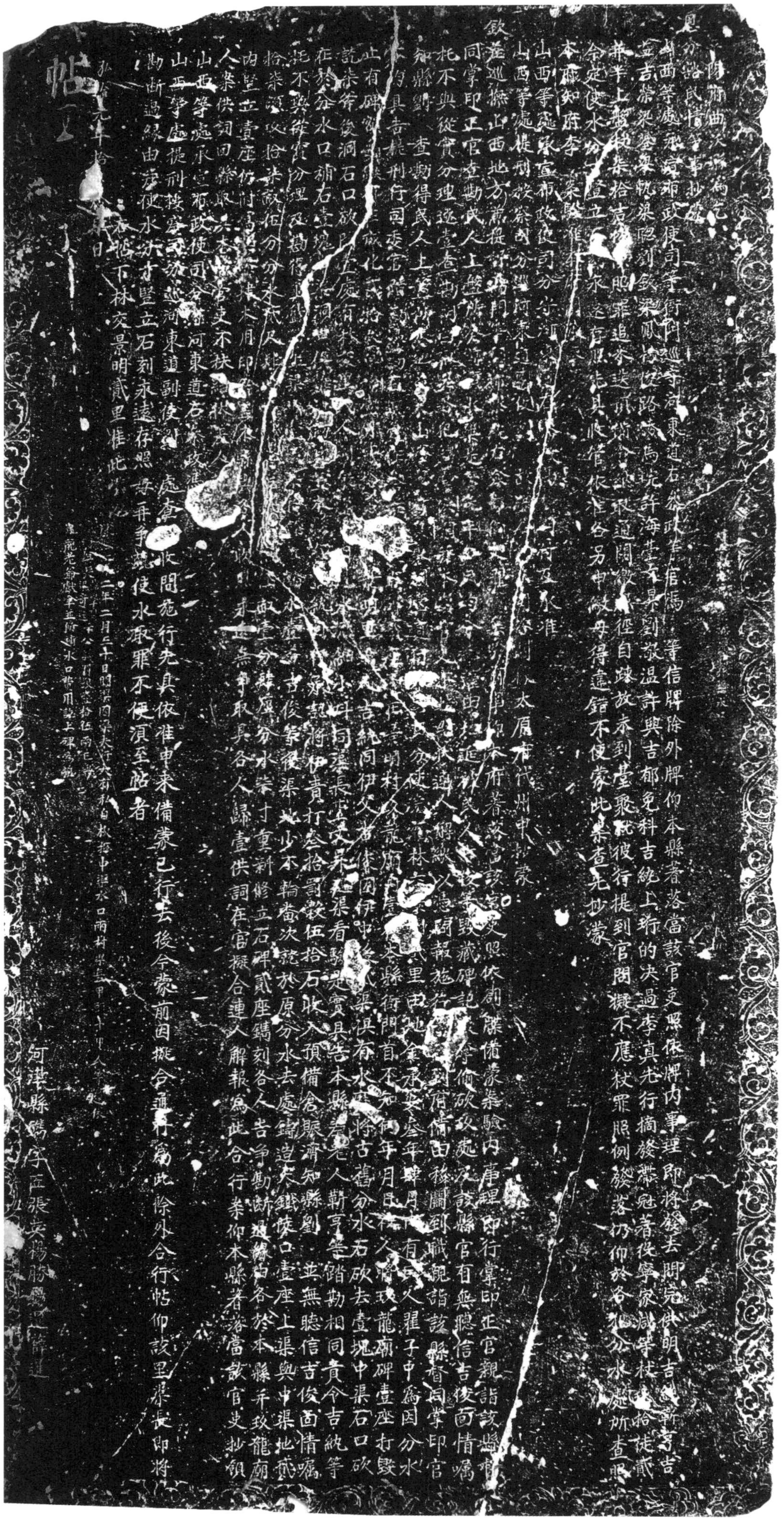

99. 平陽府曲沃縣爲乞恩分豁民情等事抄蒙山西等處承宣布政使司等衙門碑

立石年代：明弘治元年（1488 年）

原石尺寸：高 190 厘米，寬 90 厘米

石存地點：臨汾市曲沃縣北董鄉景明村龍岩寺

平陽府曲沃縣爲乞恩分豁民情等事抄蒙山西等處承宣布政使司等衙門，巡守河東道右参政等官馮□等，信牌除外，牌仰本縣著落，當該官吏照依牌内事理，即將發去問完供明。吉純、靳亨、吉益、吉榮、梁鑒、梁軌、梁聰、劉欽、梁鳳、楊俊、路勝、馬琓、許海、臺文昇、劉敬温、許興、吉郁免科；吉紈上珩的决過；李真先行摘發，帶冠著役；寧家咸等杖玖拾，徒貳兼半，上盤杖柒拾；吉俊□照罪追米，送預備倉，納取通關繳□，徑自疏放。未到臺聚□彼行提到官問，擬不應杖罪，照例發落，仍仰於各犯分水處所查照。今定使水分寸，竪立□□，永遠存照，先具收管，依准各另申繳，毋得違錯。不便蒙此案查，先抄蒙。

本府知府李案驗准本府□承奉山西等處承宣布政使司分守河東道右参政馮□□付及承准山西等處提刑按察司分巡河東道副使，□故……太原府代州申抄蒙欽定巡撫山西地方兼提督□門□□都察院右僉都御史翟□□前事，仰本府著落，當該官吏照依創牒備蒙。案驗内事理，即行掌印正官親詣該縣，督同掌印正官查勘民人上盤所奏□□水渠，是□□年□民均分澆灌田地，□□民人吉俊等毁藏碑記，□奪倫砍玖處，及該縣官有無聽信吉俊面情囑托，不與從實分理，逐壹查勘明白。□□各犯……狀連人解繳，以憑問報，施行□□，到府備由，移關到職，親詣該縣督同掌印官知縣劉查勘，得民人上盤所奏，□□□山……德道□□□民，分使澆灌林□□□貳里田地。金承安三年肆月，内有民人翟子中爲因分水不均具告，提刑行司委官踏勘……在景明村玖龍廟内壹□本縣衙門首，不知何年月日，被人將玖龍廟碑壹座打毁，止有碑額□□存在。成化貳拾叁年□壹月貳拾□□，□景明里貳人吉紈同伊父吉俊，因伊中後□渠俱有水磨，將古舊分水石砍去壹塊，中渠石口砍訖柒斧，後洞石口砍開壹處。有林交里貳人……水流細小，叫同渠長臺文昇，巡渠看驗是實具告。本縣差老人靳亨等踏勘相同，責令吉紈等在於分水口補石壹塊，□渠洞□……吉紈□□承認，將伊責打叁拾，罰穀伍拾石，收入預備倉賑濟。知縣劉并無聽信吉俊面情囑托，不與從實分理，及勘得□□□上渠……水壹□吉俊等，後渠地少，不輪番次，就於原分水去處，鑄造大鐵陡口壹座；上渠與中渠地貳拾柒頃玖拾柒畝伍分，分水貳尺肆……畝壹分肆厘，分水柒寸，重新修立石碑貳座；鎸刻各人告争勘斷過緣由，各於本縣并玖龍廟内竪立壹座，仍附□□□肆本用印鈐蓋，本縣與各人收照，永遠無争。取具各人歸壹供詞在官，擬合連人解報，爲此合行。案仰本縣著落，當該官吏抄領人案供詞，回縣取具本□□官吏，不扶結狀。差人□。

山西等處承宣布政使司分□河東道右参政馮，山西等處提刑按察司分巡河東道副使劉處查□收間施行。先具依准申來備蒙，已行去後，今蒙前因，擬合通行。爲此，除外合行帖，仰該里渠長，即將勘斷過緣由，并使水分寸，竪立石刻，永遠存照，毋再争執。使水取罪不便，須至帖者。

右帖下林交景明貳里准此弘治元年拾□□肆日。

康熙二十二年二月三十日開渠，因渠夫行大有私自枕抠中梁，水口兩村渠长甲頭十甲人等；□依□□渠长韓學閔、梁奇連□，公□□銀壹拾伍两□□，龍老爺獻□并修補水口費用□上碑爲□。

河津縣金鎸字，匠張英、楊勝、楊連、薛暹。

重修漷水昭济圣母庙之记

進士 郎人 季
李德碧頌文
仲篆丹

水廩廩
消膳膳
生生
崑魚人

100. 修復昭濟聖母廟之記

立石年代：明弘治二年（1489 年）
原石尺寸：高 192 厘米，寬 82 厘米
石存地點：呂梁市汾陽市賈家莊鎮米家莊村聖母廟

〔碑額〕：修復昭濟聖母廟之記

修復昭濟聖母廟之記

大凡天地間事，賢者之興，而愚者之廢，廢而復之爲是，習而循之爲非。官厥時知者，且鮮復之，其賢愚疏粺也。汾城北陸行五里，有泉浮然，盖振古如茲，諺曰水池，志曰悶泉是也。其源数派，大小瓜列，甘河湘□，沸涌出不竭，岐渚溢泛，灌壤数頃，而恒不告旱，民多利之。餘則泄而□於別流如澤瀉。浮萍□、薄荷、車前子，餌之最良者咸産焉。嘉蔬异果，則先他地獻，不以冀朔例之。吞山收星，通都□達，此淵泉之大觀也。舊建東嶽后土諸司暨昭濟聖母、潤濟侯廟貌，不知起自何代，無徵。大金時，里人王緒、胡清輩重修，增侈此存於碑，可考者也。自時迄今幾三百年，兵火相仍，風雨繼害，皆塊無孑遺者。惟昭濟聖母廟貌翼然獨存，何耶？□者泰山不可誣，潤濟非敕侯，后土諸司亦非所宜祀。水陰，母道也，存亡之理殆是歟？□民凡水旱、疾疫、子嗣，有求必禱，有禱輒應。其址匝垣長二引餘，廣半之。厥土性濕，厥位面陽。環廟地若干，歲租爲修飾、報賽、香火之需，七月二日實其期也。年久愚者所廢，地之籍廟者無幾。成化間，里人王仲整、馬子通、馬經等，慨基壞之廢，爲恢復之興，小大叶厥謀，遂模碑以侵狀白郡守濟南徐敬、同知鹽山劉□、節判寧津張庭，不煩訊決，即復侵地四十餘畝，詎非神之靈所致乎！由是正殿修明，彩棟丹楹，粉壁畫桷。左右廊廡、前門、中棚、亭厦、齋室、庫厨，舉以如式。迤西强百餘步，接周行爲神道，又有碑焉。延袤雄峙，巍然壯大之勢，焯爾華麗之文。樹林陰翳，野芳幽香，嘉卉吐奇，而清流汀汀，錦鱗躍目，怪禽聒耳，誠汾陽之勝概也。可以游目騁懷，騷人術子多憩於是，以至行者休於樹，鬱者濯於水，前呼後歌，一浴沂風舞雩咏歸之樂也。賢者之興，復於斯爲大，尤慮世久。蕩□若前，爰竪碑爲記，庶幾于萬斯年與宇宙而悠遠。後之君子緝而修之，廓而大之，是所望也。

鄉貢進士郡人李經撰文，汸水廩膳生員李德書丹，汸水廩膳生員馬紳篆額。

會同都糾首：任士能、王仲剛、張子通、王□淵、□子成、杜□原、靳鐸、楊杲。

同副糾首：楊孝真、靳輔、程泰、程文棟、王子鑑、楊孝廉、任子□、馬子□、張子春、張子云、馬子剛、馬士清、□茂、馬資、張堡里、任從美。

望春里石匠成固、成欽、成旺、成立、成信同刊。

時大明國弘治二年歲次己酉夏五月上旬吉立。

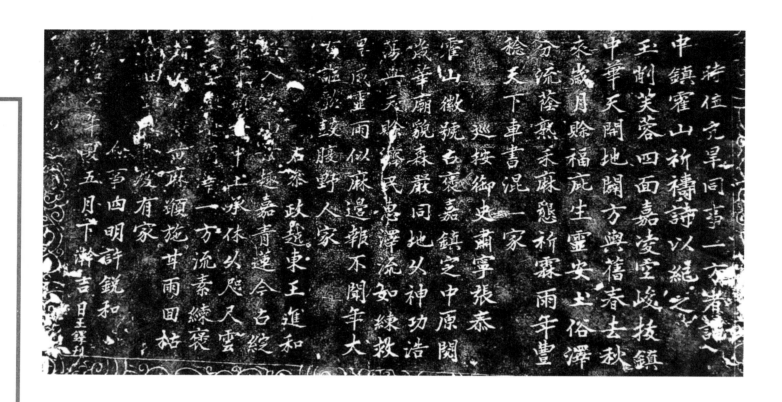

蒋位元旱同事一方者書

中鎮霍山祈禱詩以紀之

玉削芙蓉四面嘉淩空峻拔鎮

中華天開地闢方輿舊春去秋鎮

來歲月除福庇生靈安土俗澤

分流蔭熟禾麻懇祈霖雨年豐

稔天下車書混一家

巡按御史肅寧張泰閱

霍嘉鎮定中原闕

山徵虢石褒嘉鎮之神功浩

歲華廟貌森嚴同地从神功浩

萬與天晴露霈民患澤流如練救

旱威靈雨似麻遍報不聞年大

有謳歌鼓腹野人家

右恭題東王進和

入嵓趣嘉青蓮今古絕

中士承休从咫尺雲

苇一方流素繚褒

前麻穎施甘雨田枯

峻有家

於革由明許銳和人

崇治八年歲五月下澣吉日王鐸刊

101. 中鎮霍山祈雨詩

立石年代：明弘治六年（1493 年）

原石尺寸：高 53 厘米，寬 90 厘米

石存地點：臨汾市洪洞縣興唐寺鄉中鎮廟遺址

時值亢旱，同事一方者記中鎮霍山祈禱詩以紀之。

玉削芙蓉四面嘉，凌空峻拔鎮中華。天開地闢方興舊，春去秋來歲月賒。

福庇生靈安土俗，澤分流蔭熟禾麻。懇祈霖雨年豐稔，天下車書混一家。

巡按御史蕭寧張泰。

霍山徽號古褒嘉，鎮定中原閱歲華。廟貌森嚴同地久，神功浩蕩與天賒。

濟民惠澤流如練，救旱威靈雨似麻。邊報不聞年大有，謳歌鼓腹野人家。

右參政越東王進和。

□入□山景趣嘉，青蓮今古綻靈□。□□中土承休久，咫尺雲天□□□。

潤澤一方流素練，褒封□□□黃麻。願施甘雨回枯□，田野□□慶有家。

僉事四明許銳和。

王鐸刊。

弘治六年夏五月下浣吉日。

102. 南山神廟靈感碑記

立石年代：明弘治六年（1493 年）

原石尺寸：高 106 厘米，寬 78 厘米

石存地點：長治市武鄉縣南神山

□□神廟靈感碑記

……南五里許，有山曰"南山"。其勢高聳，峰巒環抱，中有古廟一所，林木……考其實迹，肇自大宋宣和間，以其有功於民，初封爲仁濟敷應……遇民之疾苦，禱之無不痊安。斯廟之左，復建海瀆龍王之祠，……求之即雨，民受其賜遠矣。神座之下，又有通微之洞，深廣數……之地。迨我□□帝龍飛淮甸，統御軍戎，爲諸夏臣民之主，大封海内名山大川及諸郡邑神……祀典。而是神之灵應，誠邑民所賴以生者，復賜廟號曰"南山之神"者，令有……年，血食兹土。弘治癸丑歲，自春継夏，亢陽不雨，田土乾燥，苗稼弗生，民心惶……大□楊侯本暨諸僚寀，憂民之憂，慮恐秋成失望，遂率諸耆老人等，敬謁祠下……守令，□事□檢恐有所不□見，以致愆陽不雨，焚膏祝畢，不旋踵雨密……西□，□不□之，□□菽麥，莫不陽茂，三農感嘆，百姓騰□僉謂神固有……有愛□之誠心，□克以致神靈隨感而應哉？適當報祀之期，衆見廟宇門……趙全、劉巨淵暨僧人惠□等，恪盡乃心，重復修整，民皆慨然應之而……事赴功者，□□續之，多磚瓦木植，不勞力而自大。土石之積，……動，不逾月而殿堂廊廡焕然爲之一新矣。今者告厥功成，耆……貞珉，咸請予爲記。予辭弗獲，遂因其實而備道其始終焉。是□□。

□□□□教授本邑人馮□□□，□□榆林衛儒學訓導馮緯□□□。

（以下碑文漫漶不清，略而不録）

□□治六年歲次癸丑八月吉日□□。

明（一）

223

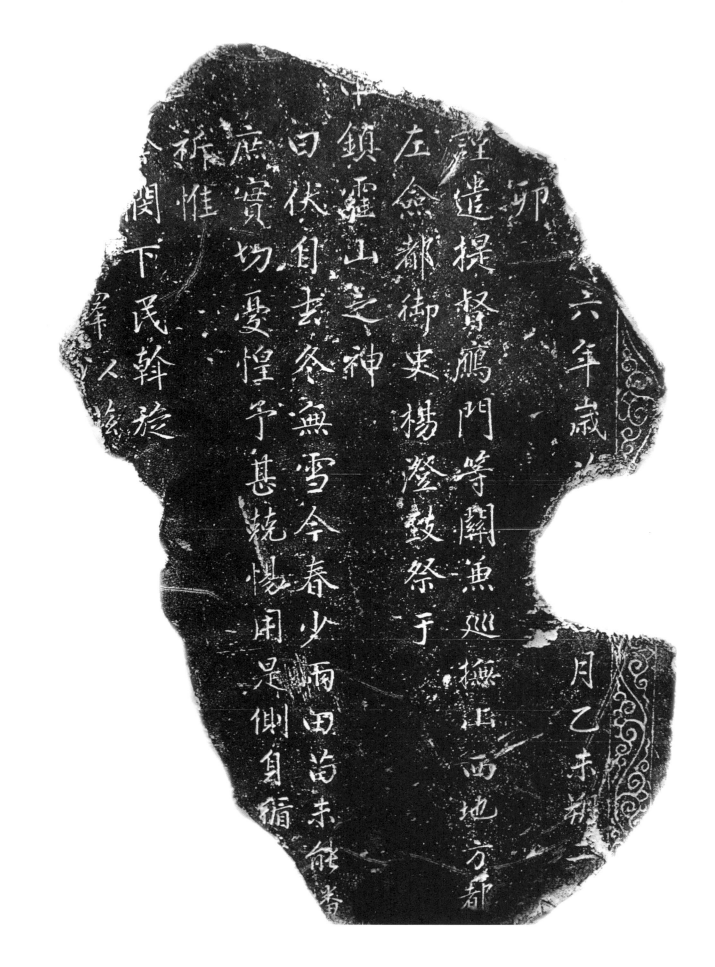

六年歲

卯

經遣提督鴈門等關漁巡撫山西地方都
左僉都御史楊澄致祭于
鎮霍山之神
曰伏自去冬無雪今春少雨田畝未能耕
庶寔物憂惶予甚乾惕用是側身循
祚惟　下民幹茲
　閔下　　人懇

月乙未朔

103. 弘治六年四月御祭中鎮文

立石年代：明弘治六年（1493 年）

原石尺寸：高 70 厘米，寬 50 厘米

石存地點：臨汾市洪洞縣興唐寺鄉中鎮廟

……六年歲次□□□月乙未朔二……卯……謹遣提督雁門等關兼巡撫山西地方都……左僉都御史楊澄，致祭于中鎮霍山之神曰：伏自去冬無雪，今春少雨，田苗未能播□，□庶實切憂惶。予甚競惕，用是側身，循……祈。惟□□憫下民，斡旋……澤以兹……

重建玄帝廟記

分汾州儒學……貢選監生……進士

……郡人田耔撰文

……郡人呂文廣書丹

……郡人王玉用篆額

孔宗泰、趙勝馬敬裴復榮等惻然興念欲恢宏之而廟右地乃立信廂實輔所有也公聞之無孫

進士南豪户部主事實璇議曰玄帝正神也助

顧基址狹隘廟貌早小不足以安厥靈而成化七年四月二十六日立信廂鄉人歲時奠祀而敬禮馬陳鑑馬

下信斯人歷代尊仰今廟基址舄桸地廣馬旋應曰可即以大餘之暇遠之……僻坦夷舊有玄帝廟鄉人

肯堂施構仰岳於中星廟單坐玄帝於中十餘……左右以次而列皆金碧交暉光彩相射揚威萬狀……

爾神降望之不覺竦然起敬與昔規制其壯臨市何相遠軰輪焉奐建規立制蓋取諸大壯……

揽平旱前拱重樓煙松掩映禽鳥遠城市繁囂之諠……望玄盧之妙誠一萬……始……城右之勝之境西……歲

月界成化二十三年五月初一日貞珉……功告成而陳鑑等相謂……之通大道……

由以起向之誠非戲神之靈也然而常有者何不以祀古之君子未嘗以眾咎……禍福千之驕氣盈……欣感者……

心趙向之如是然彼若不能於其中叫號求請而神不可……但盡其敬……而欣感者……知

之理如是也彼若無禍福之來必有所以然神不……喜志之驕氣盈……敬者……

事神之理由以戲神之助者抑視其所告者非此成其咸……

遇小稳則又威然或有祈求望而希神之助者……

之視或然或有所求望而希神之助者……望春里石……

大明弘治九年四月十五日立……敬刊

104-1. 重建玄帝廟記（碑陽）

立石年代：明弘治九年（1496 年）
原石尺寸：高 173 厘米，寬 75 厘米
石存地點：呂梁市汾陽市博物館

重建玄帝廟記

汾城東南二里許立信廂新街東巔地，高亢明爽，幽僻坦夷，舊有玄帝廟，鄉人歲時奠祀而敬禮焉。顧基址狹隘，廟貌卑小，不足以妥威靈而修祀事也。成化七年四月二十六日，立信等廂鄉人陳鑑、孔宗泰、趙勝、馬敬、裴復榮等，惻然興念，欲恢宏之。而廟右地乃立信廂賈輔所有也。公聞之，遂與子賜進士南京戶部主事賈璇議曰：玄帝，正神也，上助皇□，下佑斯人，歷代尊仰。今廟基若此，曷析地廣焉。璇應曰：可。即以丈餘施之無難。邑遠近之人聞者則效，於是不募而工集，不鳩而材聚，繚……戶，如跂如翬，輪焉奐焉。建規立制，蓋取諸大壯；肯堂施構，仰占於中星。廟畢，坐玄帝於中，十帥左右以次而列，皆金碧交暉，光彩相射，揚威奮武，宛爾神降，望之不覺竦然起敬。與昔規制其壯陋，何相遠哉！余嘗登謁而四望之，左環崇城，右通大道，□枕平阜，前拱重樓，煙松掩映，禽鳥□鳴，遠城市繁囂之喧，擬瀛島玄虛之妙，誠一方之勝境也。歲移月累，至成化二十三年五月初一日厥功告成。而陳鑑等相謂曰：功既成矣，其作廟始終之异，人心趨向之誠，非泛然而常有者，何不勒□貞珉，以傳盛事於不朽乎？眾皆曰然。此屬余爲文之事，所由以舉也。於戲！神之靈也，不以祀不祀爲□禍福，故古之君子，未嘗以禍福干之，但盡其敬而已。蓋事神之理，如是也。彼若於其無聊不平之中，叫號求請，無所不至。及稍遂意志，驕氣盈欣欣自得，一遇小禍，則又戚戚然不能自安。禍福之來，必有所以然，神不可得而私也。未請而欣戚者，豈知事神之理哉！然或有所求望而希神之助者，抑視其理之可否，其所否者，亦非神之所能助也。

鄉貢進士郡人田籽撰文，吏部聽選監生郡人呂廣書丹，汾州儒學廩膳生員郡人王文用篆額。

望春里石匠成旺、成立、成子敬刊。

大明弘治九年四月十五日立。

明（一）

227

104-2. 重建玄帝廟記（碑陰）

立石年代：明弘治九年（1496 年）

原石尺寸：高 173 厘米，寬 75 厘米

石存地點：呂梁市汾陽市博物館

立信廂修造糾首：陳鑑、孔宗泰、趙勝、孔宗魯、義官賈輔、魯公泰、陳鳶、孔宗林、趙濟、魯公進、曹敬。義和廂修造糾首：馬敬、裴復榮、陳玘、義官趙子□、田翱、陳子端、任茂。東郭東廂修造糾首：郝泰、安鳶。遵禮廂修造糾首：孫子成、薛文彬。南郭廂修造糾首：任德。居泉里修造糾首：董文泰。立信廂妝塑功德主：孔禮、趙仁哲、魯榮、孔瑄、孔瑛、孔鑾、孔禬、陳厚。義和廂妝塑功德主：義官裴海、田子信、陳子安。南郭廂妝塑功德主：任公輔。東郭東廂彩壁功德主：郝仲清、郝仲瀛。立信廂功德主：賈鼎、賈鼐、義官賈端、李銳、呂子□、李全、□子□、呂子英、趙子素、義官賈延、呂子素、賈英、賈翼、緱子儀、趙景、孔宗海、趙廣、孔宗成、趙輔、李奈、孔祥、趙璽、孔表、義官呂宗、趙興、義官賈濟、曹旺、賈經、郭旺、賈璣、趙仁輝、呂經、孔傑、孫子興、呂綸、趙仁章、□端、孔信、劉景富、魯華、呂子通、魯方、呂子清、魯連、曹鼎、呂彪、陳公智、曹惟晶、趙仁用、孔翼、孔思釗、孔思謙、孔思讓、孔思鑑、趙□、孔□通、曹弼、陳公左、孔思榮、孔思江、孔思鳶、陳宣。東郭東廂：安鵬、安倈、安通、郝仲洪、生員安廣。義和廂：馬志宣、任俊、田子寧、田子彤、焦玘、張林、田志、任文玘、陳子寧、裴廣、許寧、陳珍、王海、馬順。南郭廂：高仲原、高林、任寬、高慶。東廊東廂：□□秀。司節坊：馬□、馬□、馬旺、張祥。遵禮廂：楊興、楊旺、薛玘、孫盈、楊□、孫晶、楊廣。人美廂：吳成、張子□、吳從□。□西廂：翟□。□□里：□安。義和廂：王伯景。南郭廂：任公和、生員任端。義和廂：王恭、田貴、田榮、田華、王□。立信廂：呂子□、呂子旻、□□錦、□相、郭黃。立信廂：孔思寧、孔思鳳、孔思鵬、孔思華、孔思鴻、孔思□、陳廣、趙廷、趙□、趙楊、孔思達、孔思朝、孔思愷、孔思迪、曹勤、□鳳、曹林、□景威、馬子英、馬子茂、馬子恭、郭子旻、陳璉。東郭廂：高桂。義和廂：陳□、陳□。南郭廂：高□。東郭東廂：□□。

立信廂：孔敦、孔宗冕、孔權、孔哲、孔禠、孔思綸、孔思經、孔思緯、孔思紀。東郭東廂助緣人：安勝、安公恕、喬東里、武景富、□善北、蔚子成。

木匠：邢竪、邢鳳、邢璽、邢□。（以下文字漫漶不清，略而不錄）

105. 重修五龍堂記

立石年代：明弘治九年（1496 年）
原石尺寸：高 140 厘米，寬 64 厘米
石存地點：長治市沁縣北神山古寺廢址

重修五龍堂記

壽陽縣治之西柒拾里許，實古并之潔地，乃晋境之名鄉。山奇水秀，而物盛人賢；自古迄今，而榮豐樂業。左臨澗水，右倚顛巍。龍行虎□之爻峰，鶴立鷺交之卦象。四壁□風雷之浩渺，上下吐霧露□烟霞。雲生於八德池□，□散□三輪劫外。古有□□題額曰：軒轅聖祖之下廟也。傍有五龍聖母……於何代，□□□今亘古千有餘年，而以已□神也。病士求救，應死更生，旱澇□傷，饑荒餓殍，乞□□□無不□驗者哉。自惟我國朝廞翊設立，化民無越，迁□□□，事成不利乎。今有僧人祖定、静□，間偶尔善友董文友，同信善董友成、董玉、董良□倡之曰，龍祠頹朽，椽瓦傾危、□□□故從新□能牢堅永矣。□集三村之善信，率□一境之檀那，興心於弘治甲□，工畢於丙辰運歲。各捐己帑，共捨資金，命工匠而土建。於石室之三間，塑五龍而正□於聖母□像，□容晃耀，金碧交輝，表裏焕然一新，始終爲而鞏固。丹朱映彩，□玉□榮。使人人到此者無不欽崇，令個□臻臨者無不禮敬。逢良正飾，不亦快乎！誠恐日久年深，恪慮兵焚蕩滅，故興礫石，證表長春。出財者皆列於碑陰，功德者播傳於目下。告緣將畢，爲萬代之不塞耳。

太谷縣離相寺僧永定書撰。

本□知縣趙、縣丞李、典史朱、主簿王。

塑匠：王的山，男王耀、王浩。

本縣陰陽生張公範。

陽曲縣石匠：劉文太、王公羽。平陽河津縣石匠：郭諒，男郭從付。

時大明弘治□年歲次丙辰□月□□□壬午吉旦。

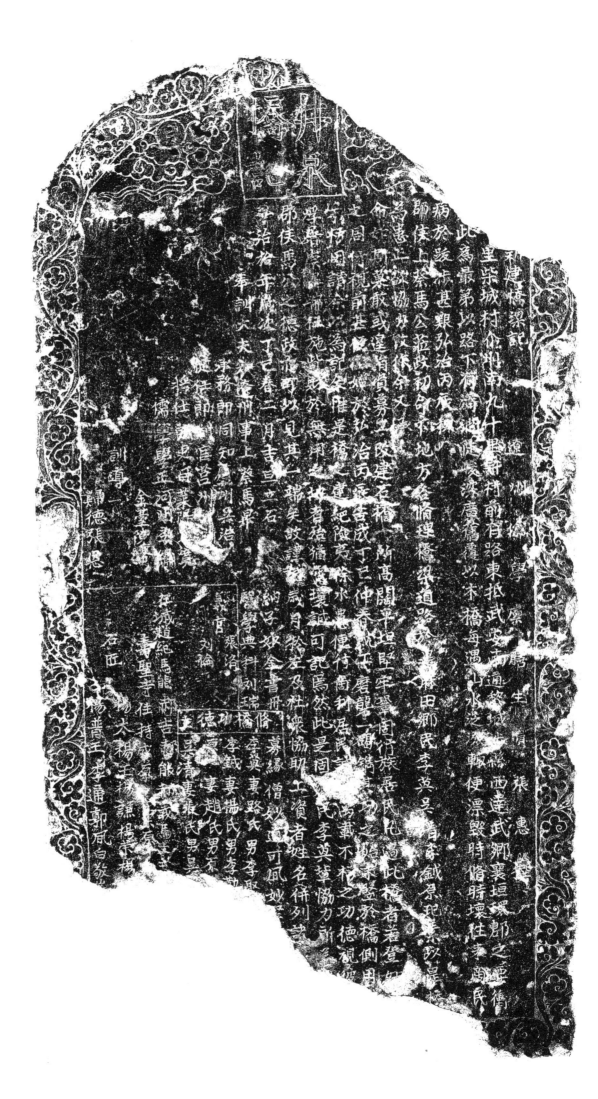

106. 重建橋梁記

立石年代：明弘治十年（1497 年）

原石尺寸：高 118 厘米，寬 62 厘米

石存地點：晉中市左權縣麻田鎮上柴城村

〔碑額〕：井泉橋記

……□建橋梁記

□□里柴城村介州南九十里許，村前有路，東抵武安，南通黎城□縣，西達武鄉、襄垣，環郡之要衝，□此為最。第以路下有溝澗，陡峻深廣，舊覆以木橋，每遇山水泛漲，輒便漂毀，時修時壞，往來商民病於跋涉甚艱。弘治丙戌□，郡使上蔡馬公莅政初，命下地方，各修理橋梁道路。於是，麻田鄉民李英、吳□、李鉞、原玘素以是橋為患，正欲協辦改□，今又承命如斯，莫敢或違，捐資募工，改建石橋一所，高闊平坦，堅牢鞏固，行旅居民凡過此橋者，若登□□之周行，視前甚便。□始於弘治丙戌，告成丁巳仲春，□工磨礱一碣，鐫其功之始末，豎於橋側，用□不朽。因請余以為記。余惟是橋之建，絕險夷、除水患便行固利居民，誠□萬載不朽之功德。視彼□浮屠□□端，枉施資財於無用之地者，殆猶□瓖，誠可記焉。然此是固鄉民李英輩協力所為□□，郡使馬公之德政，亦可以見其一端矣。故謹□歲月於左，及社衆協助工資者姓名併列諸……

遼州儒學廩膳生員張惠撰，納子妙金書丹。

奉訓大夫知遼州事上蔡馬昇，醫學典科劉瑞。承務郎同知□州吳浩，□仕郎□官莒州□□，將仕郎吏□萊陽□寬，儒學學正河州李□、金臺陳□。訓導一歸德張恩，義官張洛、劉倫，任城趙紀、馬龍、郝吉、郝能、郝載、馬文□……壽聖寺住持、成厚、□□、原□……

石匠楊太、楊玉、楊謙、楊榮、楊……楊普玉、李通、郭風、白敬□……

修橋功德主：募緣僧妙道、可風、妙□…… 李英妻路氏，男李□……李鉞妻楊氏，男李勤……□□妻趙氏，男原……吳清妻張氏，男吳……

弘治拾年歲次丁巳春二月吉旦立石。

107. 盂縣重修諸龍神廟記

立石年代：明弘治十年（1497 年）
原石尺寸：高 156 厘米，寬 80 厘米
石存地點：陽泉市盂縣南婁鎮西小坪村

〔碑額〕：重修諸龍泉廟記
盂縣重修諸龍神廟記

　　昔古哲王建國安邦，必先崇祀典，立民□，尊廟貌，以爲永遠之計焉。盖祀典不崇，民社不□，廟貌不尊……疆之休。是則前乎千萬世之既往，後乎千萬世之方来，有司莫不以是爲急務焉！古盂縣西，離城十里，村名小平，立廟□□，曰諸龍泉廟。時旱祈雨，淘泉果應，非神靈之境不能然也。值今弘治三年，□隆冲□，旱既太甚，民不聊生……文林郎知□李郁謹發虔誠，以爲民憂，靡神不舉，靡愛斯牲，輒環縣廟，以饗以祀，親詣諸龍泉廟前祈禱焉。見其古迹，至□至順以来□有年矣。風雨飄颻，螻蟻符食，梁棟損壞，墻壁傾頹，斷然神無所依。明……廟勢將毀，焚香祝曰："方今我朝統御華夷，奠靖内外，期神之佑，望民之安也。神若有灵，降滂沱之甘雨，蘇枯槁之禾苗，庶民永康。予改旧廟而爲新，易聖像而同美。鎮是邦，澤是土，鞏固於千年；顯所神，赫斯灵，聿興於千古。"祝之方畢，龍神有感，時雨降，萬物逐，而民心悦矣。斯時也，□□李郁欽其灵應，樂於修爲，擇庋鳩工命匠，設法聚財，招耆老武□爲之首，使富者輸金，巧者輸□，□者輸力……北廟面山，而神門睹之不遠。新改西廟向陽，而神光爲之普照，廟貌尊，民神立，而祀典崇矣。予乃立碑以紀其事□□□□遠，今雖百六十餘年，立廟之意有所述。從斯而往，雖千萬世之後，立廟之功有所繼。故曰：有其誠則有其神，無其誠則無其神。自□李公立心之誠，安能感是神哉？大哉！誠乎其李公立心之正，感神之本，修廟之安，□民之計者乎？是則□名于後世，耿比石不磨。余以庸言，不能盡述，姑記所聞，礱石以銘。美哉！龍泉澤於闔縣，福於一境，天清地□，華夏之昌，民安物阜，邦家之光。

　　本村人武文彬篆。

　　文林郎知縣李郁、迪功郎縣丞董俊、將仕郎主簿陳能、典史曹恭、義官武勝、省祭官陳亮、生員梁維善、當□吏路文、見役吏劉宗、王賢、武信、高密、武志仁、刘玄、李春、刘孝通、蘇寬、武文□、刘信、武文傑、武章、武哲。

　　山西太原府盂縣儒學教諭吕循矩、訓導杜悰。

　　弘治十年歲次丁巳甲辰月丙午日。

明（一）

108. 絳縣重導帶溪水記

立石年代：明弘治十三年（1500 年）
原石尺寸：高 211 厘米，寬 78 厘米
石存地點：運城市絳縣博物館

〔碑額〕：重導帶溪水記
絳縣重導帶溪水記

帶溪水在絳縣之東南陳村谷諸峰間，衆流所會，約四五里，出村西，周迴縈繞……導至縣。在大宋雍熙間，鄉進士韓昭顏有記；大元元貞間，教諭王天祿亦有記。前後數百……亦由乎人事之有勤惰也。迨至我朝，百餘年來，渠壞水壅，有司弗議治之，民故失利。弘治丙辰夏，絳尹康公以明經進士知是邑，下車……民之班白者謀曰："絳縣土厚水深，地瘠民貧，居民之汲飲者，出城西溝中，擔負至□，攀緣坡坂，幾……俗累。予忝爲邑長，心恒戚然。聞古有帶溪水，甘冽可以利民飲，盍浚之以濟時用？"僉曰："然。"於是募工……百人，悉詣源所，相故渠，疏而通之。始陳村，經大喬，至渠頭，越帶溪龍王行祠中而西，俱有磴槽，穴城而□，由各宅延……丹墀。□□兩池，東西相對，甃以磚石，護以欄檻，蓄魚□中，政暇則臨流注目，心體爽然，于以節政之勞也。儀門左方爲出水之口，城民藉以爲飲者千餘室，靡不盆盈瓮溢，家給人足，民大稱利，所謂擔負至囏者無有也。餘水周灌街市，以至布按諸司、儒學泮池、坊廂之間。爾家我室，無不有渠，或樹之以松柏榆柳，被之以菱芡芙藻，雖錦城花縣，不過□也。事既完，有渠□□□□謂：茲事重大，不可無紀。康公速予記。予惟昔大禹叙九疇，陳六府，有曰：水火金木土，榖惟修美，五行之用，水居其首，□□生所資以爲養，至切而不可缺者也。修之之説，即今濚之蓄，池之鑿，渠之疏，水之汲者是也。昔蘇子瞻浚茅山、鹽橋二……田，治爲□□，杭人名之爲蘇公□，至今賴之。然則康公之導帶溪，民被其利，豈異是哉？後之人享其利、頌其德者，□□□□杭人之慕蘇子也耶？公東齊陵邑人，廉慎仁慈，易直子諒，深得民心，此特其一事耳。

國子生郭大傑……

承事郎知絳縣事古平原康恕，迪功郎縣丞封丘張瓚，將仕郎主簿萊陽宋德，典史臨邑王仲，儒學教諭保定羅銀。

訓導：益都趙鎧、靈壽王昇。

工房吏荊滿山、尚付政、許讓。

生員：（以下碑文漫漶不清，略而不録）

石匠河津張曇、裴仲鐫。

時大明弘治十三年春正月上浣吉日立石。

109. 重修成湯廟記

立石年代：明弘治十五年（1502年）

原石尺寸：高164厘米，寬70厘米

石存地點：晋城市澤州縣大東溝鎮河底村湯帝廟

〔碑額〕：重修成湯廟記

重修成湯廟記

澤州郡治之西三十里，其里屬□南平，其村名曰河底，有廟號曰成湯。且湯在商之爲君也，□□□凮爲之輔相，又□聘伊尹于有□之野，則其愛國任賢之意至矣。他日解四面之網而恩及□□□值大旱，禱于桑林，而大雨即降。當斯時也，德澤被于生民，聖響傳于後世，故立□塑像以祀之。□□有廟不知何代而創建，無文可徵。重修始于大觀元紀，功成終于宣和二年。考之于史，皆宋徽宗□號也，有碑可證。逮今歷年之遠，風雨以之而凌轢，正殿木朽而瓦裂。本庄耆老李展、司□爲之□□，倡率左右之鄰村、南北之近舍諸公而告之曰："神依人而血食，人依神而獲福，况成湯之神，□□□君，没爲明神。春焉而祈雨暘之時若，秋焉而報五穀之豐登，以至疾病也，誠心□禱以祝之，□□□而得安得寧矣。今日廟貌傾頹，不堪以爲神之所依，賴公協贊而重修，其意何如？"當是時也，有□□有卑者，有富者有貴者，若出一辞，咸曰："可矣。"或輸材木以爲殿宇之用，或出粟帛以償工匠之□□人後神，□□得吉。始自弘治九年丙辰之秋，成于戊午初冬之候。廟貌一新，人民樂業。又□謂□□威靈之陰助也。頮也早游□宮，沐朝廷之作養賓，興太學，侍衡玉于青齊，今年春啓請王命歸者，而來睹此勝事。予生於斯，長於斯，父母宗族在於斯，豈無一言以紀營修之……以垂永久，俾後之人觀此而修葺與今日之功同一轍也。於是乎書。

敕封進階修職郎典寶正本庄李頮撰文，吏部聽選監生南平張謙書丹。

協功耆老李勝、李約、李廷玉、李倫……

沁水縣相峪韓□鐫。

大明弘治十五年歲次壬戌秋九月吉日立石。

110. 重修私渠河記

立石年代：明弘治十五年（1502 年）
原石尺寸：高 155 厘米，寬 76 厘米
石存地點：運城市新絳縣三泉鎮白村

〔碑額〕：重修私渠河記

重修私渠河記

絳城之北二十里許，有山名曰"九原"，東西其形勝而土阜相連，原之最西者，獨以石而山焉。觀之圓圓如鼓，踐之鼕□有聲，因名曰"鼓堆"。堆之左不遠十步而列兩泉，左曰清，右曰濁。其泉混混涌出，開引四渠。粤古至今，灌溉民田千有餘頃。東分白村等□村，西分三泉等七村，中餘者合而爲一，通流橋下，古號爲"龍門"。分水口仍分二渠，已上東分盧李，已下西分席村，亦灌溉民田百十餘頃，皆水之利也。自永樂初年淫雨累作，山川猛水共爲衝流，是水口低下，渠路久隳，不能□治，而田数苦旱，川飲者無所取矣。前牧經歷者固多，率無民患爲憂。今吾父母濟寧徐侯諱崇德，自下車以来，上宣德化，下撫黎元，民之疲困者優之，奸頑者化之。幾二載，學校興，農桑舉，户口繁衍，詞訟簡易，賦役均平，盜賊弭息，数事處之，無不得宜。惟慮田野一事，謾無恝然。奈邊務方殷，連年催運，未暇巡歷。今年春政餘，遍踏境土，田有□□荒蕪者，教民開墾；川有壅塞者，教民疏通。行至三泉橋下，觀是龍門分水下流末□，見堰有舊迹，遂詢於鄉耆之□□有年高者，求其廢修之故。耆民陳恕、楊潤等具由稟告。吾侯即杖箑徐步，相其原濕之宜，以通水泉之利，定以挾橛，令民開闢。下者理渠之壞，高者去淺之平。自正月壬寅始作，三月甲辰而畢，田之受渠水者得以復其舊矣。又與民爲約束，時其蓄泄，而民皆以爲宜也。盖源水之出鼓溪，初弃於無用，前朝臨汾令梁公軏來宰正平，開渠理堰，而後世賴其永利，以爲溉田之益矣。自永樂至今壅塞九十餘年，而吾父母徐侯舉衆力而復之，不惟使并渠之民足食，其餘粟又無遏糴於四方。盖水出於鼓溪二泉者，其源廣；而流於汾濱者，其勢下。至今千有餘年，而山川高下之形勢無改，故我侯得因其舊迹，興於既廢，使其源流得以順下，則與前宰梁公，可謂前後而相承矣！矧此鼓溪二泉，適屬九原之下，開渠利民者其功大矣，山水崩攤者其年遠矣。於戲！我侯德政憂民，興舉廢墜，而惠於民者亦不淺淺也。後之莅政不墜復舉之功，而踵吾父母徐侯者，豈無其人哉！吁！斯民感惠良多，無以爲報，嘱文勒石，以爲之記。姑述其概，昭示後之君子亦不忘惠也。頌：

鼓溪二水，清濁兩分。灌諸畎畝，古今攸存。川流隳墜，九十餘春。斯民情訴，巡歷身親。偉哉布德，盛矣施仁。率民大闢，不月更新。□視民庶，感激如神。勒石爲頌，終始斯民。

郡人孟玉拜首撰文并書。

郡人甯倫鐫。

弘治十五年歲次壬戌仲冬上吉日立石。

111. 奉訓大夫徐崇德等人疏通河道記

立石年代：明弘治十五年（1502 年）
原石尺寸：高 155 厘米，寬 76 厘米
石存地點：運城市新絳縣三泉鎮白村

〔碑額〕：奉訓大夫絳州知州徐崇德訓導高尚仁、李文英，儒學正張憲，吏目王臣，同知孫魁，州判徐珍，工房吏郭琰、甯絨、吳資

本州委仰管水老人王廷珪并省祭官高昇督同白村至盧李渠長陳本、張勝、李□、周貴、高恭、馬鑑等管領。甲頭人等疏通河路，照依舊迹，開墾其河南岸原有□堰官地，南至李□，西至龍門口，東、北俱至河。其河口南北寬六丈，迤東至石橋寬六尺，轉南至□李寬四尺，河路通長計五里有零。淘河坭土俱搭兩岸，其私河南內有官河，當夫水地用槽通水灌溉，恐因私河耽誤不得，使水未便，理合開明告稟等因。據此□仰老人王廷珪等踏勘明白，與告相同，果有地高水下，不能澆灌者，照舊用槽通□。官河水澆灌明開碑陰之右。如違治罪。

計開原分甲頭三十五名：李盛、楊學、李欽、楊威、李瓚、楊濟、陳志、李孝、李鑑、周廉、柴景、陳順、周通、毛英、李睦、李海、李□、陳貫、陳□、陳得立、陳錦、李杲、周福、周廣、高□、陳達、張耀、柴聚、馬學、馬海、芦鉛、馬倫、柴川、柴學、柴洛。

本庄總甲：陳得山、楊威。

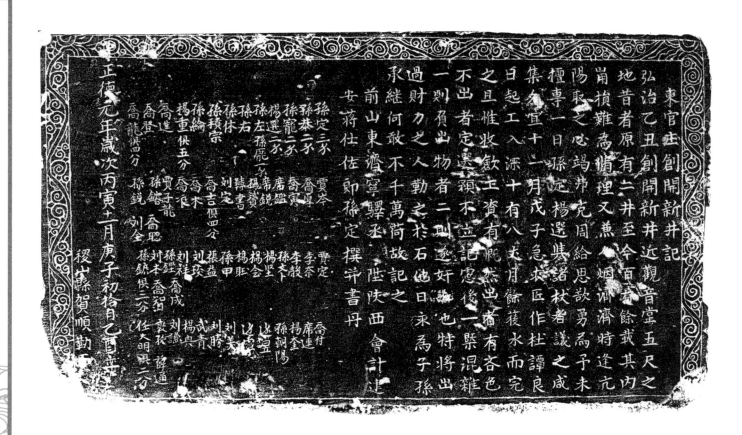

東官莊創開新井記

弘治乙丑創開新井近觀晉堂五尺之
地昔者原有二井至今百有餘載其内
肖損難為隨理又薰涸淄時逢元
陽取之心竭弗克同給思勇為予未
擅專一日孫定楊選集諸杖者議之咸
集名宣十有八月戊子急来匠作譚良
日起工入深十有餘複水而完
之且惟收欲正資有帆出者一縣混雜
不出者定選頴不立憨後一則逐奸雜色
一則負出物者二則逐奸雜也特將出
財力之人勤之於石他日永為子孫
何敢不千萬荷故記之
前山東遼寧驛丞陞陝西會計建
安蔣仕佐即孫定撰并書丹

孫定三家
　　　　貫蓁
孫恭二家
孫寵二家　喬寅
孫麗一家
孫左選二家
孫右　蒋鑑
孫休　席鋭
孫稹宗　孫完書
　　　孫吉倶四分
孫緦　喬吉
楊重倶五分　喬浪
　　喬木龍
高進　　喬子龍
高登　　孫鋿　喬聰
喬龍倶四分　孫鋭　劉全

楊李李賈
會毕毅荼定
堅

孫甲　賈定
楊駐　劉張刘
孫鑑　祥琰盛
劉本高成
倶三分　喬成

刘楊武劉刘
蕙央青勝
蘸花　李
孫朝　美
逵蠻陽
楊席
奎道通

正德元年歲次丙寅十月庚子初栒旬乙酉立
授山縣賀順勤

任大明倶三分

112. 東官莊創開新井記

立石年代：明正德元年（1506 年）
原石尺寸：高 46 厘米，寬 80 厘米
石存地點：運城市聞喜縣桐城鎮嶺東村

東官庄創開新井記

弘治乙丑，創開新井，近觀音堂五尺之地。昔者原有二井，至今百有餘載，其内崩損，難爲修理。又兼人烟濟濟，時逢亢陽，取之必竭，弗克周給。思欲勇爲，予未擅專。一日，孫定、楊選與諸杖者議之，咸集爲宜。十一月戊子，急求匠作杜譚良日起工，入深十有八丈，月餘獲水而完之。且惟收斂工資，有慨然出者，有吝色不出者，定選預不立記。慮後一概混雜，一則負出物者，二則遂奸人也。特將出過財力之人勒之於石，他日永爲子孫承繼，何敢不千萬荷？故記之。

前山東濟寧驛丞、陝西會計、建安蔣仕佐郎孫定撰并書丹。

孫定三錢，孫恭二錢，孫寵二錢，楊選二錢，孫左、孫龐一錢。孫右、孫休、孫積宗、孫綸、楊重，俱五分。喬進、喬登、喬龍，俱四分。賈岑、喬厚、喬寅、席鑑、席鋭、楊贊、韓書、劉定、喬吉，俱四分。喬木、喬浪、賈子龍、孫鎔、喬聰、孫鋭、劉全、賈定、李奈、李穀、孫文卜、楊竪、楊會、楊旺、孫甲、張益、劉琰、劉祥、孫鏗、喬成、劉本、喬智、孫鑣，俱三分。喬付、席連、楊奎、孫朝陽、邊昱、邊寧、劉美、劉勝、武青、楊興、劉謙、敦孜、薛通、任大明，俱二分。

稷山縣賀順勒石。

正德元年歲次丙寅十一月庚子初拾日乙酉立。

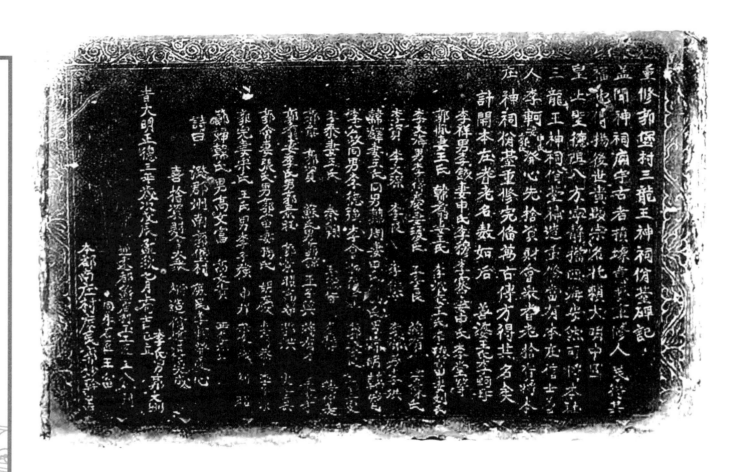

重修䝙堡村三龍王神祠俻塋碑記

113. 重修郭堡村三龍王神祠佾臺碑記

立石年代：明正德三年（1508 年）
原石尺寸：高 50 厘米，寬 70 厘米
石存地點：臨汾市洪洞縣郭堡村三龍王神祠

重修郭堡村三龍王神祠佾臺碑記

盖聞神祠廟宇，古者損壞，意欲重修，人民得其福也。傳揚後世，貴顯宗名。托賴大明中國皇上聖德，阻八方寧静，擋四海安然，可將本社三龍王神祠佾臺補造重修。當有本庄信士善人李軻，妻申氏、郭氏，發心先捨資財，會衆耆老捨資，將本庄神祠佾臺重修完備。萬古傳方，得其名矣。

計開本庄耆老名數如后：善婆王氏；李軻母，李祥，男李鐵，妻申氏；李穆；李鷲，妻申氏；李堂等。郭佩，妻王氏；韓蠹，妻王氏；李□，妻王氏；李德富，妻刘氏；李文海，男李得慶，妻璩氏；王子良；蔣有□，□陳氏；李資；李文深；李良；李熊；李深，男李洪；韓鐸，妻王氏，同男韓周，妻田氏、□氏，男韓明、韓智；李公政，同男李德强、李會；□復通；郭□良；□景文；李泰，妻王氏；秦翔；李德□；李静；蔣仲美；郭能；郭資；蘇氏，男郭諒；王子英；蔣有才；王□才；郭蠹，妻李氏，男郭景旺、郭景昭；高昂；郭洪；史子真；郭會，妻張氏，男郭富，妻楊氏；胡慶；李□恭；李子原；郭完，妻宋氏；王氏，男李子强；申祥；宋文□；刘昭；節婦韓氏，男高文富、高文貴；□李資。李氏男郭文□。

詩曰：潞郡州南郭堡村，庶民李軻發虔心。喜捨資財會大衆，補造佾亭得完成。

通遠都蘇店村玉工匠王□刊，同采石匠王富，本都南庄村庶民郭妙幹書。

時大明正德三年歲次戊辰孟秋七月上旬吉日立。

明（一）

247

東仙洞

福泉神師山東仙洞聖境碑碣
夫仙聖境者洞府銘山之崇仙道皆聚此洞聖水之淵有感靈
明之驗或年天旱久不雨盍民竭虔懼乞禱雨澤洞中取水迎
接步步孫禮請百徧兩鄉村應得甘露滋禾潤道盍溶康泰
國普安寧古今應驗感前
朝封贈仙號聖名東仙洞六郎神護國玄靈真君
羊塲山西仙洞七郎神鎮國聖聖真君
大唐李靖神君皆有應於大明成化年間守洞住持僧淨安謹
發誠心慕緣興功起建樓閣一所三間轉五歇山橫墻四層
滴水轉角玄修節高數大層層裝璧採盡置像顏及板補
平行入洞中焚香秊禮後於弘治六年間乃有陽曲縣河口
都曹平前村鄉民弓孝文因年災病顛許親造石碣一小幅
自許之後果蒙聖力五子十孫男女老幼二十餘口俱以平
安今來不昧原斷之心以造前願碑碣鑴字石上謹抶角中
久不磨哉記之者矣

岀大明正德六年歲次辛未三月壬辰朔二十六丙子日辛卯特立石弓孝文書鑴字
弓孝文室張氏　男弓朗孟氏　　　果緣　明貴
弓永茞　弓姪薛氏　　孫男弓産璋　段氏
弓寶閏民　弓寶邢氏　　　　明全

114. 福泉神師山東仙洞聖境碑碣

立石年代：明正德六年（1511 年）

原石尺寸：高 55 厘米，寬 42 厘米

石存地點：太原市古交市東仙洞

〔碑額〕：東仙洞

福泉神師山東仙洞聖境碑碣

夫仙聖境者，洞府銘山之崇，仙道皆聚此洞。聖水之淵有感靈明之驗。或年天旱久不雨，盖民憂懼，乞禱雨澤，洞中取水，迎接步步，拜禮請貢。遍雨鄉村，應得甘露滋禾潤苗。盖濟康泰，國普安寧，古今應驗。感前朝封贈仙號聖名東仙洞六郎神護國玄靈真君，羊場山西仙洞七郎神鎮國至聖真君，大唐李靖神君，皆有應。於大明成化年間，守洞住持僧净安，謹發誠心，募緣興功，起建楼閣一所三間。轉五歇山，橫檐四層，滴水轉角，玄修節高数丈。層層裝塑，采畫聖像容顔，及板補平行入洞中,焚香參禮。後於弘治六年間，乃有陽曲縣河口都曹平前村鄉民弓孝文,因年灾病,願許親造石碑一小軀。自許之後，果蒙聖力，五子十孫、男女老幼二十餘口俱以平安。今來不昧原許之心，以造前願碑碣。鐫字石上，謹捧□中，久不磨哉，記之者矣。

弓孝文室人張氏，男弓昶，芦氏；弓斌，薛氏，男果緣、明貴。弓朗，孟氏；孫男弓彥璋，段氏。弓贇，閆氏；弓贊，邢氏；孫男明全。

弓孝文書鐫字。

時大明正德六年歲次辛未三月壬辰朔二十六丙子日辛卯時立石。

明（一）

249